INDUSTRIAL
DESIGN DATA BOOK

工业设计资料集

医疗·健身·环境设施

分册主编　吴　翔
总 主 编　刘观庆

中国建筑工业出版社

《工业设计资料集》总编辑委员会

顾　　问	朱　焘　王珮云（以下按姓氏笔画顺序）	
	王明旨　尹定邦　许喜华　何人可　吴静芳　林衍堂　柳冠中	
主　　任	刘观庆　江南大学设计学院教授	
	苏州大学应用技术学院教授、艺术系主任	
	张惠珍　中国建筑工业出版社编审、副总编	
副 主 任	（按姓氏笔画顺序）	
	于　帆　江南大学设计学院副教授、工业设计系副主任	
	叶　苹　江南大学设计学院副教授、副院长	
	江建民　江南大学设计学院教授	
	汤重熹　广州大学艺术设计学院教授、院长	
	李东禧　中国建筑工业出版社第四图书中心主任	
	杨向东　广东工业大学艺术设计学院教授、院长	
	何晓佑　南京艺术学院设计学院教授、院长	
	吴　翔　东华大学服装·艺术设计学院副教授、工业设计系主任	
	张　同　上海交通大学媒体与艺术学院教授	
	复旦大学上海视觉艺术学院教授、空间与工业设计学院院长	
	张　锡　南京理工大学机械工程学院教授、设计艺术系副主任	
	周晓江　中国计量学院工业设计系主任	
	彭　韧　浙江大学计算机学院副教授、数字媒体系副主任	
	雷　达　中国美术学院教授、工业设计系副主任	
委　　员	（按姓氏笔画顺序）	

于　帆	王文明	王自强	卢艺舟	叶　苹	朱　曦	刘　星	刘观庆
江建民	汤重熹	严增新	李东禧	李亮之	李　娟	杨向东	肖金花
何晓佑	沈　杰	吴　翔	吴作光	张　同	张　锡	张立群	张　煜
陈　嬿	陈丹青	陈杭悦	陈海燕	周　波	周美玉	周晓江	俞　英
夏颖翀	高　筠	曹瑞忻	彭　韧	蒋　雯	雷　达	潘　荣	戴时超

总 主 编　刘观庆

《工业设计资料集》⑨
医疗·健身·环境设施
编辑委员会

主　　编	吴　翔
副 主 任	俞　英　　袁惠芬
编　　委	夏雅琴　吴　平　田玉晶　吴春茂　李贵成　苗　岭
参编人员	（按姓氏笔划顺序）

马毅然　王红梅　王蒲惠子　申　泽　代辉周　朱　静　庄巍婷
刘　乐　刘志辉　刘梅娜　汤超颖　孙有文　孙维炜　李嘉宁
李　赫　杨莎莎　吴　珩　吴　越　吴　岚　何　晟　陆文婕
陈　超　陈玉露　陈光信　陈伟园　陈燕萍　武　俊　周铭奇
郝再燕　姜海燕　费　菲　胡杰明　晋新敏　贾鸿军　徐博宇
徐小雯　郭　甜　郭　睿　郭锦那　崔盛辉　黄　华　黄　政
黄海颖　常富迪　章瑜皇　董方亮　蔡景林　黎　昀　戴慧萍

增加参编人员名单　　许桂苹　张　红　张　琛　周　静　胡为为　徐　栋
　　　　　　　　　　　谢　飞　董翰阳

总 序

造物，是人类得以形成与发展的一项最基本的活动。自从200万年前早期猿人敲打出第一块砍砸器作为工具开始，创造性的造物活动就没有停止过。从旧石器到新石器，从陶瓷器到漆器，从青铜器到铁器，……材料不断更新，技艺不断长进，形形色色的工具、器具、用具、家具、舟楫、车辆以及服装、房屋等等产生出来了。在将自然物改变成人造物的过程中，也促使人类自身逐渐脱离了动物界。而且，东西方不同的民族以各自的智慧在不同的地域创造了丰富多彩的人造物形态，形成特有的衣食住行的生活方式。而后通过丝绸之路相互交流、逐渐交融，使世界的物质文化和精神文化显得如此绚丽多姿、光辉灿烂。

进入工业社会以后，人类的造物活动进入了全新的阶段。科学技术迅猛发展，钢铁、玻璃、塑料和种种人工材料相继登场，机器生产取代了手工业，批量大，质量好，品种多，更新快，新产品以几何级数递增，人造物包围了我们的世界。一门新的学科诞生了，这就是工业设计。产品设计自古有之，手工艺时代，设计者与制造者大体上并不分离；机器生产时代，产品批量化生产，设计者游离出来，专门提供产品的原型，工业设计就是这样一种提供工业产品原型设计的创造性活动。这种活动涉及到产品的功能、人机界面及其提供的服务问题，产品的性能、结构、机构、材料和加工工艺等技术问题，产品的造型、色彩、表面装饰等形式和包装问题，产品的成本、价格、流通、销售等市场问题，以及诸如生活方式、流行、生态环境、社会伦理等宏观背景问题。进入信息时代、体验经济时代以来，技术发生了根本性的变革，人们的观念改变、感性需求上升，不同文化交流、碰撞和交融，旧产品不断变异或淘汰，新产品不断产生和更新，信息化、系统化、虚拟化、交互化……随着人造物世界的扩展，其形态也呈现出前所未有的变化。

人造物世界是人类赖以生存的物质基础，是人类精神借以寄托的载体，是人类文化世界的重要组成部分。虽然说不上人造物都是完美的，虽然人造物也有许多是是非非，但她毕竟是人类的杰出成果。将这些人类的创造物汇集起来，展现出来，无疑是一件十分有意义的事情。

中国建筑工业出版社从20世纪60年代开始就组织出版了《建筑设计资料集》，并多次修订再版，继而有《室内设计资料集》、《城市规划资料集》、《园林设计资料集》……相继问世。三年前又力主组织出版《工业设计资料集》。这些资料集包含的其实都是各种不同类型的人造物，其中《工业设计资料集》包含的是人造物的重要组成部分，即工业化生产的产品。这些资料集的出版原意虽然是提供设计工具书，但作为各种各样人造物及其相关知识的汇总与展现，是对人类文化成果的阶段性总结，其意义更为深远。

《工业设计资料集》的编辑出版是工业设计事业和设计教育发展的需要。我国的工业设计经过长期酝酿，终于在20世纪七八十年代开始走进学校、走上社会，在世纪之交得到政府和企业的普遍关注。工业设计已经有了初步成果，可以略作盘点；工业设计正在迅速发展，需要资料借鉴。工业设计的基本理念是创新，创新要以前人的成果为基础。中国建筑工业出版社关于编辑出版《工业设计资料集》的设想得到很多高校教师的赞同。于是由具有40多年工业设计专业办学历史的江南大学牵头，上海交通大学、东华大学、浙江大学、中国美术学院、浙江工业大学、中国计量学院、南京理工大学、南京艺术学院、广东工业大学、广州大学、复旦大学上海视觉艺术学院、苏州大学应用技术学院等十余所高校的教师共同参加，组成总编辑委员会，启动了这一艰巨的大型设计资料集的编写工作。

中国建筑工业出版社委托笔者担任《工业设计资料集》总主编，提出总体构想和编写的内容体例，经总编委会讨论修改通过。《工业设计资料集》的定位是一部系统的关于工业化生产的各类产品及其设计知识的大型资料集。工业设计的对象几乎涉及人们生活、工作、学习、娱乐中使用的全部产品，还包括部分生产工具和机器设备。对这些产品进行分类是非常困难的事情，考虑到编写的方便和有利于供产品设计时作参考，尝试以产品用途为主兼顾行业性质进行粗分，设定分集，再由各分集对产品具体细分。由于工业产品和过去历史上的产品有一定的延续性，也收集了部分中外古代代表性的产品实例供参照。

资料集由10个分册构成，前两分册为通用性综述部分，后八分册为各类型的产品部分。每分册300页左右。第1分册是总论；第2分册是机电能基础知识·材料及加工工艺；第3分册是厨房用品·日常用品；第4分册是家用电器；第5分册是交通工具；第6分册是信息·通信产品；第7分册是文教·办公·娱乐用品；第8分册是家具·灯具·卫浴产品；第9分册是医疗·健身·环境设施；第10分册是工具·机器设备。

资料集各分册的每类产品范围大小不尽相同，但编写内容都包括该类产品设计的相关知识和产品实例两个方面。知识性内容包含产品的基本功能、基本结构、品种规格等，产品实例的选择在全面性的基础上注意代表性和特色性。

资料集编写体例以图、表为主，配以少量的文字说明。产品图主要是用计算机绘制或手绘的黑白单线图，少量是经过处理的照片或有灰色过渡面的图片。每页页首有书眉，其中大黑体字为项目名称，括号内的数字为项目编号，小黑体字为该页内容。图、表的顺序一般按页分别编排，必要时跨页编排。图内的长度单位，除特殊注明者外均采用毫米（mm）。

《工业设计资料集》经过三年多时间、十余所高校、数百位编写者的日夜苦干终于面世了。这一成果填补了国内和国际上工业设计学科领域系统资料集的出版空白，体现了规模性和系统性结合、科学性和艺术性结合、理论性和形象性结合，基本上能够满足目前我国工业设计学科和制造业迅速发展对产品资料的迫切需求，有利于业界参考，有利于国际交流。当然，由于编写时间和条件的限制，资料集并不完善，有些产品收集的资料不够全面、不够典型，内容也难免有疏漏或不当之处。祈望专家、读者不吝指正，以便再版时修正、补充。

值此资料集出版之际，谨向支持本资料集编写工作的所有院校、付出辛勤劳动的各位专家、学者和学生们表示最崇高的敬意！谨向自始至终关心、帮助、督促编写工作的中国建筑工业出版社领导尤其是第四图书中心的编辑们致以诚挚的谢意！

愿这部资料集能为推动我国工业设计事业的发展，为帮助设计师创造出更新更美的产品，为建设创新型社会作出贡献！

2007年5月

前　言

从学科分类的角度看，环境设施与医疗设备产品分属两个不同的产品领域，也没有商品学意义上的联系。但对于本册的编者来说，两者却有着不可忽略的共性，正因为这些共性的存在，才使得本册资料集的汇编更具有意义。

无论是环境设施还是医疗设备，都不属于大众消费产品。从立项、研发、设计到生产，一般都不是以消费市场为导向，而是以所属学科的专业需要进行决策和定位。通常环境设施是基于建立公共空间秩序的需要而进行规划的；医疗设备则是基于医院诊疗专业上的需要而立项的，两类产品的终端客户都是专业集团而非消费者个人。这也就注定了此类产品信息和知识非大众所熟知。对于编辑者也是同样，凡有过此类产品设计的经历者都会体会到相关信息资料和知识的冷僻。尽管发达的网络可以帮助我们在广泛的领域获得信息，但分散的搜寻过程会耗去太多的时间和精力。本分册将相关的、主要的产品资料信息汇集于一册，将更方便查询使用。

本分册在环境设施部分汇集了最具有代表性的设施产品。环境设施较之一般意义上的"产品"有其特殊性——作为"产品"的概念，有着同样的生产制造的过程，但一般都是小批量生产。所以，环境设施通常仅涉及传统的材料和工艺，并多采用较粗放的生产制造方式。而作为"设施"的概念，则与建筑、街道、景观等空间环境有着密切关系。因此，在尺度、天候以及工程技术等因素方面有着不可分割的联系。本分册所选编的内容尽可能将环境设施所涉及的一系列典型要素反映在其中。

本分册在医疗设施设备部分汇集了大部分种类的最具有代表性的产品，尤其是工业设计常要涉及的项目。有些冷僻的产品因设计介入的可能性低，所以就编入得少一些或不编入；有些常见的对设计需求度高的产品种类就收入得多一些，资料也详尽一些。

医疗设施设备产品种类庞大，而且专业性太强，标准严苛；有些产品外形相似但功能完全不同等等，都给编辑带来了很大困难。

本册的编辑工作由东华大学服装与艺术设计学院工业设计系的部分师生共同参与，历经三个寒暑，在中国建筑工业出版社编辑们的鞭策下前赴后继地工作，终于完成。由于本册所涉及的产品系列跨度大所带来的难度，对我们的能力是极大的挑战，限于水平，必有许多不足，敬请斧正。

2008 年 8 月 8 日

目 录

1　**1　医疗器械概述**	76　手术器械系列	118　医学光源
5　**2　超声仪器**	79　**9　急救装备**	119　**18　消毒灭菌**
5　概述	79　概述	119　概述
6　医学超声波工作原理	80　急诊抢救	120　高温高压灭菌机
7　B超	82　移动抢救	121　蒸汽灭菌器
8　超声成像原理及诊断基础		
9　超声成像的一般规律	85　**10　体外循环**	122　**19　数字信息**
10　彩超	85　概述、血液透析设备	122　远程医疗
15　便携式B超		123　PASC、HIS系统
17　超声探头	90　**11　腔镜仪器**	
19　超声雾化器	90　概述	124　**20　中医设备**
	91　电子腔镜	124　中药汽疗仪
20　**3　放射装备**	92　光学腔镜	125　中医药相关设施
21　DDR数字成像		127　煎药设备
24　C臂系统设备	96　**12　口腔皮肤**	
25　移动式X射线机	96　概述、口腔仪器	128　**21　家用设备**
27　其他射线设备	100　皮肤诊疗设备	128　概述、家用理疗设备
		143　家庭检测设备
29　**4　核磁装备**	102　**13　眼科五官**	
29　核磁共振	102　五官诊断	147　**22　制药机械**
	103　眼科诊断	147　概述、制药设备
40　**5　心脑电图**	104　五官仪器	
40　心电设备		151　**23　加氧吸氧**
43　脑电设备	105　**14　理疗泌尿**	151　制氧设备
	105　概述、理疗装备	
45　**6　监护设备**	108　泌尿诊疗设备	154　**24　安全检测**
45　监护设备	109　相关辅助装备	154　安检仪器
46　监护仪结构原理		
47　婴幼儿监护设备	113　**15　低温冷疗**	156　**25　呼吸装备**
	113　概述	156　呼吸机
49　**7　检验病理**	114　低温储藏设备	159　作业呼吸装备
49　原理概念		
50　检验仪器	115　**16　防护防疫**	161　**26　残障设施**
	115　基础防护	161　概述
70　**8　手术麻醉**	116　防疫专用	162　残障轮椅
70　麻醉仪器		163　残障轮椅、残障电动车
71　手术仪器	117　**17　光学光源**	164　相关辅助设施
73　相关辅助仪器	117　光学光源仪器	

166 **27 病房设施**	220 自助与交流设施	285 装饰性雕塑
166 概述、病房轮椅	228 自助与交流设施、信息发布	288 功能性雕塑
167 病床	类与广告类	290 陈列性雕塑
173 病房辅助设备		
	229 **31 照明设施**	293 **34 景观设施**
177 **28 健身保健**	229 壁灯	293 绿地、绿地样式
177 健身车	233 路灯	295 绿地布局
179 举重器材	239 庭院灯	296 庭院绿化
180 划船机	242 草坪灯	300 花坛
181 跑步机	244 景观灯	303 种植器
183 踏步机	246 特种灯	310 树池箅
184 椭圆机	250 交通信号灯	
186 腹肌板		313 **35 商业设施**
187 按摩椅	251 **32 水景设施**	313 广告牌
188 多功能综合训练器	251 喷水水景	327 售货机
190 健身自行车	257 落水水景	328 售货亭
191 其他设施	260 流水水景	332 书报亭
	264 其他水景	
192 **29 交通系统设施**		335 **36 环卫设施**
192 路面	267 **33 公共艺术设施**	335 垃圾桶
198 边沟与地漏	267 建筑装饰雕塑	354 垃圾站
200 坡道	268 城市广场雕塑	355 公共厕所
201 护栏	269 街头小品雕塑、	363 饮水设施
202 围栏、护柱	居住小区雕塑	
205 路障	270 公园景观雕塑、临水雕塑	365 **37 休闲娱乐设施**
206 台阶	271 陵园雕塑、纪念性雕塑、	365 坐具
207 自行车停放场	宗教雕塑、陈列雕塑、	388 休息亭及回廊
209 候车亭与车站牌	抽象艺术雕塑	396 健身娱乐设施
211 诱导标志	272 圆雕	
213 公共交通指示设计、	273 浮雕	400 **38 无障碍设施**
警告标志	274 透雕	401 坡道
214 禁令标志	275 金属材料雕塑、石料雕塑、	403 盲道
215 指示标志	水泥材料雕塑	407 城市道路的无障碍设施
216 指路标志、一般道路指路	276 玻璃钢(树脂)、砂岩石、	408 过街天桥与过街地道
标志	菱镁水泥、陶瓷	409 楼梯、电梯
217 旅游区标志、交通标志	277 冰雕、雪塑、沙雕、	410 电梯、扶手
	其他材料雕塑	411 公共厕所
219 **30 信息系统与自助设施**	278 纪念性雕塑	
219 公共查询设施	282 主题性雕塑	415 **后记**

[1] 医疗器械概述

1. 医疗器械的概念

在我国，多年来我们通俗地把用于临床的技术装备、实验室设备、医学教学和医学院科学研究的技术装备称为"医疗器械"、"卫生装备"、"仪器设备"、"实验装置"等。在此，我们可以统一称呼为"医学装备"或"医疗器械"。

医疗器械是指：单独或者组合使用于人体的仪器、设备、器具、材料或者其他物品，包括所需的软件。(国家药品监督管理局《医疗器械分类规则》)同药品一样，医疗器械是医生诊断和治疗疾病不可或缺的"法宝"，是为了配合医学上的各种诊断、治疗方案，减轻体力劳动，提高工作效率和增加治疗精度而设计制造的劳动工具，是各种高科技和医学进步在临床应用中的集中体现。其使用目的是：

(1) 疾病的预防、诊断、治疗、监护或者缓解；

(2) 损伤或残疾的诊断、治疗、监护、缓解或者补偿；

(3) 解剖或生理过程的研究、替代或者调节；

(4) 妊娠控制。

其用于人体体表及体内的作用不是用药理学、免疫学或代谢的手段获得，但可能有这些手段参与并起一定辅助作用。

2. 医疗器械的发展

医疗器械是古已有之的诊治疾病的工具，它是随医学的产生而出现的。在我国最早的医疗器械可以追溯到石器时代，古医书上所称的"砭石"就是古人用经过磨削后的石片刺破脓使外症早日痊愈的医疗器械，随后又出现的骨针、竹针治病等。这些是我国医疗器械的雏形。进入商周时代，随着冶炼技术的进步，出现了金属制作的医疗用针具，世称"金针"。二千多年前，据我国最早的医典《灵枢经》中记载，当时医家已认识到人体经络与脏腑之间的内在联系，对针刺疗法作了多方面研究与论述，并通过不断的临床实践，形成了相当完备的"九针"疗法。九针是由馋(部首：金)针、园针、金是针、锋针、金皮针、毫针、长针、园利针和大针等九种形状不一、功能各异的金属针组成。它可浅刺、深刺、刺络、揩摩、按压，治疗脓肿外症、急性痹症、关节疼痛等病症。古代名医扁鹊、华佗常用金针为患者治疗，获得"随手而差"(差：痊愈之意)的疗效。除了金针之外，我国历代医家还创制出了许多医疗器具：东汉末年，华佗在研制成"麻沸散"后，已将刀、剪、凿等器械用于外科手术；东晋著名炼丹家葛洪所著的《肘后备急方》中记载，拔火罐疗法已在临床上作外症吸脓之用，当时是用牛角作"火罐"，故又称"角法"；唐代医家王焘的《外台秘要》中介绍的"竹筒"拔罐疗法，更在民间广为流传，它有引气、活血、消肿、止痛、祛风、散寒等作用，是近代真空疗法的开始；其他，如银篦、磁烽、竹帘、杉篱、夹板等器具也陆续问世，其中夹板之类，即使在现代，仍然是治疗伤骨科疾病的常用器具。

如同世界上任何一种富于生命力的事物一样，医疗器械也是随着人类文明的进步和科学技术的发展而不断得到丰富和完善的。早期的医疗器械极其简单，在很长的历史时期发展缓慢，直到进入20世纪后，由于融入各种现代技术才得以迅速发展。20世纪是医疗器械迅速发展的时期。20世纪初X射线的诞生，标志着现代医疗器械工业进入一个新的发展时期。1972年英国人豪斯菲尔德和美国人科马克设计并在临床实验中应用计算机控制X射线层析扫描器，即CAT扫描器(中国医务界通常称"CT")，极大地改进了对大脑和其他组织病变的确诊能力，并且由于CAT扫描技术方面的成就，获得1979年诺贝尔生理学和医学奖两大奖项。

从20世纪中叶开始，大量的新技术、新材料开始应用于医疗器械工业，以光学、电子、超声、磁、同位素、计算机为基础，包括人工材料、人工脏器、生物力学、监测仪器、诊断设备、影像技术、信息处理、图像重建等多方面内容，在医学各领域得到了广泛应用。

金属、高分子、无机材料和近几年迅速发展的生物材料等新型医用材料的开发应用，使人体组织器官的替代、移植等方面有了长足的进展；新型的人工种植牙、活性人工骨关节、人工心脏瓣膜、永久性血管支架与阻断夹、人工晶体、各类栓堵材料、可控降解的药物载体材料、缝合、粘合材料等新型医用材料的不断开发与应用也大大推动了医疗技术水平及患者康复能力的提高；现代信息处理技术、计算机自动控制技术在医疗设备中的广泛应用，大大推动了医疗仪器设备产品的更新换代及先进水平的提高。目前，临床上应用的各类影像设备如CT、彩色B超诊断仪、生理信息记录分析仪、ICU、CCU中央监护设备等大都采用了先进的计算机自动控制技术、图像处理技术、数字化信息分析处理技术等，而且，具有医疗专家分析系统的智能化医学仪器也相继应用于临床，从而扩展了现代医疗器械辅助诊断的功能，促进了产品和技术的升级换代，大大提高了临床诊断救治的准确度和时效性；激光切割技术、高能电磁技术、核医学技术治疗肿瘤、红外线成像技术、微波探测、超声波诊断治疗、远程医疗技术等高新技术在临床医疗中运用，既拓宽了传统医疗诊治手段，也带动了一大批新型医疗器械产品的开发。实际上现代医疗器械几乎涉及到当今所有领域的前沿技术，已成为了一个国家高新技术水平的象征和整体工业水平的缩影。

医疗器械概述 [1]

科技含量的提高、新材料的应用，无疑使医疗器械的灵敏度、适用性大大提高，对早期诊断、微量分析、有效治愈等多个方面颇有影响。因此，在诊断方法和治疗技术得到巨大发展的医学领域内，选用先进、快捷、安全有效的医疗器械作为诊疗工具，是提高医疗服务质量的物质基础和先决条件。

现代医疗服务质量不但取决于医务人员的专业技术水平、丰富的实践经验和科学的思维判断能力，而且在很大程度上还依赖于实验手段的完善和设备条件的改进。人们希望生产出能够在人体内实时诊断病情，然后同时对病人进行治疗的仪器。斯坦福大学经济学教授内森·罗森堡说："过去半个世纪，由于吸纳了新的技术，医疗器材快速增长，诊断技术一直是最杰出的代表。目前我们可能处在诊断技术和治疗过程相合并的边缘。"在医疗器械行业中"诊断"和"治疗"两个重要部分之间的联系日益紧密。现代医疗器械工业综合了各种高新技术成果，它将传统工业与生物医学工程、电子信息技术和现代医学影像技术等高新技术结合起来，已成为国家综合工业水平的一个象征。

当前国际上医疗器械的发展总趋势，可以概括为"直观、无损、方便、经济"八个字。"直观"就是能直接观察到人体内部脏器；"无损"系指对人体无损害或少有损害；"方便"是指自动化程度较高，操作程序简便；"经济"就是购置和使用费用相对较低。

3. 医疗器械的分类

医疗器械（医学装备）是一个统称，其包括的品种、门类极其繁多，归类的方法也不尽相同。这里介绍主要的几种，分别从不同的角度对医疗器械进行分类。

按使用学科分类；

按功能分类；

按国家统一编码分类。

（1）按使用学科分类。

直观明了，容易理解，即使用的角度去分类。具体可细分为以下几种。

超声仪器：彩色超声、B型超声、多普勒、AB超声；

放射装备：X射线类、直线加速、其他射线；

核磁装备：核子医学、磁共振类；

心电脑电：心电测量、脑电图；

监护设备：床边监护、无线监护、远程监护、中央监护；

检验病理：检验仪器、病理设备；

手术麻醉：手术仪器、麻醉仪器、相关辅助；

急救装备：急诊抢救、移动急救；

体外循环：血液透析、血液回收；

腔镜仪器：电子腔镜、光学腔镜、相关辅助；

口腔皮肤：口腔仪器、皮肤诊疗；

眼科五官：眼科治疗、眼科诊断、五官仪器；

理疗泌尿：理疗装备、泌尿装备；

低温冷疗：低温治疗、低温储藏；

防护防疫：基础防护、防疫专用；

光学光源：光学仪器、医学光源；

消毒灭菌：紫外消毒、射线消毒、臭氧消毒；

数字信息：远程医疗、PASC系统、HIS系统；

中医设备：中医设备；

家用设备：家用理疗、家用检测；

制药机械：制药设备；

加氧吸氧：高压氧仓、溶氧活化；

安全检测：接地检测、漏电检测、高压检测；

呼吸装备：呼吸机、肺部功能。

（2）按功能分类。可分为诊断、治疗、辅助三类。使用这类分类方法要求使用者具有较多的医学工程知识，因此这类方法对设备科等管理科室有一定意义，但对于具体使用人员来讲，稍显偏难。

诊断器械：X线诊断设备、功能检查设备、超声诊断设备、核医学设备、内窥镜检查设备、五官科检查设备、病理诊断设备等。

治疗设备：病房护理设备、手术设备、放射治疗设备、核医学治疗设备、理疗设备、激光设备、低温冷冻治疗设备、透析治疗设备、急救设备、整形美容设备等。

辅助设备：消毒灭菌设备、制冷设备、中央吸引供氧设备、空调设备、血库设备、医用数据处理设备、医院管理信息系统、医用摄录像设备、分析仪器、各种医用救护车辆等。

（3）按国家统一编码分类。这类方法主要通过国家制定的分类原则进行分类，在信息标准化管理角度说具有很重要的意义，但要熟练掌握需要花费大量的时间去学习和理解，因此在现实使用中，或者说信息化程度不高的医疗机构中使用和推广有一定难度。

国家对医疗器械的分类管理分为三类。

第一类是指，通过常规管理足以保证其安全性、有效性的医疗器械。

第二类是指，对其安全性、有效性应当加以控制的医疗器械。

第三类是指，植入人体；用于支持、维持生命；对人体具有潜在危险，对其安全性、有效性必须严格控制的医疗器械。

本书从大多数读者日常理解习惯的角度仍然采用简单的"使用学科分类"方法，以便于读者不需要掌握更多的分类管理知识就能很快找到所需资料。

4. 中国医疗器械产品分类目录

医疗器械分类目录由国务院药品监督管理部门

[1] 医疗器械概述

依据医疗器械分类规则,由国务院卫生行政部门制定、调整、公布。本《目录》按 GB7635-87《全国工农业产品(商品、物资)分类与代码》和国家医药管理局、卫生部、总后卫生部、国家中医药局联合制定的《医疗器械产品(商品、物资)分类与代码》标准要求进行编排即:

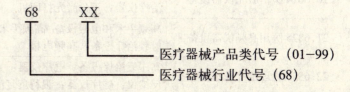

01.6801 基础外科手术器械	医用缝合针(不带线);基础外科用刀;基础外科用剪;基础外科用钳;基础外科用镊夹;基础外科用针、钩;基础外科其他器械
02.6802 显微外科手术器械	显微外科用刀、凿;显微外科用剪;显微外科用钳;显微外科用镊、夹;显微外科用针、钩;显微外科用其他器械
03.6803 神经外科手术器械	神经外科脑内用刀,神经外科脑内用钳;神经外科脑内用钩、刮;神经外科脑内用其他器械;神经外科脑内用其他器械
04.6804 眼科手术器械	眼科手术用剪;眼科手术用钳;眼科手术用镊、夹;眼科手术用钩、针;眼科手术用其他器械
05.6805 耳鼻喉科手术器械	耳鼻喉科用刀、凿;耳鼻喉科用剪;耳鼻喉科用钳;耳鼻喉科用镊、夹;耳鼻喉科用钩、针;耳鼻喉科用其他器械
06.6806 口腔科手术器械	口腔用刀、凿;口腔用剪;口腔用钳;口腔用镊、夹;口腔用钩、针;口腔用其他器械
07.6807 胸腔心血管外科手术器械	胸腔心血管外科用刀;胸腔心血管外科用剪;胸腔心血管外科用钳;胸腔心血管外科用镊、夹;胸腔心血管外科用钩、针;胸腔心血管外科用其他器械;胸腔心血管外科用吸引器
08.6808 腹部外科手术器械	腹部外科用剪;腹部外科用钳;腹部外科用钩、针;腹部外科用其他器械
09.6809 泌尿肛肠外科手术器械	泌尿肛肠科用剪;泌尿肛肠科用钳;泌尿肛肠科用钳;泌尿肛肠科用钩、针;泌尿肛肠科用其他器械
10.6810 矫形外科(骨科)手术器械	矫形(骨科)外科用刀、锥;矫形(骨科)外科用刀、锥;矫形(骨科)外科用剪;矫形(骨科)外科用钳;矫形(骨科)外科用锯、凿、锉;矫形(骨科)外科用钩、针;矫形(骨科)外科用刮;矫形(骨科)外科用有源器械
11.6811 儿科手术器械	小儿用接骨板、小儿用接骨加压螺钉、小儿用鹅接骨螺钉、小儿用鹅头钉、小儿用U形钉、小儿用半沉头接骨钉
12.6812 妇产科用手术器械	妇产科用刀;妇产科用剪;妇产科用钳;妇产科用镊、夹;妇产科用钩、针;妇产科用其他器械
13.6813 计划生育手术器械	计划生育用钳;计划生育用其他器械
14.6815 注射穿刺器械	注射穿刺器械
15.6816 烧伤(整形)科手术器械	烧伤(整形)用刀、凿;烧伤(整形)用钳;烧伤(整形)用镊、夹;烧伤(整形)用其他器械
16.6820 普通诊察器械	体温计;血压计;肺量计;听诊器(无电能);叩诊锤(无电能);反光器具;视力诊察器具
17.6821 医用电子仪器设备	用于心脏的治疗、急救装置;有创式电生理仪器及创新电生理仪器;有创医用传感器;无创医用传感器;心电诊断仪器、脑电诊断仪器、肌电诊断仪器、其他生物电诊断仪器;电声诊断仪器;无创监护仪器;呼吸功能及气体分析测定装置;医用刺激器;血流量、容量测定装置;电子压力测定装置;生理研究实验仪器;光谱诊断设备;体外反搏及其辅助循环装置;睡眠呼吸治疗系统;心电电极;心电导联线
18.6822 医用光学器具、仪器及内窥镜设备	植入体内或长期接触体内的眼科光学器具;心及血管、有创、腔内手术用内窥镜;电子内窥镜;眼科光学仪器;光学内窥镜及冷光源;医用手术及诊断用显微设备;医用放大镜;医用光学仪器配件及附件
19.6823 医用超声仪器及有关设备	超声手术及聚焦治疗设备;彩色超声成像设备及超声介入/腔内诊断设备;超声母婴监护设备;超声换能器;便携式超声诊断设备;超声理疗设备;超声辅助材料

医疗器械概述 [1]

续表

20.6824 医用激光仪器设备	激光手术和治疗设备；激光诊断仪器；介入式激光诊治仪器；激光手术器械；弱激光体外治疗仪器；干色激光打印机	
21.6825 医用高频仪器设备	高频手术和电凝设备；高频手术和电凝设备；高频电熨设备；微波治疗设备；射频治疗设备；射频治疗设备；高频电极	
22.6826 物理治疗及康复设备	高压氧治疗设备；电疗仪器；光谱辐射治疗仪器；高压电位治疗设备理疗康复仪器；生物反馈仪；磁疗仪器；眼科康复治疗仪器；理疗用电极	
23.6827 中医器械	诊断仪器；治疗仪器；中医器具	
24.6828 医用磁共振设备	医用磁共振成像设备（MRI）	
25.6830 医用X射线设备	X射线治疗设备；X射线诊断设备及高压发生装置；X射线手术影像设备；X射线计算机断层摄影设备（CT）	
26.6831 医用X射线附属设备及部件	医用X射线管、管组件或源组件；医用X线影像系统及成像器件；X线机配套用患者或部件支撑装置（电动）；X射线透视、摄影附加装置；X射线机用限速器；医用X线胶片处理装置；医用X线机配套用非电动床、椅等用具	
27.6832 医用高能射线设备	医用高能射线治疗设备；高能射线治疗定位设备	
28.6833 医用核素设备	放射性核素治疗设备；放射性核素诊断设备；核素标本测定装置；核素设备用准直装置	
29.6834 医用射线防护用品、装置	医用射线防护用品；医用射线防护装置	
30.6840 临床检验分析仪器	血液分析系统；生化分析系统；免疫分析系统；细菌分析系统；尿液分析系统；生物分离系统；血气分析系统；基因和生命科学仪器；临床医学检验辅助设备	
31.6841 医用化验和基础设备器具	医用培养箱；医用离心机；病理分析前处理设备；血液化验设备和器具；血液化验设备和器具	
32.6845 体外循环及血液处理设备	人工心肺设备；氧合器；人工心肺设备辅助装置；血液净化设备和血液净化器具；血液净化设备辅助装置；体液处理设备；透析粉、透析液	
33.6846 植入材料和人工器官	植入器材；植入性人工器官；接触式人工器官；支架；器官辅助装置	
34.6854 手术室、急救室、诊疗室设备及器具	手术及急救装置；呼吸设备；呼吸麻醉设备及附件；婴儿保育设备；输液辅助装置；负压吸引装置；呼吸设备配件；医用制气设备；电动、液压手术台；冲洗、通气、减压器具；诊察治疗设备；手术灯；手动手术台床	
35.6855 口腔科设备及器具	口腔综合治疗设备；牙钻机及配件；牙科椅；牙科手机；洁牙、补牙设备；车针；口腔综合治疗设备配件；口腔灯	
36.6856 病房护理设备及器具	供氧系统；病床；医用供气、输气装置	
37.6857 消毒和灭菌设备及器具	辐射灭菌设备，压力蒸汽灭菌设备，气体灭菌设备，干热灭菌设备，高压电离灭菌设备，高压电离灭菌设备，专用消毒设备，煮沸灭菌器具，煮沸消毒设备	
38.6858 医用冷疗、低温、冷藏设备及器具	低温治疗仪器；低温治疗仪器；医用低温设备；医用冷藏设备；医用冷冻设备；冷敷器具	
39.6863 口腔科材料	高分子义齿材料；齿科植入材料；根管充填材料；牙周塞治剂；颌面部修复材料；永久性充填材料及有关材料；暂封性充填材料及有关材料；金属、陶瓷类义齿材料；齿科预防保健材料；充填辅助材料；正畸材料；印模材料；铸造包埋材料；模型材料；齿科辅助材料；研磨材料	
40.6864 医用卫生材料及敷料	可吸收性止血、防黏连材料；敷料、护创材料；手术用品；黏贴材料	
41.6865 医用缝合材料及黏合剂	医用可吸收缝合线（带针／不带针）；不可吸收缝合线（带针／不带针）；医用黏合剂；表面缝合材料	
42.6866 医用高分子材料及制品	输液、输血器具及管路；妇科检查器械；避孕器械；导管、引流管；呼吸麻醉或通气用气管插管；肠道插管；手术手套；引流容器；一般医疗用品	
43.6870 软件	功能程序化软件；功能程序化软件；诊断图象处理软件；诊断数据处理软件；影象档案传输、处理系统软件；人体解剖学测量软件	
44.6877 介入器材	血管内导管；导丝和管鞘；栓塞器材	

概述 [2] 超声仪器

概述

我们知道,当物体振动时会发出声音。科学家们将每秒钟振动的次数称为声音的频率,它的单位是赫兹。我们人类耳朵能听到的声波频率为16～20000赫兹。因此,当物体的振动超过一定的频率,即高于人耳听阈上限时,人们便听不出来了,这样的声波称为"超声波"。通常用于医学诊断的超声波频率为1～5兆赫。超声波具有方向性好,穿透能力强,易于获得较集中的声能,在水中传播距离远等特点。可用于测距,测速,清洗,焊接,碎石等。

我们人类直到第一次世界大战才学会利用超声波,这就是利用超声波的原理来探测水中目标及其状态,如潜艇的位置等。此时人们向水中发出一系列不同频率的超声波,然后记录与处理反射回声,从回声的特征我们便可以估计出探测物的距离、形态及其动态改变。医学上最早利用超声波是在1942年,奥地利医生杜西克首次用超声技术扫描脑部结构;以后到了20世纪60年代医生们开始将超声波应用于腹部器官的探测。如今超声波扫描技术已成为现代医学诊断不可缺少的工具。

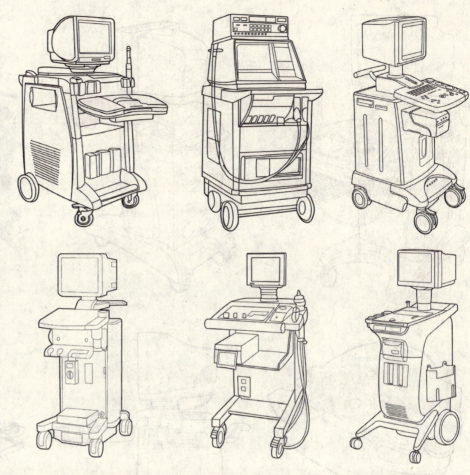

超声仪器分类及有关设备

序号	名称	品名举例
1	超声手术及聚焦治疗设备	超声肿瘤聚焦刀、超声高强度聚焦肿瘤治疗系统、超声脂防乳仪、超声眼科乳治疗仪、超声手术刀、超声血管内介入治疗仪、超声乳腺热疗治疗仪
2	彩色超声成像设备及超声介入/腔内诊断设备	超声三维(立体)诊断仪、全数字化彩超仪、超声彩色多普勒、血管内超声波诊断仪、超声结肠镜(诊断仪)、超声内窥镜多普勒、超声心内显像仪、经颅超声多普勒、超声眼科专用诊断仪、复合式妇描超声诊断仪
3	超声母婴监护设备	多功能超声监护仪、超声母亲/胎儿综合监护仪、超声产科监护仪、胎儿监护仪
4	超声换能器	心腔内超声导管换能器、穿刺超声换能器、血管内超声换能器、电子线阵换能器、机械扫描换能器、环阵换能器、凸阵扫描换能器、食管超声换能器
5	便携式超声诊断设备	B型电子线阵超声诊断仪、B型机械扇扫超声诊断仪、B型伪彩色显示仪、超声听诊器、超声骨密度仪、超声骨强度仪、超声骨测量仪
6	超声理疗设备	超声去脂仪、超声治疗机、超声雾化器、超声穴位治疗机、超声按摩仪、超声骨折治疗机、超声洁牙机、超声波妇科皮肤治疗机
7	超声辅助材料	超声耦合剂

超声仪器 [2]　医学超声波工作原理

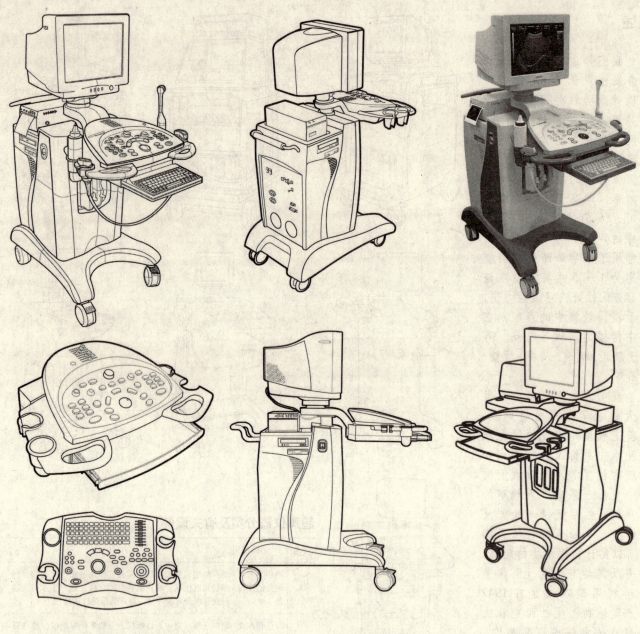

医学超声波工作原理

当超声波在介质中传播时，由于超声波与介质的相互作用，使介质发生物理的和化学的变化，从而产生一系列力学的、热的、电磁的和化学的超声效应。

医学超声波检查的工作原理与声纳有一定的相似性，即将超声波发射到人体内，当它在体内遇到界面时会发生反射及折射，并且在人体组织中可能被吸收而衰减。因为人体各种组织的形态与结构是不相同的，因此其反射与折射以及吸收超声波的程度也就不同，医生们正是通过仪器所反映出的波型、曲线，或影像的特征来辨别它们。

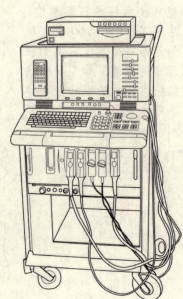

B超 [2] 超声仪器

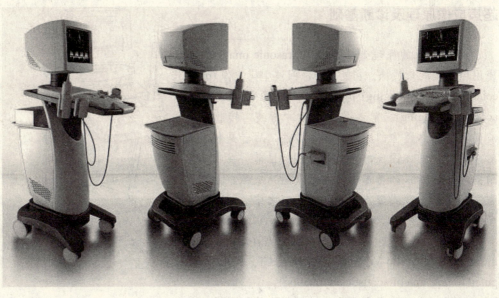

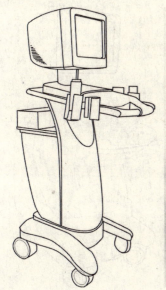

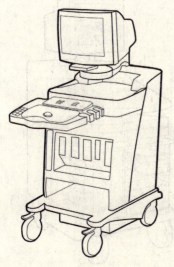 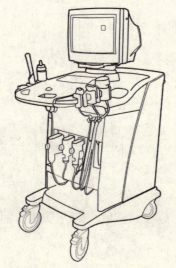

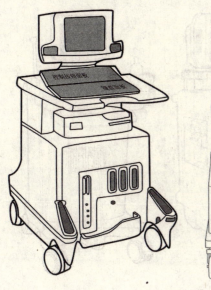 

B超

B超是B型超声波诊断仪的简称。超声波诊断仪可分为A、B、C、F四类，其中最常用的是B类。B超是在A超基础上发展起来的，它的工作原理与A超基本相同，也是利用脉冲回波成像技术。因此它的基本构成也是由探头、发射电路、接收电路和显示系统组成。所不同的是：①B超将A超的幅度调制显示改为亮度调制显示；②B超的时基深度扫描时加在显示器垂直方向上，并使声束扫查受检体的过程与在显示器水平方向上的位移扫描相对应；③在回波信号处理与图象处理各环节上，大部分的B超都应用了专门的数字计算机控制数字信号的存储与处理以及整个成像系统的运行，使图像质量大为提高。

从1952年用B型超声成像仪对肝脏标本显像以来，经过10年的不断发展，第一代单探头慢扫描B型断层显像仪在临床上开始应用。20世纪70年代又相继出现了第二代快速机械扫描和高速实时多探头电子扫描超声断层显像仪。80年代，以计算机图像处理为主导的自动化、定量化程度更高的第四代超声显像仪步入了应用阶段。当前超声诊断正向着专门化、智能化发展。

B型实时成像仪用于诊断的依据是断层图像的特征，主要由图像形态、辉度、内部结构、边界回声、回声总体、脏器后方情况以及周围组织表现等，它在临床医学方面应用十分广泛：

1. 在妇产科中的探测可以显示胎头、胎体、胎位、胎心、胎盘、宫外孕、死胎、葡萄胎、无脑儿、盆腔肿块等，也可以根据胎头的大小估计妊娠周数。

2. 人体内部脏器的轮廓及其内部结构的探测如肝、胆、脾、肾、胰和膀胱等外形及其内部结构；区分肿块的性质，如浸润性病变往往无边界回声或边缘不齐，若肿块有膜时其边界有回声且显示平滑；也可显示动态器官，如心脏瓣膜的运动情况等。

3. 表浅器官内组织探测如眼睛、甲状腺、乳房等内部结构的探查和线度的测量。

超声仪器 [2] 超声成像原理及诊断基础

超声成像原理及诊断基础

超声成像的原理超声成像 (ultrasonic imaging) 是使用超声波的声成像。它包括脉冲回波型声成像 (pulse echo acoustical imaging) 和透射型声成像 (transmission acousticalimaging)。前者是发射脉冲声波，接收其回波而获得物体图像的一种声成像方法，后者是利用透射声波获得物体图像的声成像方法。目前，在临床应用的超声诊断仪都是采用脉冲回波型声成像。而透射型声成像的一些成像方法仍处于研究之中，如某些类型的超声 CT 成像 (computedtomographbyultrasound)。

目前研究较多的有声速 CT 成像 (computedtomogr'aph ofacoustic Velocity) 和声衰减 CI、成像 (computed tomog'aph of acoustic attenuation)。

医用超声成像是利用超声波照射人体，通过接收和处理载有人体组织或结构性质特征信息的回波，获得人体组织性质与结构的可见图像的方法和技术。它与其他成像技术相比，有自己独特的优点，是其他成像所不能代替的。

1. 有较高的软组织分辨力。在人体组织中，对同样频率的声波和光波，前者的波长要比后者约大 106 倍，显然声成像的分辨力远低于光学成像。然而，超声成像能提供不透光的人体体内组织和器官的声像，这是光像无法解决的。x 光也能获取人体组织的透视图，但它对软组织的分辨力较差。前面已经提到，组织只要有 1‰ 的声阻抗差异，就能检测出其反射回波。所以，声像具有很高的软组织分辨力。现在，超声成像已能在近 20cm 的检测深度范围，获取优于 1mm 的图像空间分辨力。

2. 具有高度的安全性。当严格控制声辐照剂量低于安全阈值时，超声可能成为一种无损伤的诊断技术，而且对医务人员十分安全。这是放射成像技术不可比的。

3. 实时成像。它能高速实时成像，可以观察运动的器官，而且节省检查时间。

4. 使用方便，费用较低，用途广泛。

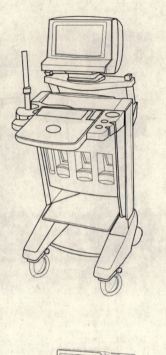
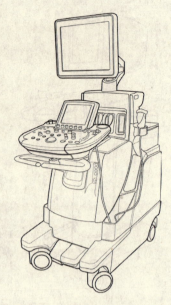
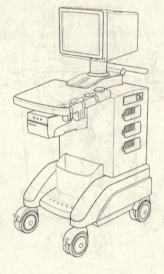

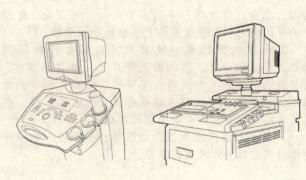
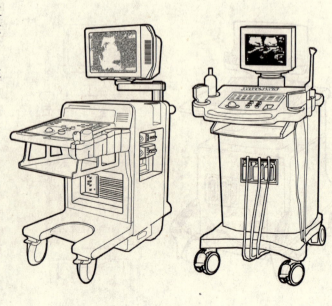

超声成像的一般规律 [2] 超声仪器

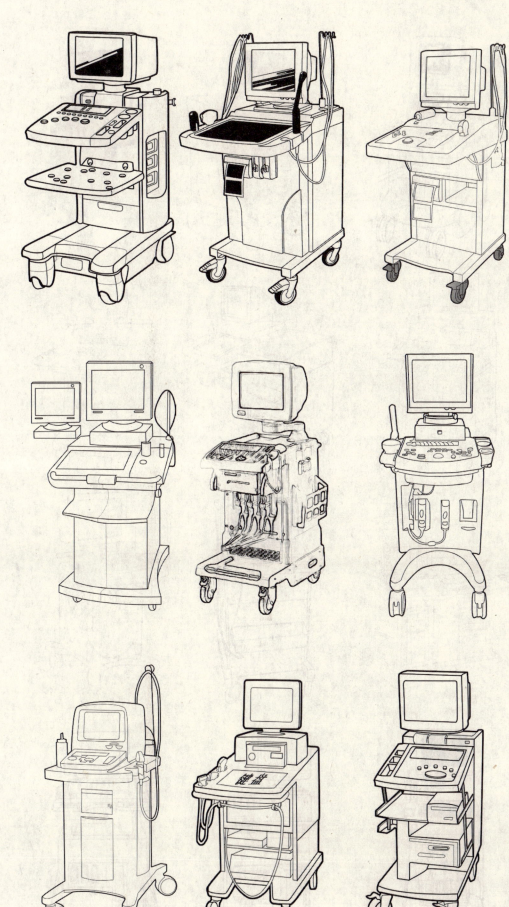

超声成像的一般规律

1. 所有脉冲回波型声成像凭借回声来反映人体内器官和组织的信息，而回声则来自组织界面的反射和散射体的后散射。回声的强度取决于界面的反射系数、粒子的后散射强度和组织的衰减。

2. 组成界面的组织之间声阻抗差异越大，则反射的回声越强。反射声强还和声束的入射角度有关，入射角越小反射声强越大，声束垂直于入射界面时，即入射角为零时，反射声强最大，而入射角为90度时，反射声强为零。因此球形病灶常只有前、后壁回声，侧壁回声消失，出现侧声影。

3. 粒子的后散射强度与入射声束的频率以及与粒子的大小、密度有关。

4. 组织对声能的衰减取决于该组织对声强的衰减系数和声束的传播距离（即检测深度）。物体衰减特征主要表现在后方的回声。

5. 根据上述声成像的一般规律可知囊性物体的声像图特征为：内部为无回声、前壁和后壁回声增强、侧壁回声消失形成侧声影。

6. 多重反射超声遇强反射界面，在界面后出现一系列的间隔均匀的依次减弱的影像，称为多次反射，这是声束在探头与界面之间往返多次而形成。

9

超声仪器 [2] 彩超

彩超

目前，医疗领域内B超的发展方向就是彩超，下面我们来谈谈彩超的特点：

彩超简单的说就是高清晰度的黑白B超再加上彩色多普勒。

彩色多普勒超声一般是用自相关技术进行多普勒信号处理，把自相关技术获得的血流信号经彩色编码后实时地叠加在二维图象上，即形成彩色多普勒超声血流图像。由此可见，彩色多普勒超声（即彩超）既具有二维超声结构图像的优点，又同时提供了血流动力学的丰富信息，实际应用受到了广泛的重视和欢迎，其主要优点是：能快速直观显示血流的二维平面分布状态。可显示血流的运行方向。有利于辨别动脉和静脉。有利于识别血管病变和非血管病变。有利于了解血流的性质。能方便了解血流的时相和速度。能可靠地发现分流和返流。能对血流束的起源、宽度、长度、面积进行定量分析。

彩超采用的相关技术是脉冲波，对检测物速度过高时，彩流颜色会发生差错，在定量分析方面明显逊色于频谱多普勒，现今彩色多普勒超声仪均具有频谱多普勒的功能，即为彩色——多功能超声。

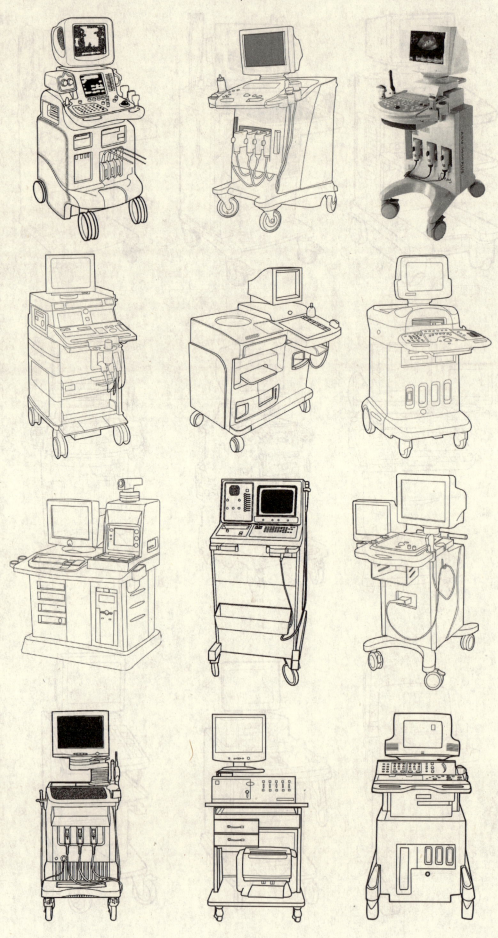

彩超 [2] 超声仪器

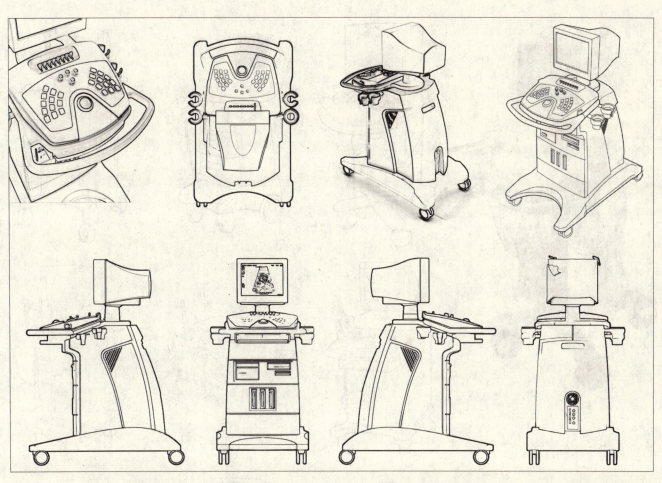

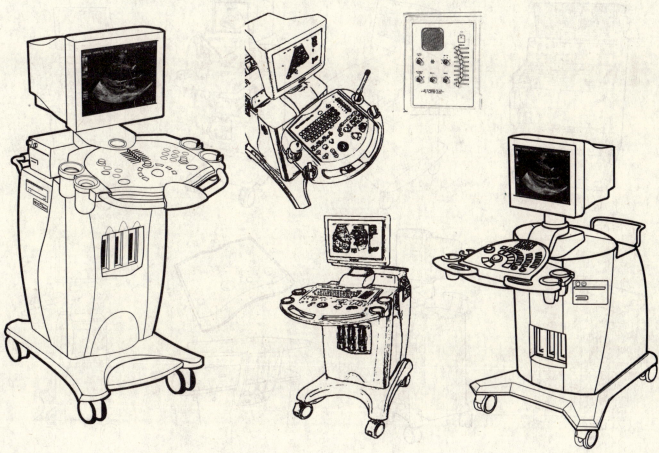

超声仪器 [2] 彩超

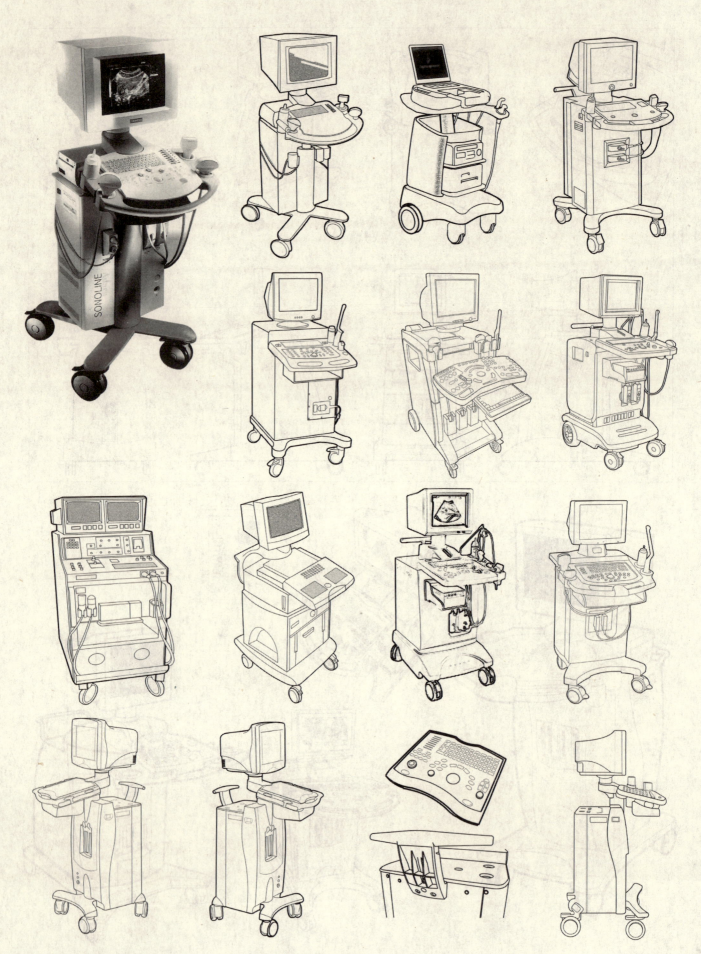

彩超 [2] 超声仪器

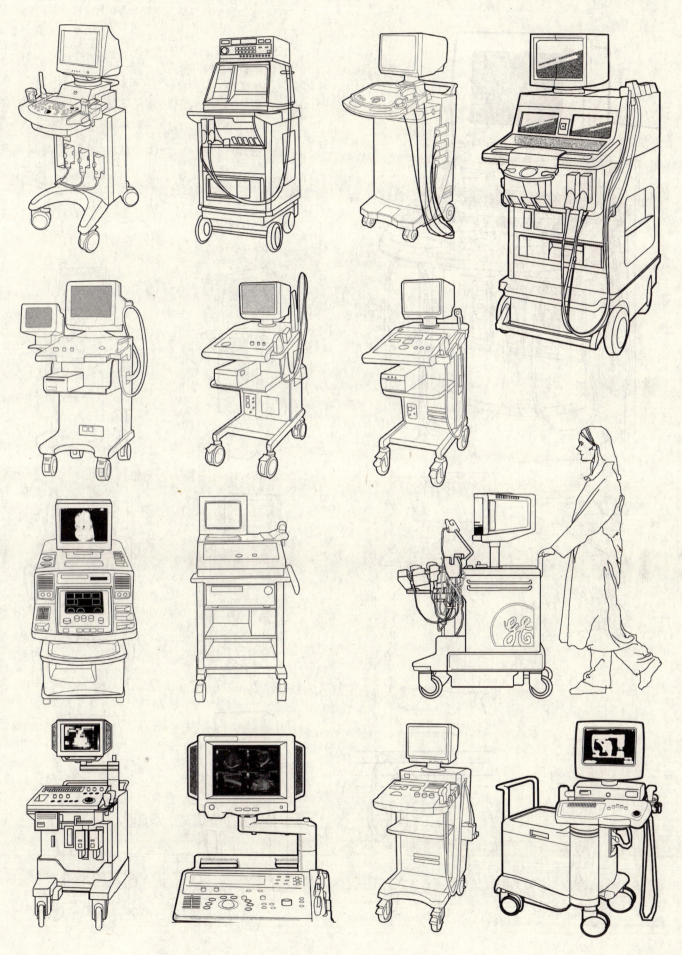

超声仪器 [2] 彩超

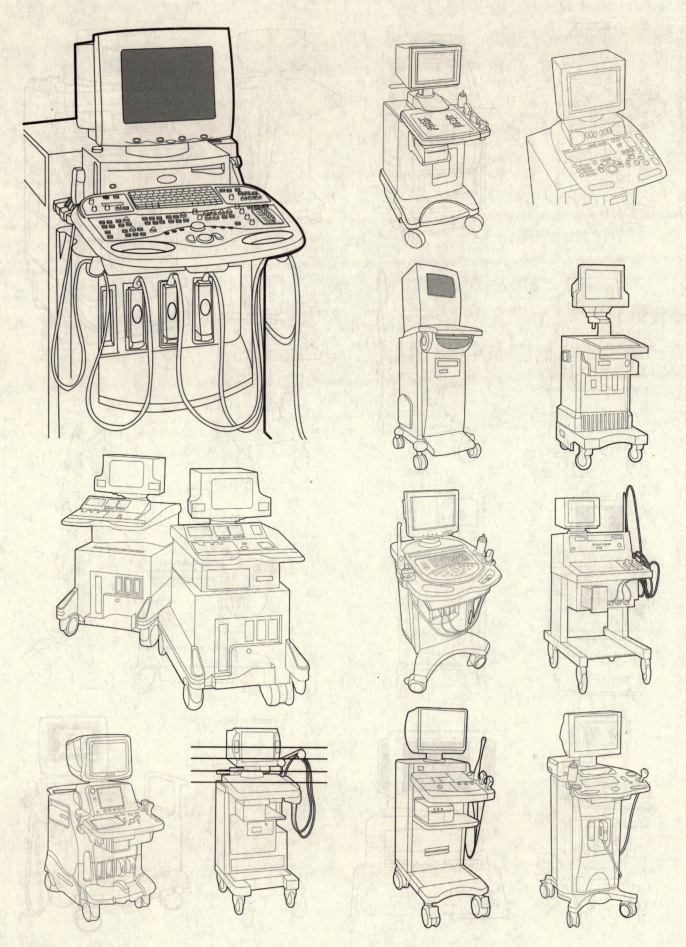

便携式B超 [2] 超声仪器

便携式 B 超

超声仪器 [2]　便携式B超

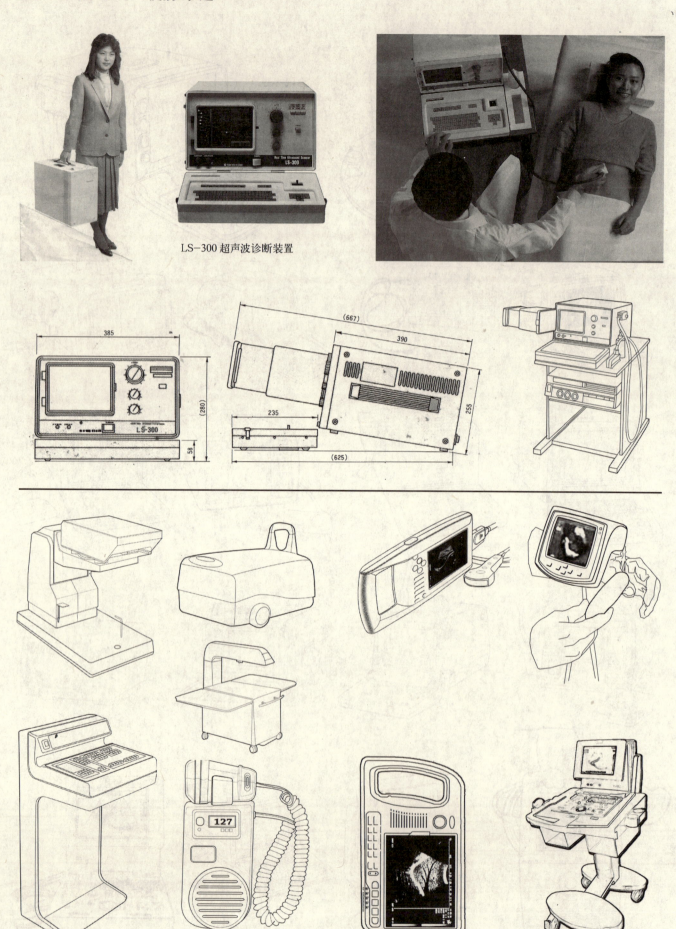

LS-300 超声波诊断装置

LS-300 超声波诊断装置

超声探头 [2] 超声仪器

超声探头

一个主机可以有一个、两个或更多的探头，而一个探头内可以安装1个压电晶片（例如A型和M型超声诊断探头），或数十个以至千个以上晶片，如实时超声诊断探头，由1至数个晶片组成一个阵元，依次轮流工作、发射和接收声能。晶片由电致伸缩材料构成，担任电、声或声、电的能量转换，故也称为换能器。按频率有单频、多频和宽频探头。实时超声探头按压电晶片的排列分线阵、环阵、凸阵等，按用途又有体表、腔内、管内各种名称，有的探头仅数毫米，可进入冠状动脉内。

超声诊断仪涉及声学、机械学、光学和电子学，近年来随着声学材料、电子技术、集成电路、微计算机的迅速发展，尤其是DSC（数字扫描转换器）和DSP（数字扫描计算机）的引用，它的性能不断提高，有的日益专门化，显示的空间由一维、二维向三维发展。

超声诊断主要应用超声的良好指向性和与光相似的反射、散射、衰减及多普勒（Doppler）效应等物理特性，利用其不同的物理参数，使用不同类型的超声诊断仪器，采用各种扫查方法，将超声发射到人体内，并在组织中传播，当正常组织或病理组织的声阻抗有一定差异时，它们组成的界面就会发生反射和散射，再将此回声信号接收，加以检波等处理后，显示为波形、曲线或图像等。由于各种组织的界面形态、组织器官的运动状况和对超声的吸收程度等不同，其回声有一定的共性和某些特性，结合生理、病理解剖知识与临床医学，观察、分析、总结这些不同的规律，可对患病的部位、性质或功能障碍程度作出概括性以至肯定性的判断。

超声诊断由于仪器的不断更新换代，方法简便，报告迅速，其诊断准确率逐年提高，在临床上已取代了某些传统的诊断方法。

基本原理：超声在人体内传播，由于人体各种组织有声学的特性差异，超声波在两种不同组织界面处产生反射、折射、散射、绕射、衰减以及声源与接收器相对运动产生多普勒频移等物理特性。应用不同类型的超声诊断仪，采用各种扫查方法，接收这些反射、散射信号，显示各种组织及其病变的形态，结合病理学、临床医学，观察、分析、总结不同的反射规律，而对病变部位、性质和功能障碍程度作出诊断。

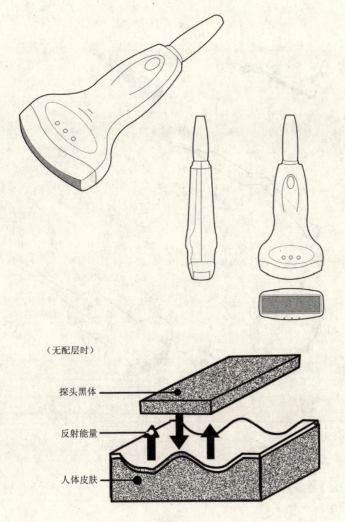

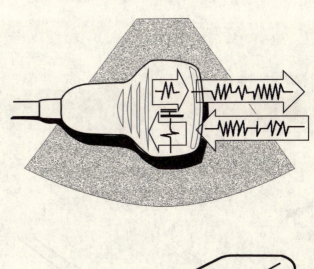

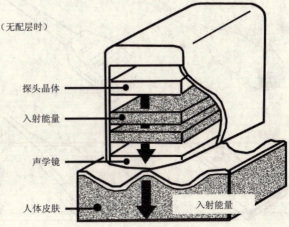

超声仪器 [2]　超声探头

用于诊断时，超声波只作为信息的载体。把超声波射入人体通过它与人体组织之间的相互作用获取有关生理与病理的信息。一般使用几十 mW/cm^2 以下的低强度超声波。当前超声诊断技术主要用于体内液性、实质性病变的诊断，而对于骨、气体遮盖下的病变不能探及，因此在临床使用中受到一定的限制。

用于治疗时，超声波则作为一种能量形式，对人体组织产生结构或功能的以及其他生物效应，以达到某种治疗目的。一般使用几百～几千 mW/cm^2 以上高强度超声波。

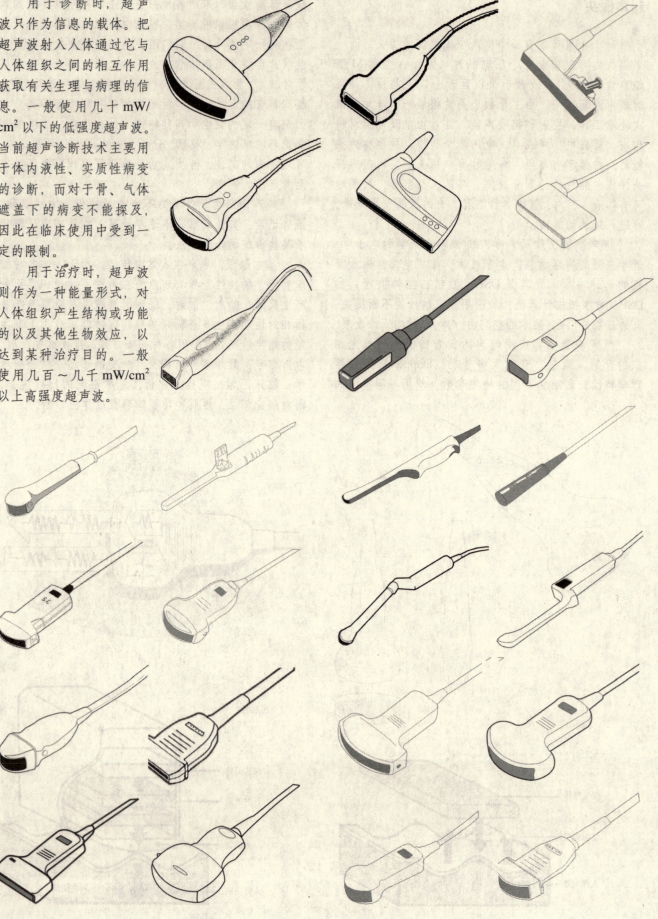

超声雾化器 [2] 超声仪器

超声雾化器

利用超声波定向压强,使液体表面隆起,在隆起的液面周围发生空化作用,使液体雾化成小分子的气雾,使药物分子通过气雾直接进入毛细血管或肺泡,达到治疗作用。其设计独特、水箱透明、能看见工作过程;使用搞品质的超声波换能器、一次性药杯、含咀,具有医疗、加湿、氧吧和美容的功能;能够加强空气的质量,提高对生活环境的要求。适应于感冒(流感)、过敏性鼻炎、鼻塞、鼻息肉、肺气肿、急慢性咽炎、喉炎、气管炎、支气管哮喘等上呼吸道感染性疾病,还适应老幼患者和行动不便的人治疗。

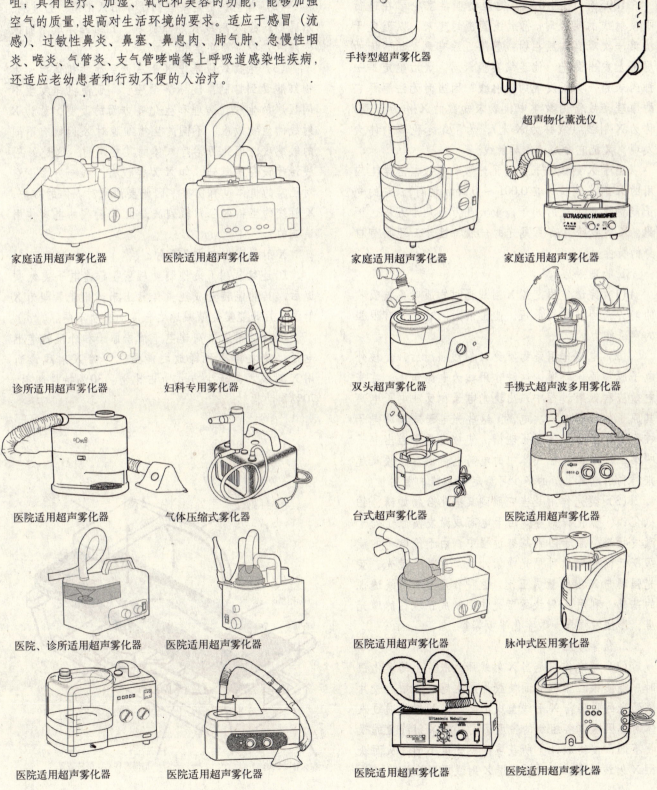

手持型超声雾化器

超声物化薰洗仪

家庭适用超声雾化器　　医院适用超声雾化器　　家庭适用超声雾化器　　家庭适用超声雾化器

诊所适用超声雾化器　　妇科专用雾化器　　双头超声雾化器　　手携式超声波多用雾化器

医院适用超声雾化器　　气体压缩式雾化器　　台式超声雾化器　　医院适用超声雾化器

医院、诊所适用超声雾化器　　医院适用超声雾化器　　医院适用超声雾化器　　脉冲式医用雾化器

医院适用超声雾化器　　医院适用超声雾化器　　医院适用超声雾化器　　医院适用超声雾化器

放射装备 [3]

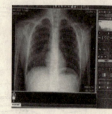

1895年11月8日，德国物理学家伦琴在进行阴极射线的实验时，将射线管密封起来，以避免干扰第一次观察到放在射线管附近涂有氰亚铂酸钡的屏幕上发出微光，他连续实验六周，最后确定是一种尚未为人类所发现的新射线。因当时无法解释它的原理，故借用数学中代表未知数的 X 作为代号，称为 X 射线（或称为 X 光），为了纪念伦琴的伟大发现，又把它命名为伦琴射线。

由于 X 射线波长比可见光波长更短，医学上应用的 X 射线波长约在 0.001～0.1nm 之间）。它的光子能量比可见光的光子能量大几万至几十万倍。因此，X 射线除具有可见光的一般特性外，还具有自身的特性。

1. 物理效应

（1）穿透作用是指 X 射线通过物质时不被吸收的能力。因其波长很短，能量很大，对物质有很强的穿透能力。

（2）电离作用是物质受 X 射线照射后，使核外电子脱离原子轨道，这种作用称为电离作用。在光电效应和散射过程中，出现光电子和反冲屯子电离其原子的过程叫一次电离，这些光电子或反冲电子在行进中又和其他原子碰撞，使被击原子溢出电子叫第二次电离。在气体中的电离电荷很容易收集起来，利用电离电荷的多少可测定 X 射线的照射量。

（3）荧光作用是当它照到某些化合物如磷、铂氰化钡、硫化锌锦等，由于电离或激发使原子处于激发状态，原子回到基态过程中，由于价电子的能级跃迁而辐射出可见光或紫外线，这就是荧光。荧光强弱与 X 射线量成正比，这种作用是 x 射线透视的基础。利用 X 射线的荧光作用制成了现在的增光屏、影像增强器、数字化平板等等。

2. 化学效应

（1）感光作用是当 X 射线照到胶片上的澳化银时，能使银粒子沉淀而使胶片产生感光作用，胶片感受光的强弱与 X 射线量成正比。当 X 射线通过人体时，因人体各组织的密度不同，对 X 射线量的吸收不同，使得胶片上所获取的感光度不同，从而获得 X 射线的影像，这是应用 X 射线摄影的基础。

（2）着色作用是某些物质如铂氰化钡、铅玻璃、水晶等，经 X 射线长期照射后，其结晶体脱水而改变颜色，称为着色作用。

（3）生物效应是当 X 射线照到生物机体时，生物细胞受到抑制、破坏甚至死亡，致使机体发生不同程序的生理、病理和生化等方面的改变，称为 X 射线的生物效应。不同的生物细胞对 X 射线有不同的敏感度。因此可治疗人体的某些疾病，这是 X 射线治疗设备的基础，如 X 刀等设备。另一方面，它对正常的机体也有伤害，因此要注意对人体的防护。X 射线的生物效应归根到底是由 X 射线的电离作用造成的。

X 射线产生方式有两种：

① 连续辐射（又称制动辐射）高速电子突然减速后，其动能转变成能量释放出来，此能量即为 X 射线，且此能量会随减速之程度而有所不同。

② 特性辐射是高速电子撞击原子和外围轨道上电子，使之游离且释放之能量，即为 X 射线诊断用 X 射线，其产生方式所占比例：30% 特性辐射，70% 制动辐射。

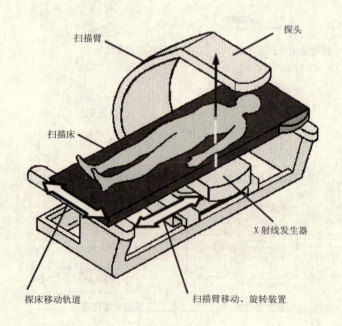

DDR数字成像　[3] 放射装备

DDR 数字成像

20世纪80年代初，CR把传统的x射线摄影数字化。DR是计算机数字化与常规X射线摄影相结合的产物。所不同的是数字化方式不一样，但无论CR还是DR，其原理和成像过程仍属间接数字影像技术，不是最终发展方向。DDR是20世纪90年代开始开发的直接数字成像技术，它是采用平板探测器，将X射线信息直接数字化，不存在任何的中间过程。数字图像不仅可以方便地将图像显示在监视器上，而且可以进行各种各样的图像后处理。

PAC5是近来年随着数字成像技术、计算机技术和网络技术的进步而迅速发展起来的，旨在全面解决医学图像的获取、显示、存储、传递和管理等问题。它是计算机通讯技术和计算机信息处理技术相结合的产物，也是目前放射信息学的一个重要组成部分，其最终的设想是完全由数字图像来代替胶片。NCS这一术语首先于1981年由迈阿密大学医学院A. J. Dbinch提出，1980年以后出现了相关商品，它是继发现X射线以后医学史上的又一重要里程碑，随着可视技术的不断发展，现代医学已越来越离不开医学图像的信息。医学图像在临床诊断、教学、科研等方面发挥着重要作用。

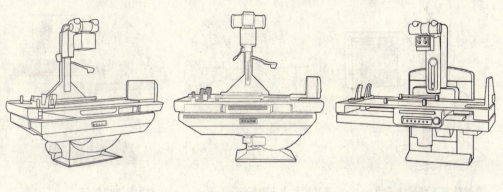

高频肠胃机　　　　X射线的诊断系统　　　　高频50KW遥控X射线机

 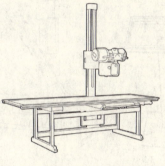 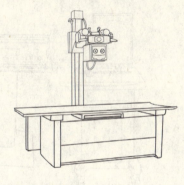

医用诊断射线机　　　一体化摄影床　　　　专用X射线摄影机

遥控医用诊断X射线机　　高频专用X射线摄影机　　医用数控诊断X射线机

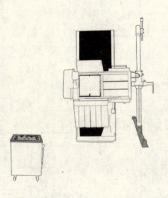 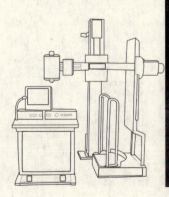 

放射装备　　　　遥控透视X射线机　　　数字成像设备

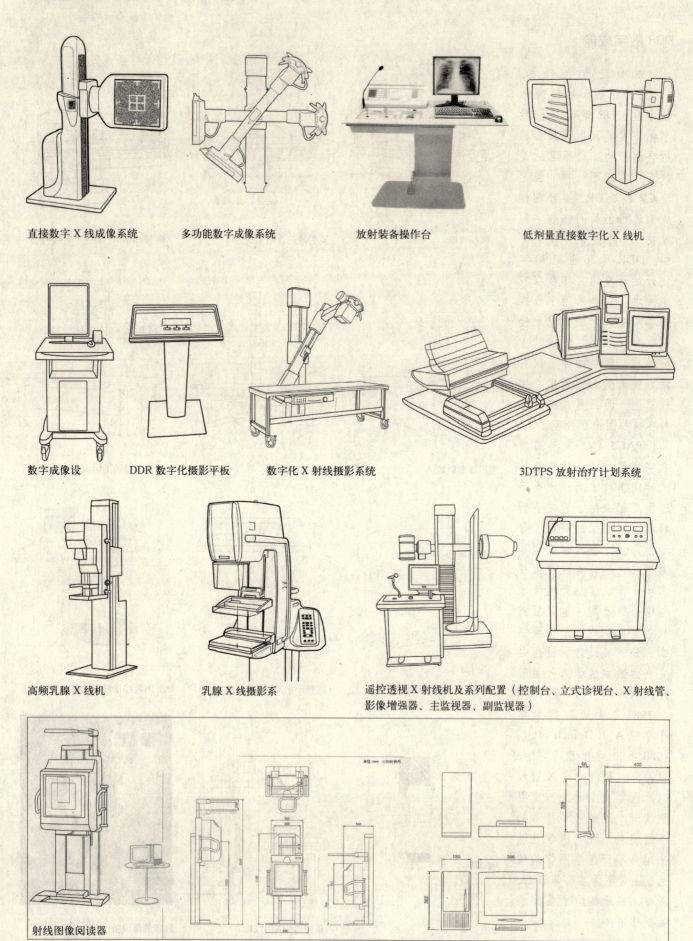

DDR数字成像　[3] 放射装备

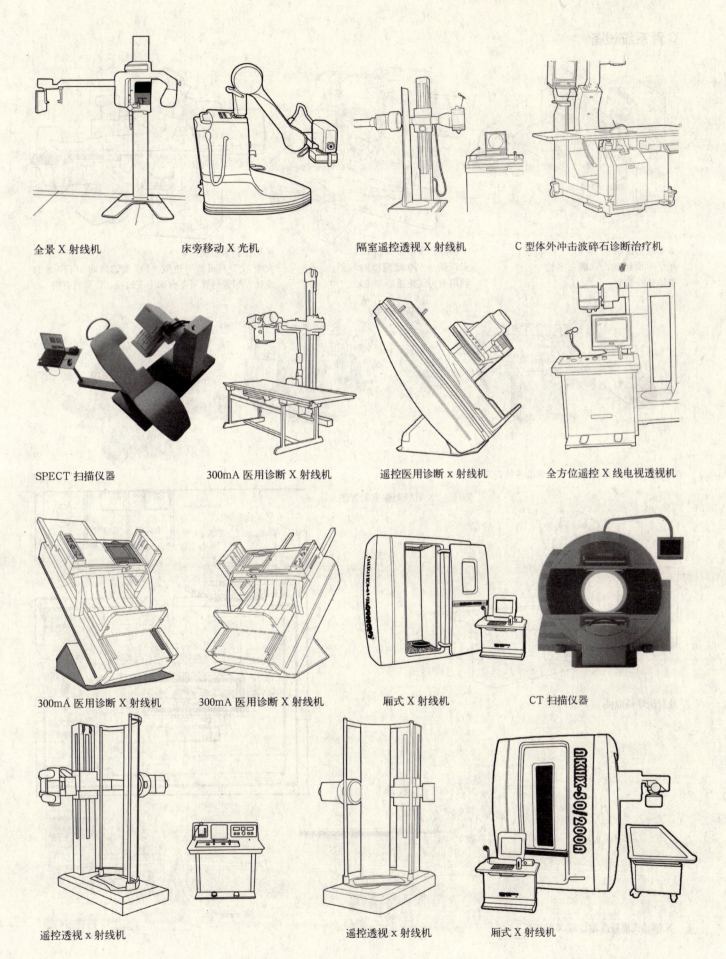

全景X射线机　　床旁移动X光机　　隔室遥控透视X射线机　　C型体外冲击波碎石诊断治疗机

SPECT扫描仪器　　300mA 医用诊断X射线机　　遥控医用诊断x射线机　　全方位遥控X线电视透视机

300mA 医用诊断X射线机　　300mA 医用诊断X射线机　　厢式X射线机　　CT扫描仪器

遥控透视x射线机　　遥控透视x射线机　　厢式X射线机

放射装备 [3] C臂系统设备

C臂系统设备

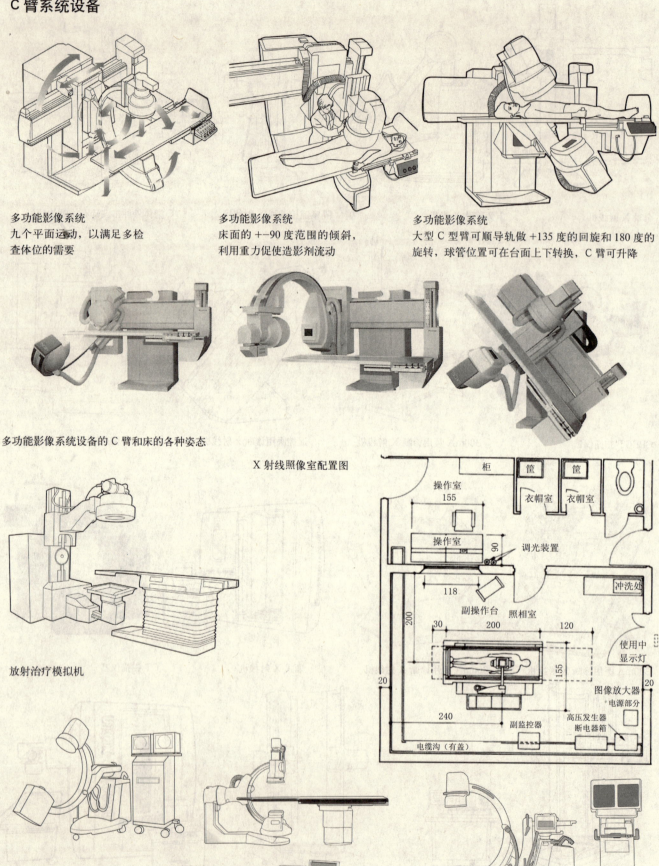

多功能影像系统
九个平面运动，以满足多检查体位的需要

多功能影像系统
床面的+-90度范围的倾斜，利用重力促使造影剂流动

多功能影像系统
大型C型臂可顺导轨做+135度的回旋和180度的旋转，球管位置可在台面上下转换，C臂可升降

多功能影像系统设备的C臂和床的各种姿态

X射线照像室配置图

放射治疗模拟机

X移动式高频医用诊断X射线机

移动式X射线机　[3] 放射装备

移动式X射线机

数字移动式X射线机是介入手术不可缺少的重要设备。由于影象技术和计算机技术的发展，移动式X射线机也由摄像管类型机发展成为数字化CCD，固体探测器类型。现在有的已采用全数字化的平板X射线机。国内外许多生产商开发和研制种类繁多的数字移动式X射线机。现已有以下分类：

1. 按结构分：

移动式C型臂　主要用于骨科或做血管、心脏介入手术，其结构为控制台，C型臂，组合机头，影象增强器，图象采集装置及图象处理器等组成，虽然各生产厂家的型号不同，样式各异，但其控制和功能原理是相同的。

移动式拍片机　主要用于病房摄影，其结构为控制台，组合机头或自充式电源等，目前各大中医院都装备此类X射线机。

2. 按使用范围

骨科移动式X射线机　主要用于骨科手术，其主要特点是X射线球管多采用固定阳极，控制系统相对简单，图象处理系统没有DSA功能。

血管介入型移动式X射线机　主要用于血管介入手术，其主要特点是X射线球管采用旋转阳极，控制系统复杂，智能化程度高，图象处理系统具有6～25幅图象的数字采集/存贮，具有DSA功能等。

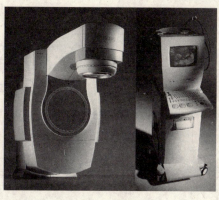
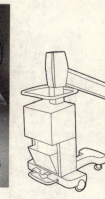
诊断扫描设备系统

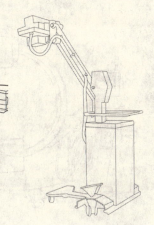
高频移动式X射线摄影机　　50mA移动式高频医用X射线机

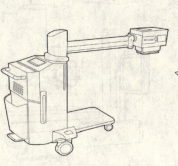
高频医用诊断X射线机

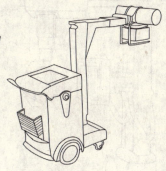
移动式X射线机

移动式X射线机

高频移动式X射线摄影机

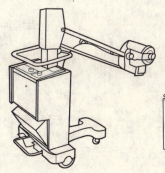
X移动式高频医用诊断X射线机

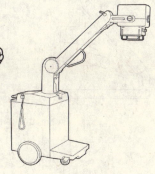
移动式高频医用诊断X射线机

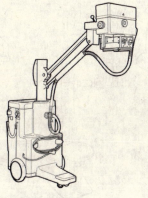
移动式X射线拍片机

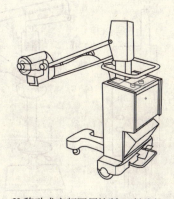
X移动式高频医用诊断X射线机

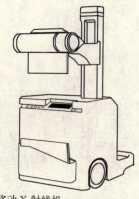
移动X射线机

放射装备 [3] 移动式X射线机

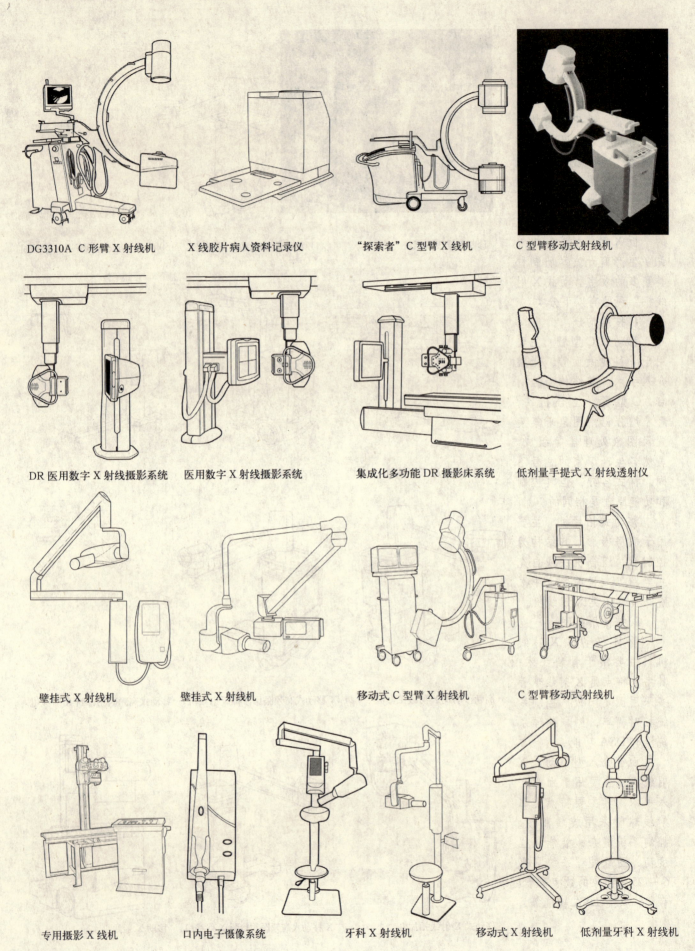

DG3310A C形臂X射线机　　X线胶片病人资料记录仪　　"探索者"C型臂X线机　　C型臂移动式射线机

DR医用数字X射线摄影系统　　医用数字X射线摄影系统　　集成化多功能DR摄影床系统　　低剂量手提式X射线透射仪

壁挂式X射线机　　壁挂式X射线机　　移动式C型臂X射线机　　C型臂移动式射线机

专用摄影X线机　　口内电子摄像系统　　牙科X射线机　　移动式X射线机　　低剂量牙科X射线机

其他射线设备

1. 骨密度仪

骨密度诊断仪是运用超声技术对骨质进行检测的技术设备，主要有以下类型：

①QCT骨密度检测仪，适用于骨质疏松早期发现、普查、确诊及治疗监测管理流程中的各个阶段；②单光子骨密度检测仪，适用于对原发性、继发性骨质疏松症进行早期诊断；③超声波骨密度检测仪，适用于快速检测；④双能X线骨密度检测仪；⑤双光子骨密度检测仪；⑥骨质疏松检测仪；⑦钙铁锌硒检测仪，主要用于药房。

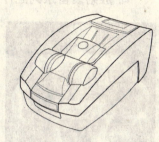

X光骨密度仪　　X光骨密度仪

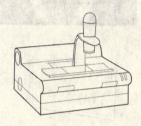

超声骨密度仪　　超声骨密度仪　　超声骨密度仪　　X光骨密度仪

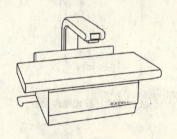

双能X光全身骨密度仪　　双能量平板数字化骨密度测定仪　　双能X光全身骨密度仪　　双能X光全身骨密度仪

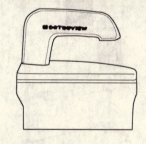

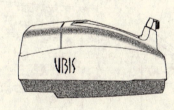

双能X光前臂骨密度仪　　超声骨密度仪　　超声骨密度仪　　X光骨密度仪

X射线双能骨密度仪　　X射线数字DR成像骨密度仪　　全干式超声骨密度检测仪　　数字化成像骨密度仪

放射装备 [3]　其他射线设备

2. 放射装备系列配件

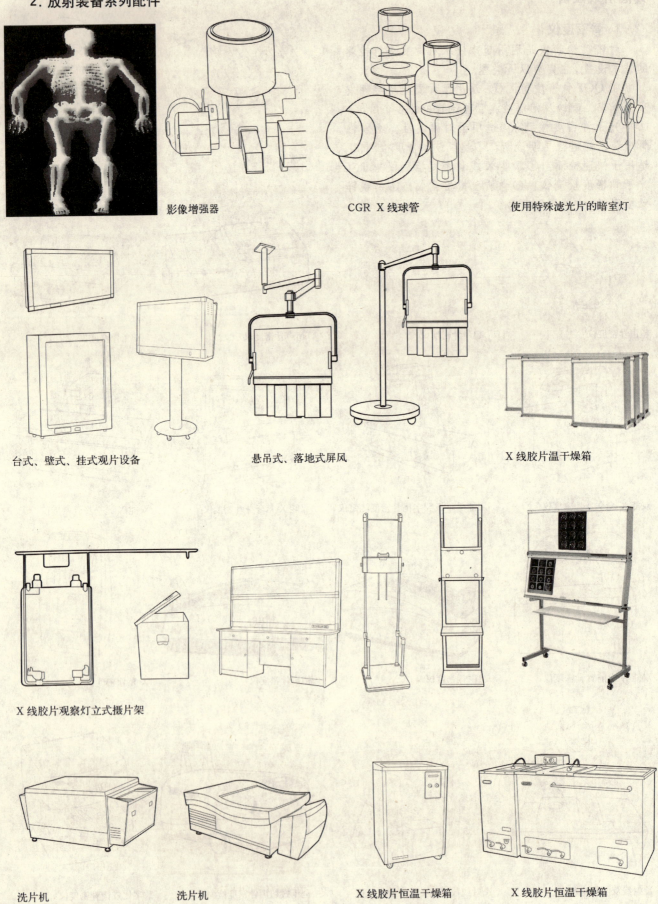

影像增强器　　　　CGR X线球管　　　　使用特殊滤光片的暗室灯

台式、壁式、挂式观片设备　　悬吊式、落地式屏风　　X线胶片温干燥箱

X线胶片观察灯立式摄片架

洗片机　　　洗片机　　　X线胶片恒温干燥箱　　　X线胶片恒温干燥箱

核磁共振

核磁共振(MRI)又叫核磁共振成像技术。是继CT后医学影像学的又一重大进步。核磁共振是一种物理现象，作为一种分析手段广泛应用于物理、化学生物等领域，到1973年才将它用于医学临床检测。为了避免与核医学中放射成像混淆，把它称为核磁共振成像术。自20世纪80年代应用以来，它以极快的速度得到发展。

1. 基本原理

将人体置于特殊的磁场中，用无线电射频脉冲激发人体内氢原子核，引起氢原子核共振，并吸收能量。在停止射频脉冲后，氢原子核按特定频率发出射电信号，并将吸收的能量释放出来，被体外的接受器收录，经电子计算机处理获得图像，这就叫做核磁共振成像。核磁共振技术可以直接研究溶液和活细胞中相对分子质量较小(20000道尔顿以下)的蛋白质、核酸以及其他分子的结构，而不损伤细胞。核磁共振的基本原理是：原子核有自旋运动，在恒定的磁场中，自旋的原子核将绕外加磁场作回旋转动，叫进动(precession)。进动有一定的频率，它与所加磁场的强度成正比。如在此基础上再加一个固定频率的电磁波，并调节外加磁场的强度，使进动频率与电磁波频率相同。这时原子核进动与电磁波产生共振，叫核磁共振。核磁共振时，原子核吸收电磁波的能量，记录下的吸收曲线就是核磁共振谱(NMR-spectrum)。由于不同分子中原子核的化学环境不同，将会有不同的共振频率，产生不同的共振谱。记录这种波谱即可判断该原子在分子中所处的位置及相对数目，用以进行定量分析及分子量的测定，并对有机化合物进行结构分析。

2. 核磁共振技术的应用

核磁共振技术早期仅限于原子核的磁矩、电四极矩和自旋的测量，随后则被广泛地用于确定分子结构，用于对生物在组织与活体组织的分析、病理分析、医疗诊断、产品无损检测等诸多方面。还可以用来观测一些动态过程(如生化过程、化学过程等)的变化。1982年，核磁共振成像技术从美国开始正式应用于临床医学，并逐渐成为最先进的医学诊断手段之一。

3. 核磁共振技术的优越性

MRI的信息量不但大于医学影像学中的其他许多成像术，而且不同于已有的成像术，因此，它对疾病的诊断具有很大的潜在优越性。它可以直接作出横断面、矢状面、冠状面和各种斜面的体层图像，不会产生CT检测中的伪影，不需注射造影剂，无电离辐射，对机体没有不良影响。MR对检测脑内血肿、脑外血肿、脑肿瘤、颅内动脉瘤、动静脉血管畸形、脑缺血、椎管内肿瘤、脊髓空洞症和脊髓积水等颅脑常见疾病非常有效，同时对腰椎椎间盘后突、原发性肝癌等疾病的诊断也很有效。与此前的人体组织成像诊断手段X光和X-CT(X射线计算机断层扫描成像)相比，核磁共振成像具有两个特别大的优点：一是没有对人体有害的辐射，X射线穿透人体成像对人体有害是人所共知的，而核磁共振成像则是将检查对象置于均匀的强磁场中，人体在磁场作用中不会受到伤害；二是能够对多种病变进行早期诊断。病变首先影响人体组织的化学变化，到一定程度才会引起形态变化，如果发现形态变化说明病变已经发展到一定程度了，即使是同样获得诺贝尔医学奖殊荣的X-CT技术也只能检查出人体组织的形态变化。而核磁共振成像则能反映人体组织内的化学变化。

但是，MR也存在不足之处。它的空间分辨率不及CT。由于核磁共振是利用磁场对人体进行检查，为避免对患者或机器造成伤害带有心脏起搏器的患者或有某些金属异物的部位不能作MR的检查。此外，MRI设备昂贵，检查费用高，检查所需时间长，在显示骨骼和胃肠方面受到限制，因此，需要严格掌握。

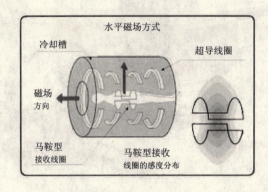

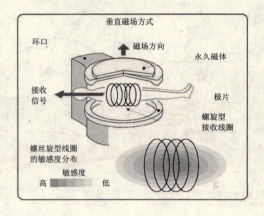

数字全身断层扫描仪

核磁装备 [4] 核磁共振

4. 良好的外观设计

现代的核磁共振成像仪一般采用完全开放式磁体外观设计,彻底消除了患者检查时的幽闭感。采用对于操作者和患者更加良好的外观设计并结合强劲的梯度系统,使其具有操作智能化、扫描高速化和应用创新化三大特点,能充分满足高级临床应用和科研需要。

1.5T核磁共振系统,是把"良好的外观设计"提升到与技术性能同样重要的地位的典范。设计制造者宣称,基于强大的技术支撑,其产品不但能大大缩短整个扫描成像流程,而且基于人性化关怀,能保证患者的头部在除头部以外的绝大部分扫描过程中露在磁体之外,极大地提高患者的舒适感。系统还特别配置了隔音耳机和音乐传送系统,以舒缓患者的紧张情绪。

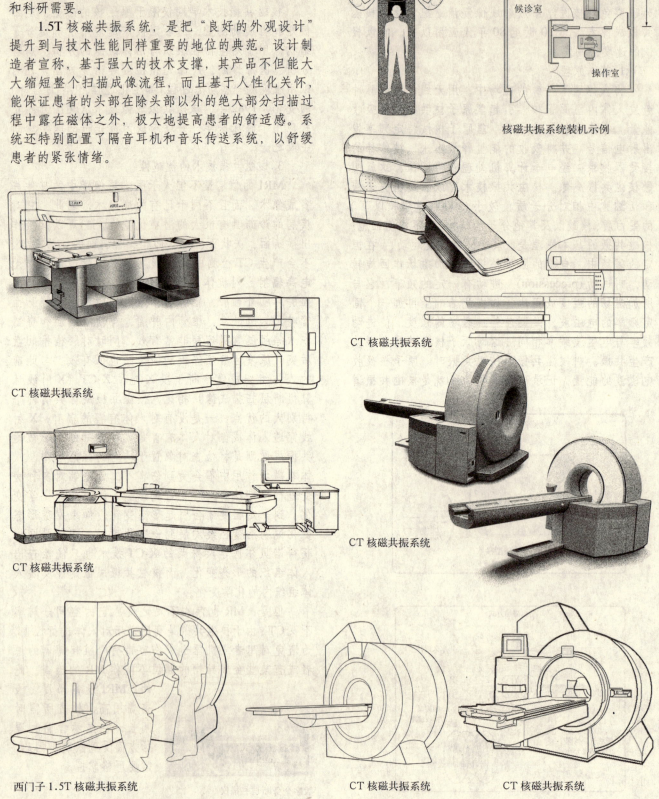

APERTO装机例

核磁共振系统装机示例

CT核磁共振系统

CT核磁共振系统

CT核磁共振系统

CT核磁共振系统

西门子1.5T核磁共振系统

CT核磁共振系统

CT核磁共振系统

核磁共振 [4] 核磁装备

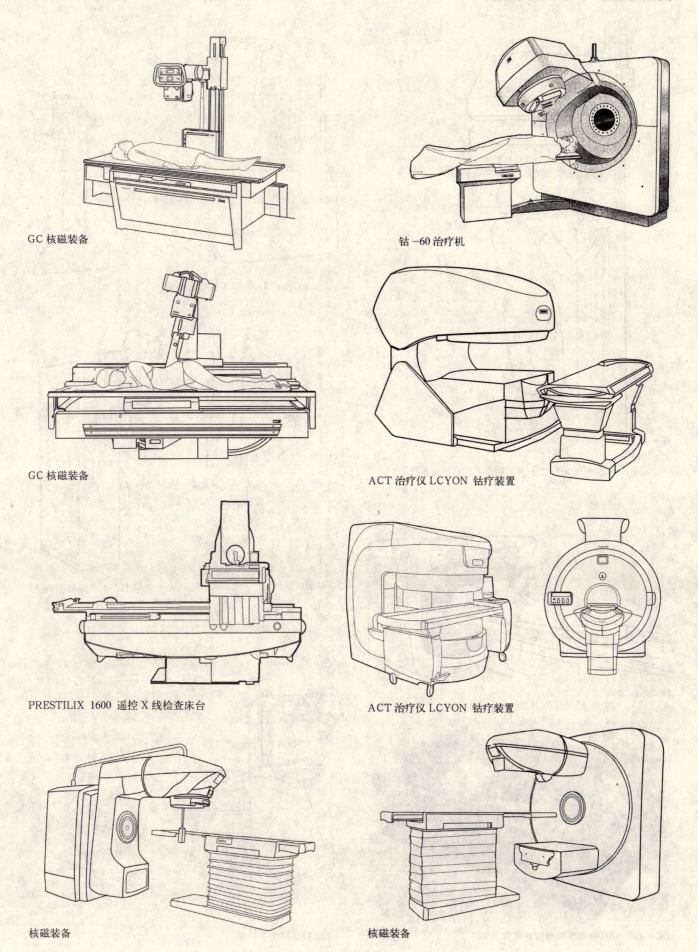

GC 核磁装备

钴-60 治疗机

GC 核磁装备

ACT 治疗仪 LCYON 钴疗装置

PRESTILIX 1600 遥控 X 线检查床台

ACT 治疗仪 LCYON 钴疗装置

核磁装备

核磁装备

核磁装备 [4] 核磁共振

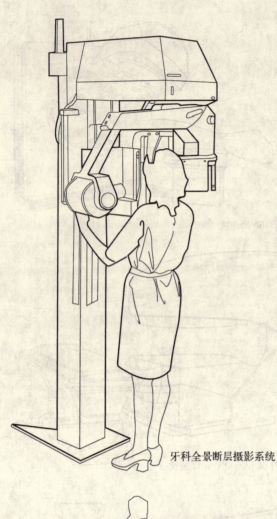
牙科全景断层摄影系统

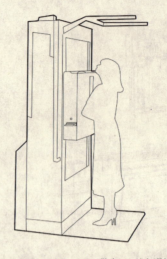
PULMORAPID 胸部 X 线摄影系统

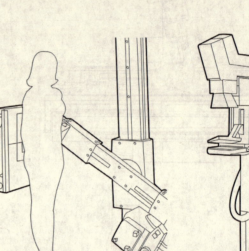
SG70 滤线器台

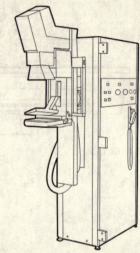
SENOGRAPHE 1 乳房摄影系统

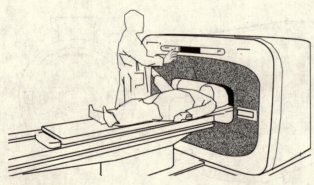
核磁共振设备

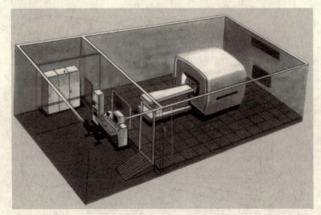
DCP 系列 MRI 磁共振机房屏蔽室

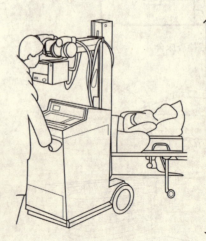
床边检查简便 X 线机

核磁共振 [4] 核磁装备

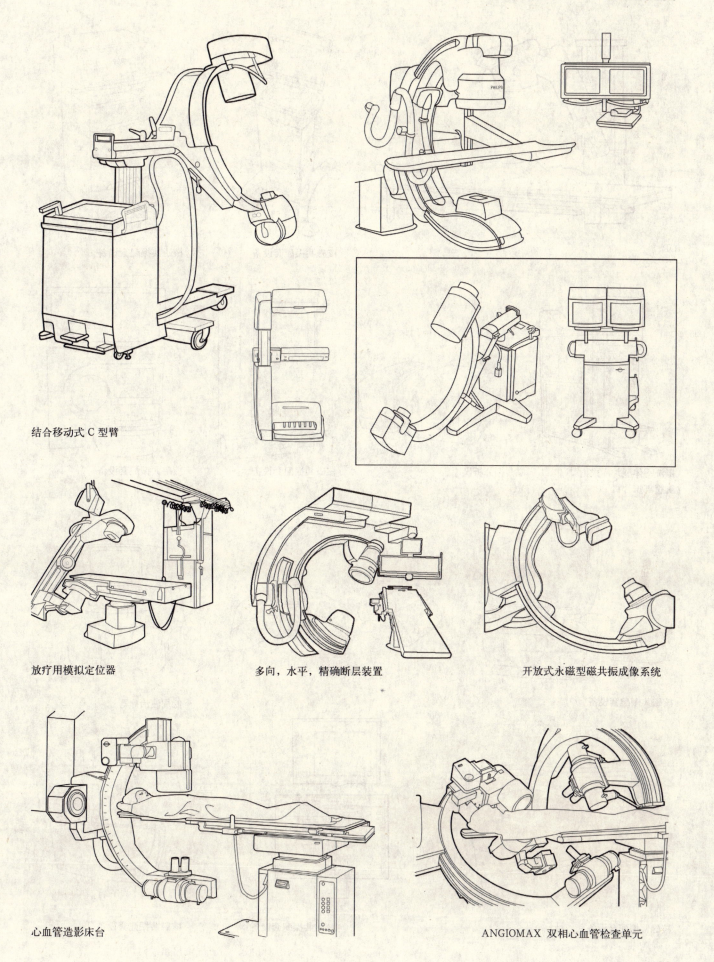

结合移动式 C 型臂

放疗用模拟定位器　　多向，水平，精确断层装置　　开放式永磁型磁共振成像系统

心血管造影床台　　ANGIOMAX 双相心血管检查单元

核磁装备 [4]　核磁共振

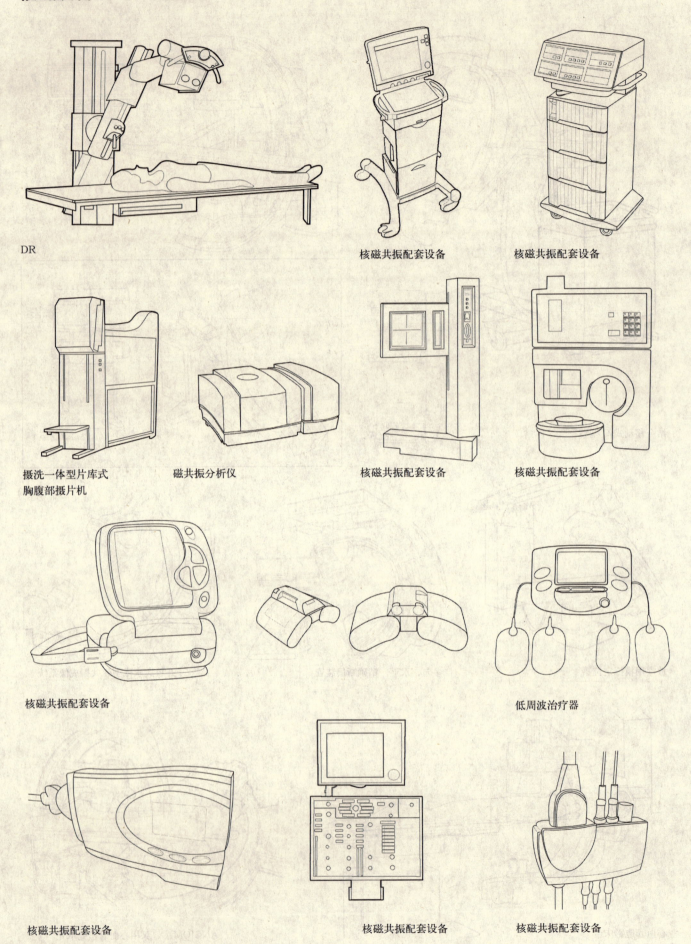

DR

核磁共振配套设备

核磁共振配套设备

摄洗一体型片库式胸腹部摄片机

磁共振分析仪

核磁共振配套设备

核磁共振配套设备

核磁共振配套设备

低周波治疗器

核磁共振配套设备

核磁共振配套设备

核磁共振配套设备

核磁共振　[4]　核磁装备

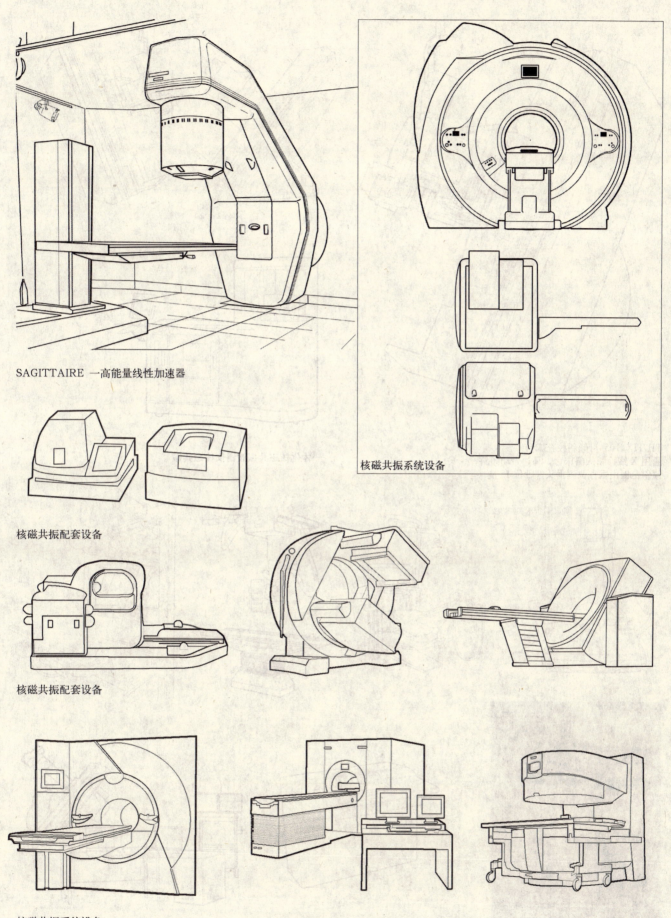

SAGITTAIRE —高能量线性加速器

核磁共振配套设备

核磁共振系统设备

核磁共振配套设备

核磁共振系统设备

核磁装备 [4]　核磁共振

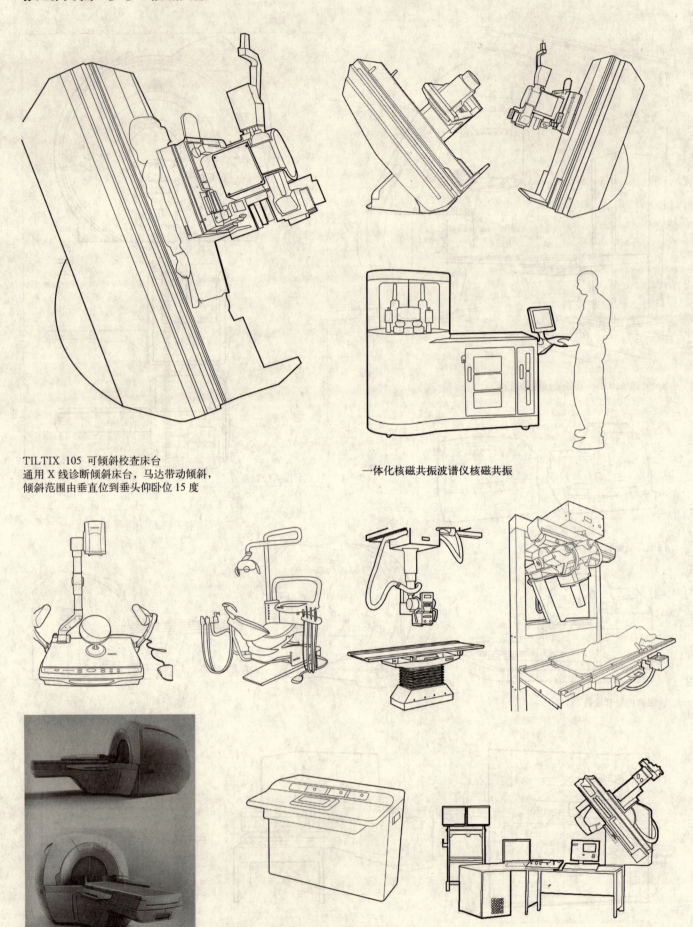

TILTIX 105 可倾斜检查床台
通用 X 线诊断倾斜床台，马达带动倾斜，倾斜范围由垂直位到垂头仰卧位 15 度

一体化核磁共振波谱仪核磁共振

立体定向放射治疗系统设备

核磁共振 [4] 核磁装备

C 型超级开放磁共振成像系统

伽马放射横轴断层仪

C 型超级开放磁共振成像系统　　核磁共振　　开放式高效核磁共振仪

复合脉冲电磁骨质疏松治疗仪　　MRI0.

MRI0.

MRI0.　　永磁开放式磁共振系统　　MRI0.

核磁装备 [4] 核磁共振

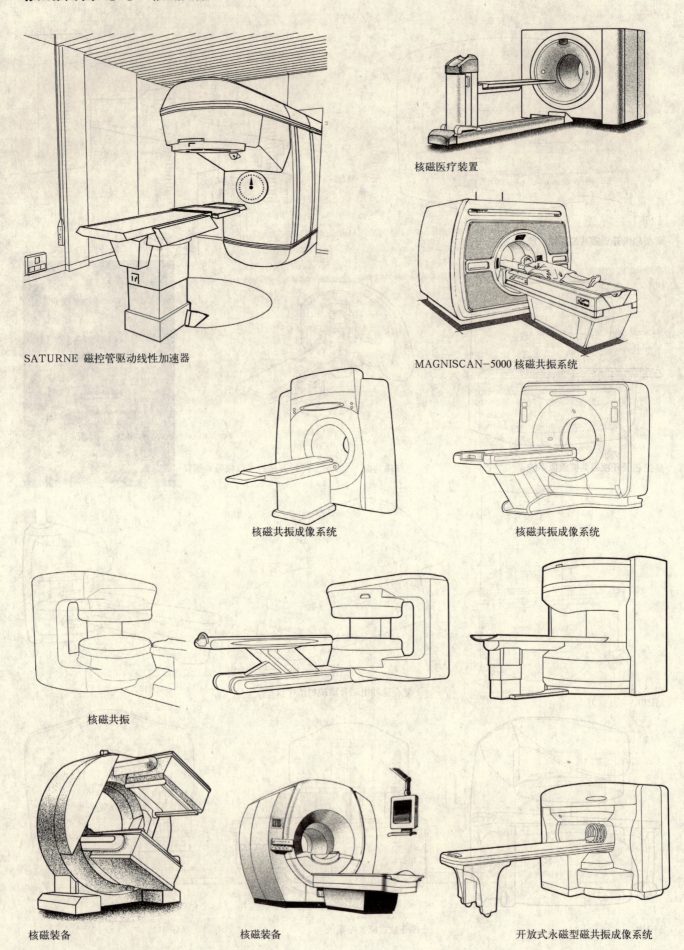

核磁共振　[4] 核磁装备

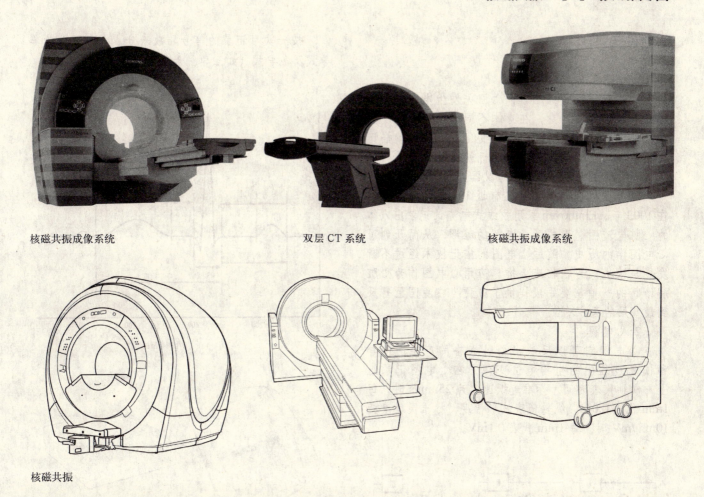

核磁共振成像系统　　　　双层CT系统　　　　核磁共振成像系统

核磁共振

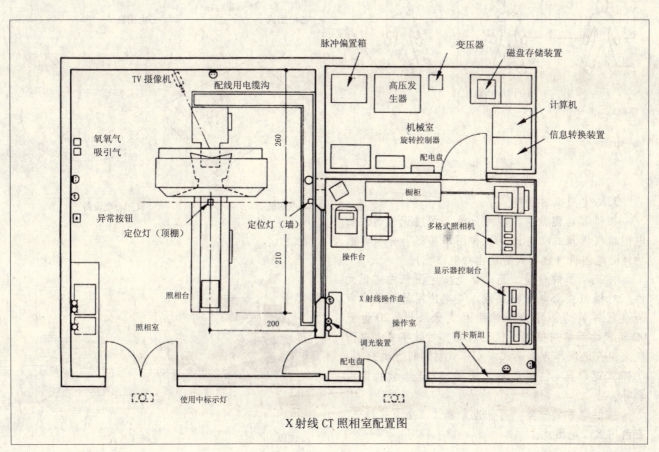

X射线CT照相室配置图

心脑电图 [5]　心电设备

心电设备

1. 概述

心脏机械性收缩之前，心肌先发生电激动。心肌的电激动传布全身，在身体不同部位的表面发生电位差。通过心电图机把不断变化的电位连续描记成的曲线，即心电图。心电图机就是用来记录心脏活动时所产生的生理电信号的仪器。

心电图机应用于临床已有近100年的历史，早在1903年，Einthoven采用弦线式电流计记录出人体的心脏电流图，形成了心电图的雏形，从而开创了心电图学的历史。随后心电图的描记技术经过不断发展与改进，为在临床上推广应用心电图作为心脏病诊断的一种重要手段提供了方便。在我国已普及到最基层的医疗单位。

2. 心电图

心电图它可以反映出心脏兴奋的产生、传导和恢复过程中的生物电位变化。在心电图记录纸上，横轴代表时间。标准走纸速度为25mm/s时，每1mm代表0.04s；纵轴代表波形幅度，标准灵敏度为10mm/mV时，每1mm代表0.1mV。

按一次可记录的信号导数来分，心电图分为单导式及多导式（如三导、六导、十二导）。

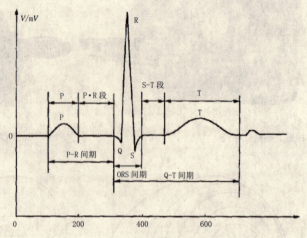

图 1-1-1　心电图典型波形

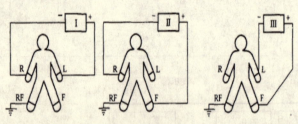

图 1-1-10　标准导联 I、II、III

若以 U_L、U_R、U_F 分别表示左上肢、右上肢、左下肢的电位值，则

每一瞬间都有
$$U_I = U_L - U_R,\quad U_{II} = U_L - U_R$$
$$U_{III} = U_F - U_L,\quad U_{III} = U_I - U_{III}$$

3. 心电图机的分类

按机器功能分类：即可分为图形描记普通式心电图机（模拟式心电图机）和图形描记与分析诊断功能心电图机（数字式智能化心电图机）。

按记录器的分类：记录器是心电图机的描记元件。对模拟式心电图机来说，早期使用的记录器多为盘状弹簧为回零力矩的动圈式记录器，20世纪90年代之后多用位置反馈记录器。对数字式心电图机来说，记录器为热敏式或点阵式打印机。共分为：动圈式记录器，位置反馈记录器，点阵热敏式记录器等。

按供电方式分类：可分为直流式、交流式和交、直两用式心电图机。

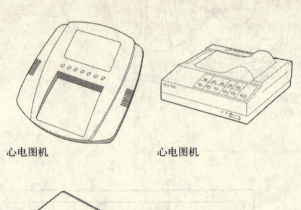

心电图机　　　　　心电图机

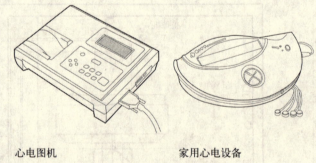

心电图机　　　　　家用心电设备

12 波段心电图机　　　心电工作站

心电设备 [5] 心脑电图

4. 心电图机的基本结构

心电图机尽管型号各异，但模拟式心电图机都具有下列各基本部分。

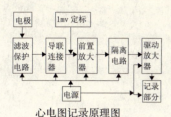
心电图记录原理图

5. 数字式心电图机

数字式心电图机的信号放大、隔离、导联控制等部分与描笔式心电图机原理上基本相同，其最大的区别在于信号处理和记录部分。它采用了信号数字化和先进的热阵记录技术，彻底解决了热笔直记式心电图机所遇到的这些问题，而且增加了网络参与功能。

6. 基本设计需求

利用液晶显示系统实时显示心电波形和工作菜单，利用外部存储器将需要存储的心电信息保存以便日后作为诊治参考；利用打印机将心电图打印存档；多种操作模式，自动、手动操作可以任意选择；可以方便的将从人体采集到的心电信号传送到相关的医疗机构。

7. 在临床上的应用

① 可显示心脏电生理、解剖、代谢和血流动力学改变，并提供各种心脏病确诊和治疗的基本信息。

② 判断心律失常类型。

③ 具有心肌梗塞可能的先兆症状如胸痛、头晕、或昏厥的病人的首选检查。

④ 诊断心绞痛。当冠状动脉供血不足引起心绞痛发作时，心电图会发生变化。

单道数字式心电图机

Cardipia 800C 单导心电图机

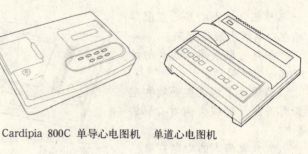
单道心电图机

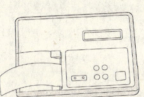
FX-2111 单道心电图机

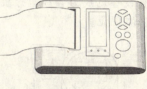
EK-10 单道自动心电图机

数字心电图机

ECG-312 数字式三道心电图机

光电全自动分析心电仪

光电全自动分析心电仪

飞利浦心电图机

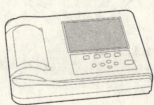
全自动分析心电图机

全自动分析心电图机

单道数字心电图机

ECG-300 三道心电图机副本

FX-7202 三道自动分析心电图机

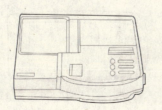
3-通道12导联12心电图机

GE 心电产品 eagle 3000

三道心电图机

心脑电图 [5] 心电设备

⑤部分病人心房心室肥厚可在心电图上表现出来。

⑥对心肌疾患心包炎的诊断有一定的帮助。

⑦帮助了解某些药物和电解质紊乱及酸碱失衡对心肌的影响。

⑧危重病人的心电监测。

鉴于以上情况，心电图检查设备已成为各级医疗机构的基本配置。

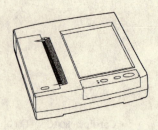
多功能心电图机

数字式心电分析仪

数字式十二道心电图机

多普勒胎心仪

胎心多普勒仪

十二导联全自动分析心电图机

全自动分析心电图机

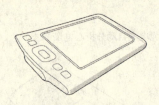
口袋式心电图机

口袋式心电图机

12导联心电图机

12导联心电图机

韩国原装进口12导心电图机

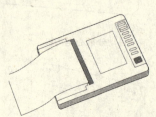
FX-3010六道自动分析心电图机

十二导联全息心电图机

全息心电图机

数字式十二导联
自动分析心电图机

掌上心电图机

掌上心电图机

全自动分析心电图机

脑电设备 [5] 心脑电图

脑电设备

概述

　　脑电图机及脑电工作站，是从头皮上将脑部的自发性生物电位加以放大记录而获得的图形的医疗仪器。

　　脑电图机主要用于神经系统疾病的检查。自20世纪30年代出现以来，对神经系统疾病的诊断一直发挥着重大作用。它对脑部疾病有一定的诊断价值，但受到多种条件的限制，故多数情况下不能作为诊断的唯一依据，而需要结合患者的症状、体征、其他实验检查或辅助检查来综合分析。

　　脑电图机是机械设备，而脑地形图仪是电子设备。都是做脑电检查使用，一个是测出脑电波形，一个是显示经脑电波形分析出来的三维地形图。

　　但目前在我国来说，其实两个名称说的都是同一种设备，因为现在已很少有使用机械式的脑电图机了，全部都是电脑式的脑电工作站，而脑电工作站即可以记录脑电波形，也可以分析出脑电地形图，所以它俩是同一个设备，只不过是两种名称而已。便携式动态脑电图和常规脑电图有一定的区别。

　　所谓便携式动态脑电图是用一微型盒式磁带记录器，通过安放在病人的头皮上的电极，记录和贮存脑电信号，可对患者在清醒、各种活动和睡眠过程中的脑电图表现做24小时不间断记录。

　　常规脑电图与24小时动态脑电图相比，经济方便，其缺点是不能对脑电状态做长时间的描记，对深入细致的研究脑电图有一定的局限性。

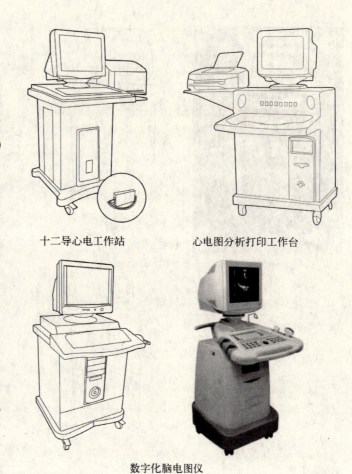

十二导心电工作站　　心电图分析打印工作台

数字化脑电图仪

脑电仿生电刺激仪　　脑电工作站　　脑电工作站　　数字波道心电图机

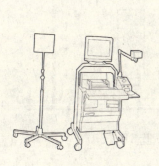

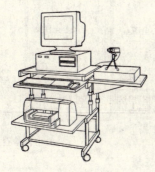

脑电工作站

心脑电图 [5] 脑电设备

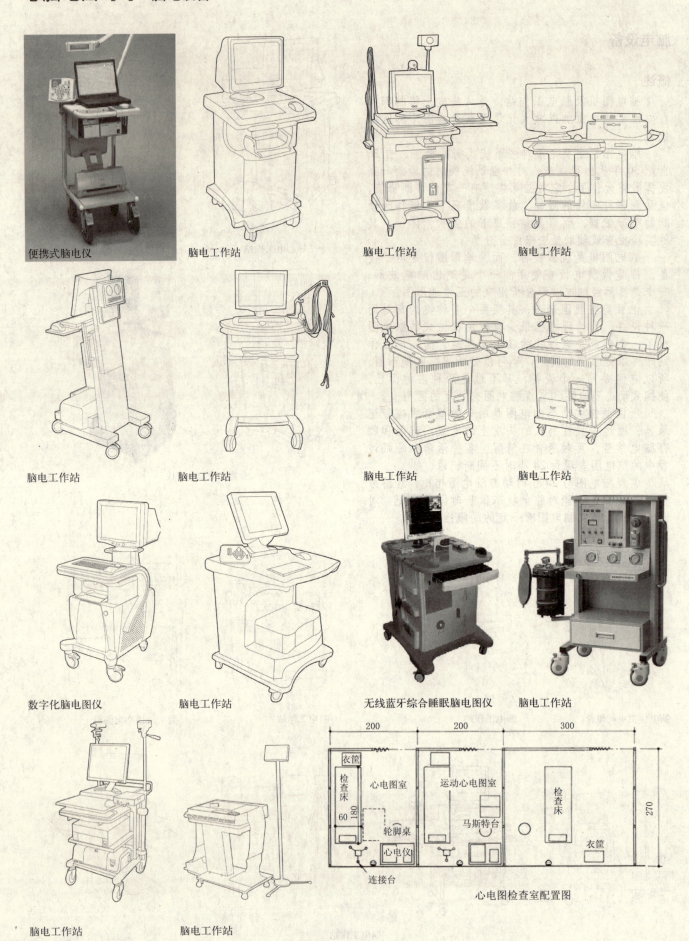

监护设备　[6] 监护设备

监护设备

概述

随着现代医学的不断发展，作为各级医院基本设备配置的监护仪正被广泛应用于医院的ICU、CCU、麻醉手术室及各临床科室，特别是它可向医护人员提供病人生命体征的重要信息。利用这些信息，临床医生能更好地分析患者的病情，从而采取适当的治疗措施，获得最佳的治疗效果，因此监护仪的作用越来越受到重视。

监护系统的发展，可追溯至1962年，北美建立第一批冠心病监护病房（CCU），以后，监护系统得到了迅速发展，随着计算机和信号处理技术的不断发展，以及临床对危重患者和潜在危险患者的监护要求的不断提高，对CCU/ICU监护系统功能要求也不断提高，目前，监护系统除具有以前的多参数生命体征监护的智能报警外，还要求在监护质量以及医院监护网络方面有进一步的提高，以更好地满足临床监护、药物评价和现代化医院管理的需要。

监护仪应用于医院的ICU、CCU、麻醉手术室及各临床科室，在这里将举例说明各类监护设备——中央站监护仪、多参数监护仪、除颤仪、婴幼儿监护设备以及其相关设备的应用。

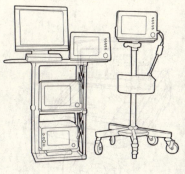

中央站监护仪

ICU重病监护病房

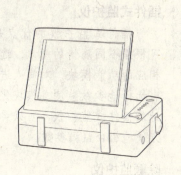

M12多参数监护仪

多参数监护仪系列

便携式监护仪

六参数探头
内置天线
大屏幕显示波形数据
内置Flash卡
操作键盘

床房监护方式

手持监护方式

随身携带方式

45

监护设备 [6] 监护仪结构原理

监护仪结构原理

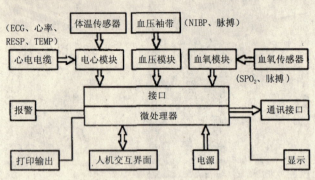

图1 多参数型监护仪的基本结构框图

自动体外心脏除颤监护仪

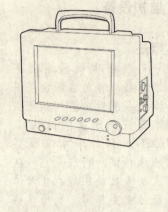

便携式多参数监护仪

插件式监护仪

插件式监护仪的优点是，可根据不同病情的病人，选择相应的功能模块，对病人进行有选择地参数监测。模块化设计的插件式监护仪，可以灵活方便地组合监测参数。

除颤监护仪

应用于急救中心（120、999急救车）、政府机关、公安（110警车）、消防车、军队、检察院、机场、轮船、体育场馆、车站、社区、娱乐场所、学校等。

插件式监护仪

主要应用ICU、CCU、麻醉科等。

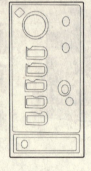

病人监护参数插件

配套设备

冠心病辅助防治仪

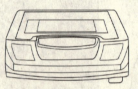

自动除颤仪

胎儿监护仪

FC-1760除颤监护仪

自动除颤仪

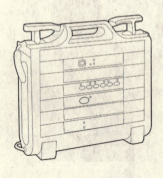

除颤监护仪

M1722B除颤起搏监护仪

除颤仪

除颤仪

婴幼儿监护设备 [6] 监护设备

婴幼儿监护设备

适用于产房到 NICU 的广泛需求。远红外放射线可均匀的温暖幼儿的身体，顶部可以水平旋转，底部设 X 光片盒，计时功能可以设置为 4 次报时，倒计时。配有氧气流量计、氧气掺和器、吸引器、自动高度调整装置。

婴幼儿头部可调无损伤固定架

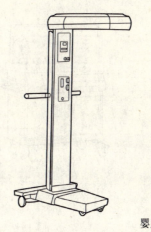
婴儿辐射保暖台

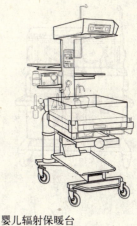
婴儿辐射保暖台

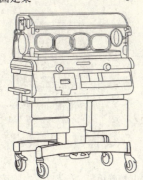
YP-2000 婴儿培养箱

婴儿辐射保暖台

婴儿辐射保暖台

婴儿辐射保暖台

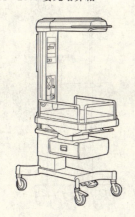
HKN-93 婴儿辐射保暖箱

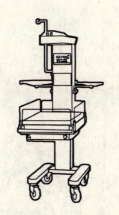
婴儿辐射保暖台

HKN-93B 婴儿辐射保暖箱

电脑伺服控制双层恒温罩，自动风帘机构，婴儿床倾斜角度无级可调，整体铝制水槽

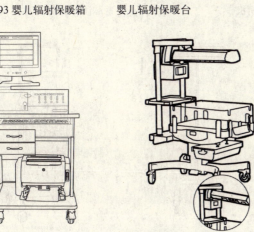
冠心病无损监测仪

婴儿监护设备

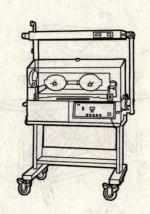
婴儿培养箱

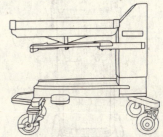
升降式机脚 用于调节婴儿辐射保暖台的高度

监护设备 [6] 婴幼儿监护设备

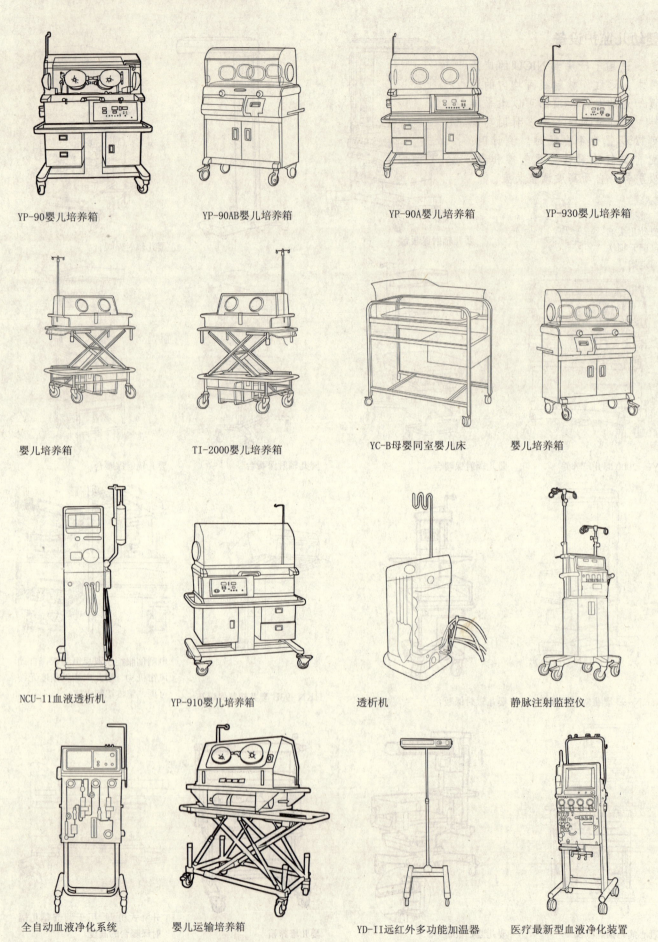

YP-90婴儿培养箱　　YP-90AB婴儿培养箱　　YP-90A婴儿培养箱　　YP-930婴儿培养箱

婴儿培养箱　　TI-2000婴儿培养箱　　YC-B母婴同室婴儿床　　婴儿培养箱

NCU-11血液透析机　　YP-910婴儿培养箱　　透析机　　静脉注射监控仪

全自动血液净化系统　　婴儿运输培养箱　　YD-II远红外多功能加温器　　医疗最新型血液净化装置

原理概念　[7] 检验病理

原理概念

1. 检验病理设备

用以检查机体器官、组织或细胞中的病理改变的病理形态学方法。为探讨器官、组织或细胞所发生的疾病过程，可采用某种病理形态学检查的方法，检查他们所发生的病变，探讨病变产生的原因、发病机理、病变的发生发展过程，最后做出病理诊断。病理形态学的检查方法，首先观察大体标本的病理改变，然后切取一定大小的病变组织，用病理组织学方法制成病理切片，用显微镜进一步检查病变。

病理检查已经大量应用于临床工作及科学研究。在临床方面主要进行尸体病理检查及手术病理检查。手术病理检查的目的，一是为了明确诊断及验证术前的诊断，提高临床的诊断水平；二是诊断明确后，可决定下步治疗方案及估计预后，进而提高临床的治疗水平。通过临床病理分析，也可获得大量极有价值的科研资料。

单纯形态学观察进行病理诊断的方法，即纯定性的方法、形态学的方法仅能进行粗略的定量估计，如根据瘤细胞的核分裂数目，尤其是病理性核分裂来判断恶性肿瘤的恶性变化。

20世纪90年代病理检查进入组化、免疫组化、分子生物学及癌基因检查。随着自然科学的迅速发展，新仪器设备和技术应用到医学中来，超微结构病理、分子病理学、免疫病理学、遗传病理学等方法也都应用到病理检查中。

美国著名医生和医学史专家William Osler认为，病理学为医学之本。病理检验技术就是研究应用何种科学的方法，手段和工具，借以探讨疾病的发生发展规律。病理检验的设备质量直接影响到病理诊断的准确性和及时性，是病理检验科的基石。

2. 病理设备及科室布局

①诊断室：工作台，显微镜，病理图象分析系统；
②技术室：通风排毒排气设备及空调，操作台染色台药品橱；
③巨检室：自来水，通风排气消毒设备，巨检台；
④资料室：申请单，蜡块，切片存放橱；
⑤标本陈列室；
⑥尸体解剖室：另设，自来水，尸检台，更衣室，沐浴间。

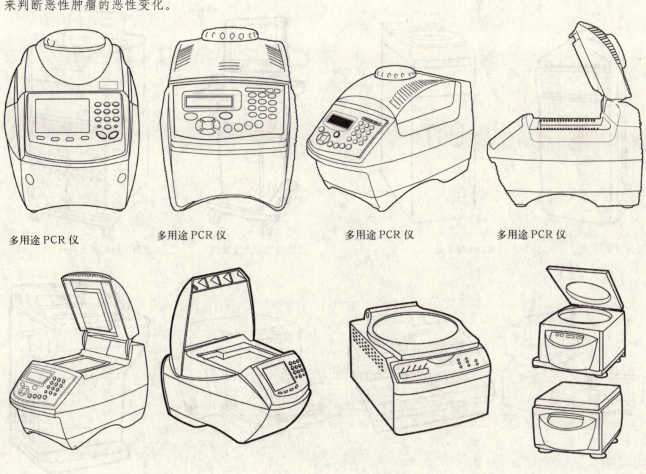

多用途PCR仪　　多用途PCR仪　　多用途PCR仪　　多用途PCR仪

多用途PCR仪　　多用途PCR仪　　离心浓缩系统　　图离心机形

检验病理 [7] 检验仪器

检验仪器

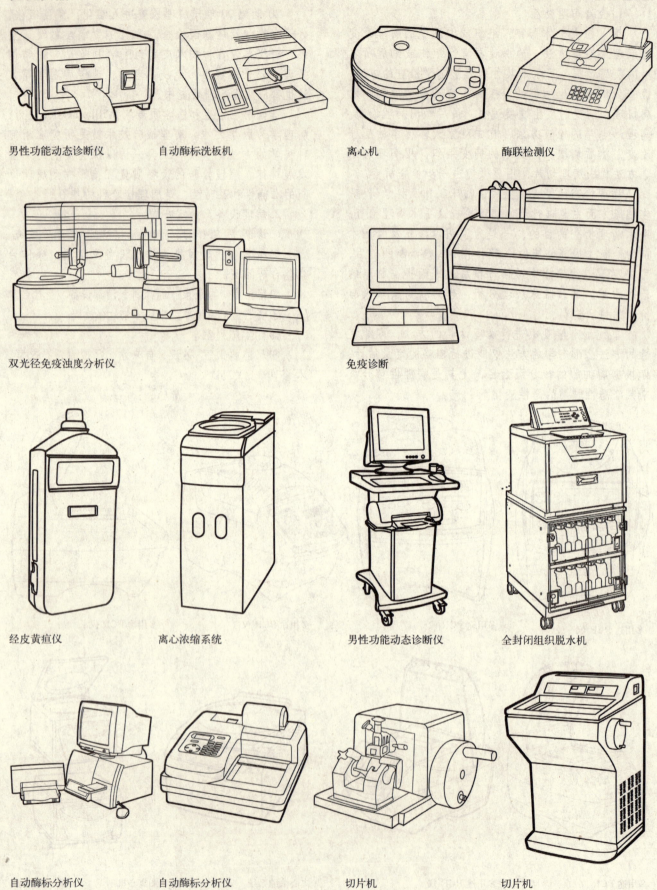

男性功能动态诊断仪　　自动酶标洗板机　　离心机　　酶联检测仪

双光径免疫浊度分析仪　　免疫诊断

经皮黄疸仪　　离心浓缩系统　　男性功能动态诊断仪　　全封闭组织脱水机

自动酶标分析仪　　自动酶标分析仪　　切片机　　切片机

检验仪器　[7] 检验病理

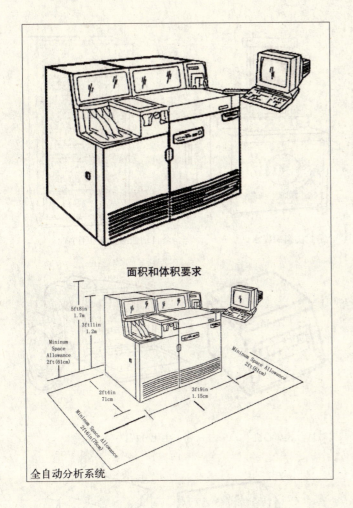
全自动分析系统
面积和体积要求

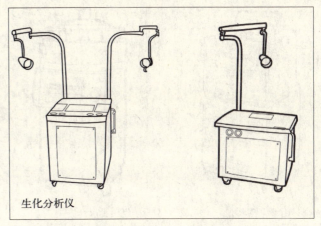
生化分析仪

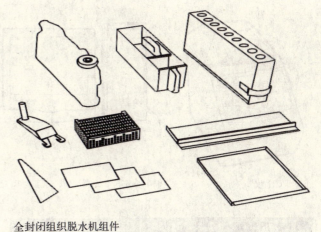
全封闭组织脱水机组件

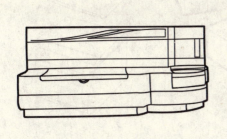
全自动微粒子化学发光免疫系统

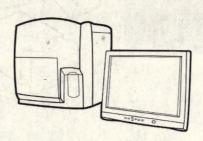
生化分析仪

细胞培养系统

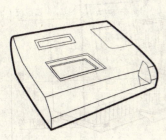
生化分析仪

自动酶标分析仪

自动酶标分析仪

实时荧光定量 PCR 系统

51

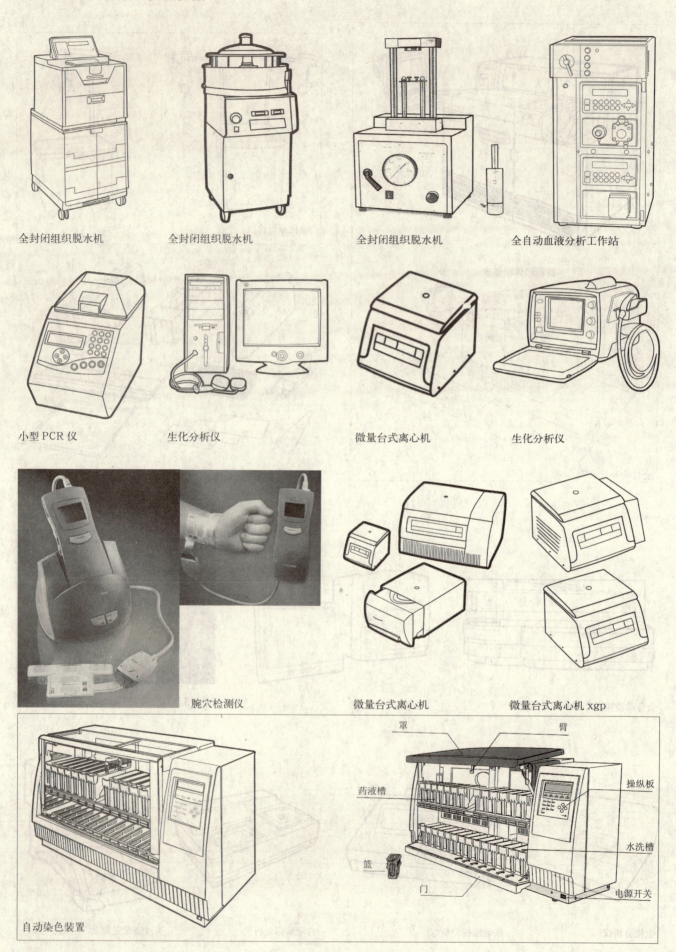

检验仪器 [7] 检验病理

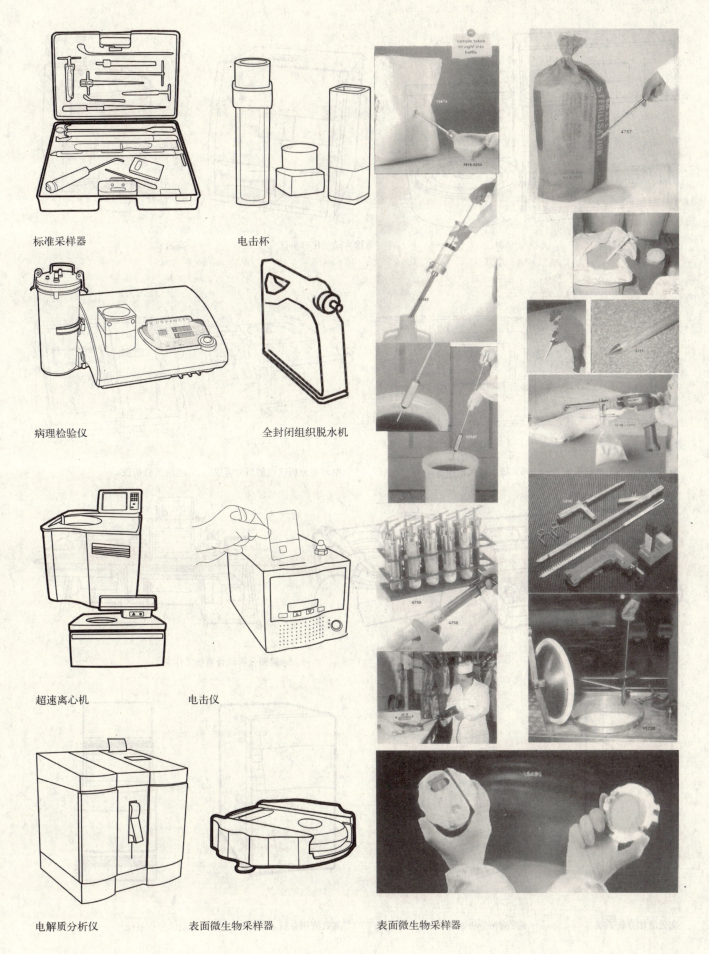

标准采样器　　　电击杯

病理检验仪　　　全封闭组织脱水机

超速离心机　　　电击仪

电解质分析仪　　表面微生物采样器　　表面微生物采样器

检验病理 [7] 检验仪器

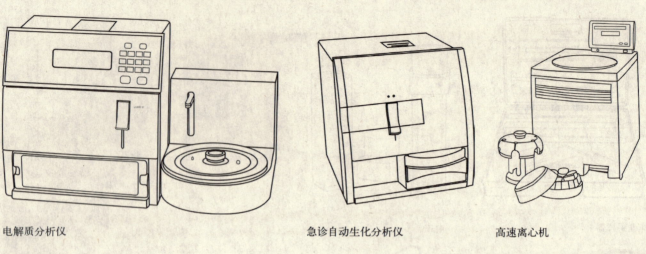

电解质分析仪　　　　　　　急诊自动生化分析仪　　　　高速离心机

多用途台式高速离心机　　高灵敏度荧光检测器　　电解质分析仪电解质分析仪　　电解质分析仪

自动分液器　　　　　　　菌落计数器　　　　　　粪便分析联合系统工作站

高效液相分析系统　　高效液相分析系统　　高效液相分析系统　　急诊分析系统

检验仪器 [7] 检验病理

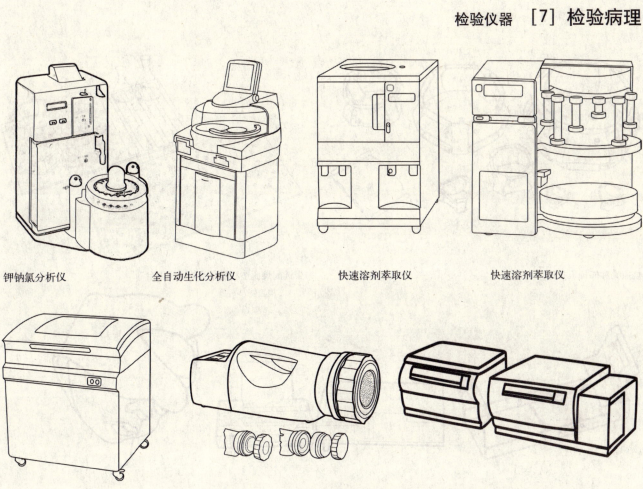

钾钠氯分析仪　　全自动生化分析仪　　快速溶剂萃取仪　　快速溶剂萃取仪

电解质分析仪台式多用离心机　　生化空气采样器　　台式多用离心机

台式离心机　　葡萄糖、乳酸分析仪　　半自动生化分析仪　　半自动酶标仪

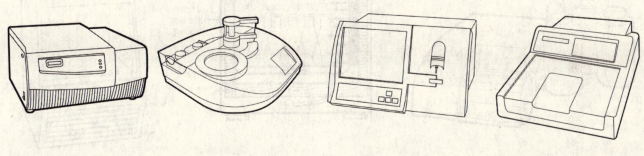

全自动生化分析仪　　半自动生化分析仪

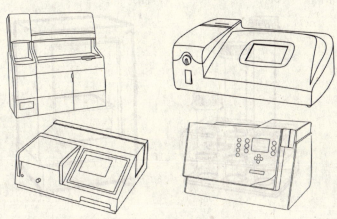

BP3000 血压仪

55

检验病理 [7] 检验仪器

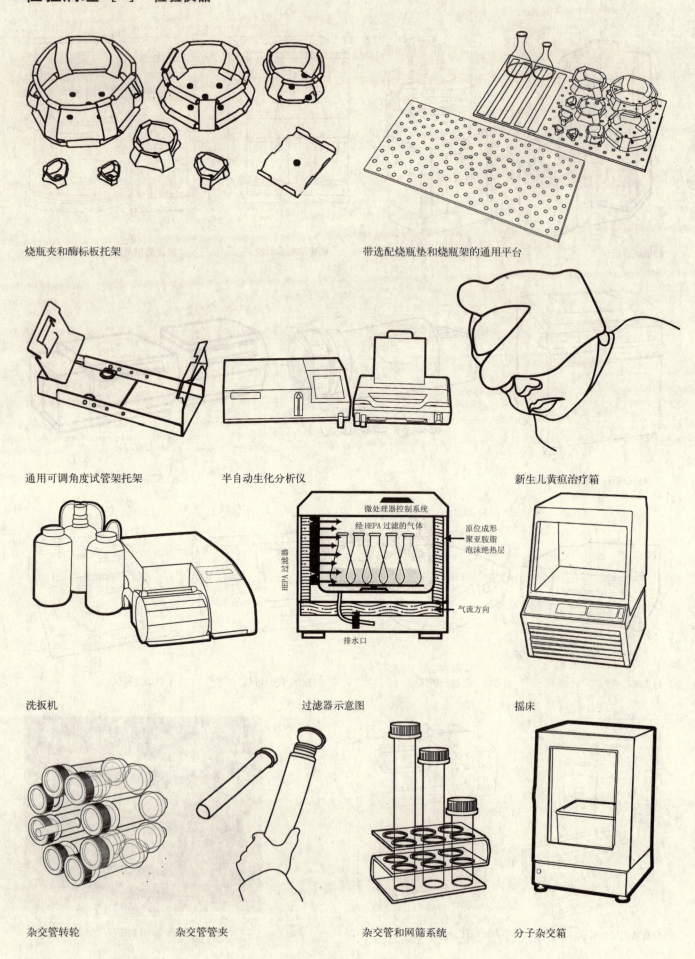

烧瓶夹和酶标板托架　　　　　　　带选配烧瓶垫和烧瓶架的通用平台

通用可调角度试管架托架　　半自动生化分析仪　　　　新生儿黄疸治疗箱

微处理器控制系统
经 HEPA 过滤的气体
原位成形聚亚胺脂泡沫绝热层
HEPA 过滤器
气流方向
排水口

洗扳机　　　　　　　　　过滤器示意图　　　　　　　摇床

杂交管转轮　　　杂交管管夹　　　杂交管和网筛系统　　　分子杂交箱

检验仪器 [7] 检验病理

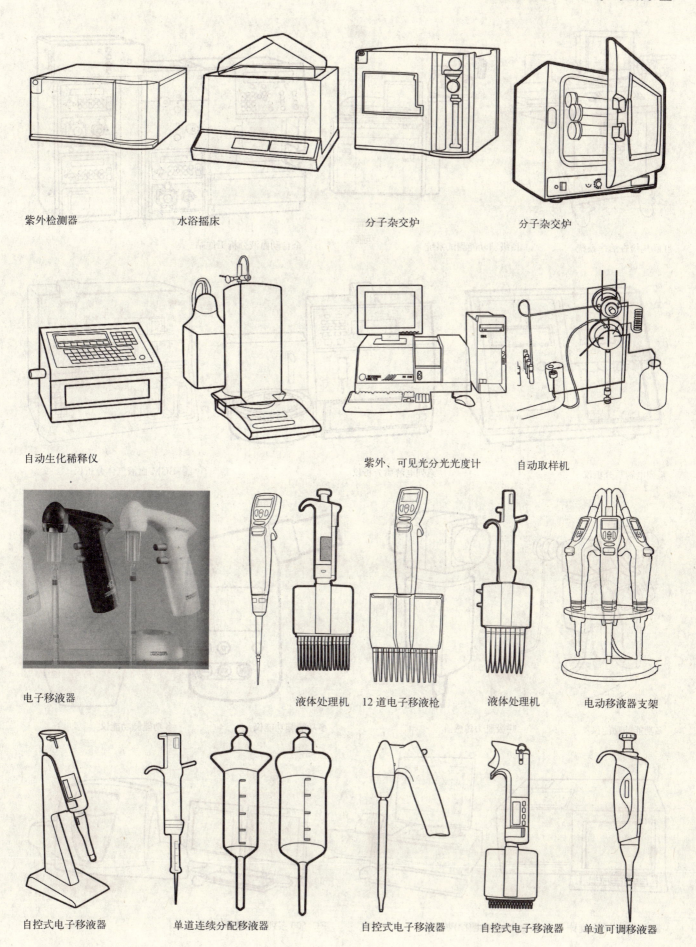

紫外检测器　　水浴摇床　　分子杂交炉　　分子杂交炉

自动生化稀释仪　　紫外、可见光分光光度计　　自动取样机

电子移液器　　液体处理机　　12道电子移液枪　　液体处理机　　电动移液器支架

自控式电子移液器　　单道连续分配移液器　　自控式电子移液器　　自控式电子移液器　　单道可调移液器

检验病理 [7] 检验仪器

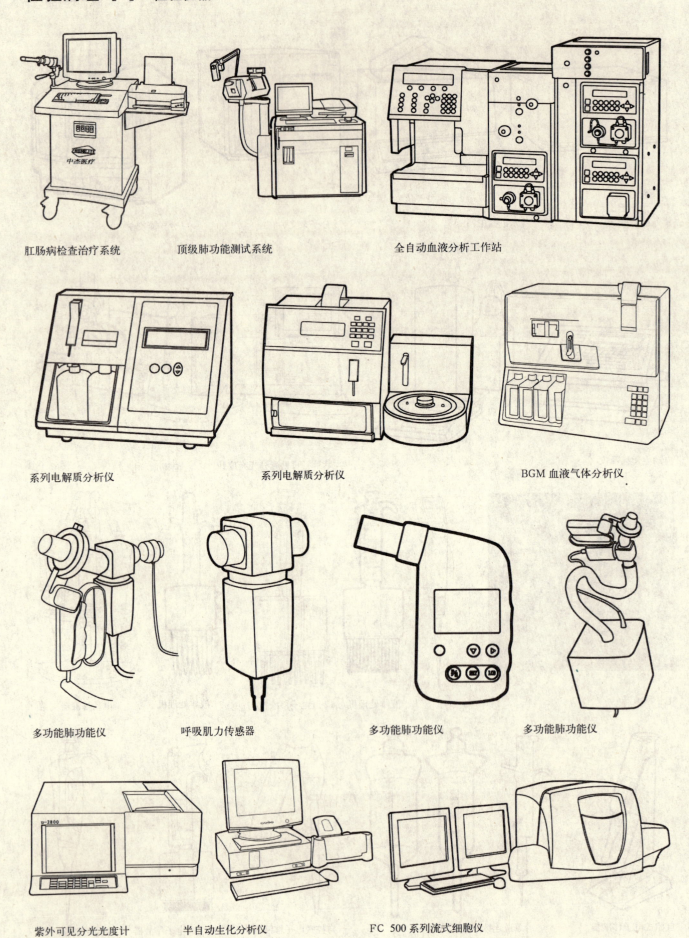

肛肠病检查治疗系统　　顶级肺功能测试系统　　全自动血液分析工作站

系列电解质分析仪　　系列电解质分析仪　　BGM血液气体分析仪

多功能肺功能仪　　呼吸肌力传感器　　多功能肺功能仪　　多功能肺功能仪

紫外可见分光光度计　　半自动生化分析仪　　FC 500系列流式细胞仪

检验仪器　　[7] 检验病理

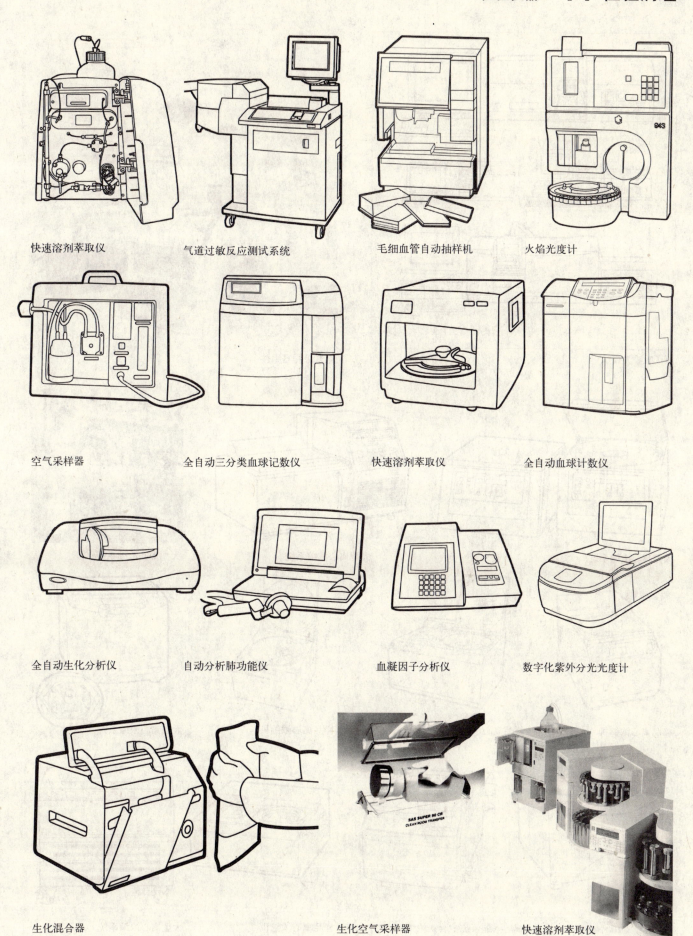

快速溶剂萃取仪　　气道过敏反应测试系统　　毛细血管自动抽样机　　火焰光度计

空气采样器　　全自动三分类血球记数仪　　快速溶剂萃取仪　　全自动血球计数仪

全自动生化分析仪　　自动分析肺功能仪　　血凝因子分析仪　　数字化紫外分光光度计

生化混合器　　生化空气采样器　　快速溶剂萃取仪

检验病理 [7] 检验仪器

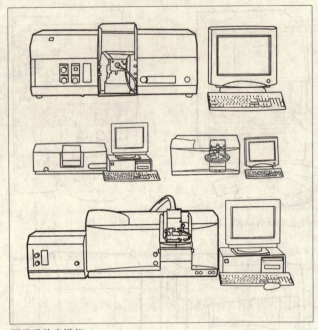
原子吸收光谱仪

空气采样器组件

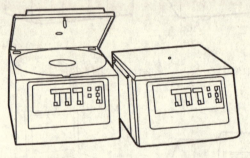
大型离心浓缩系统

大型离心浓缩系统

大型离心浓缩系统

样品离心浓缩机

样品离心浓缩机

样品离心浓缩机

大型离心浓缩系统

冷冻腔

离心浓缩系统－台式浓缩仪

样品离心浓缩机

大型离心浓缩系统

检验仪器 [7] 检验病理

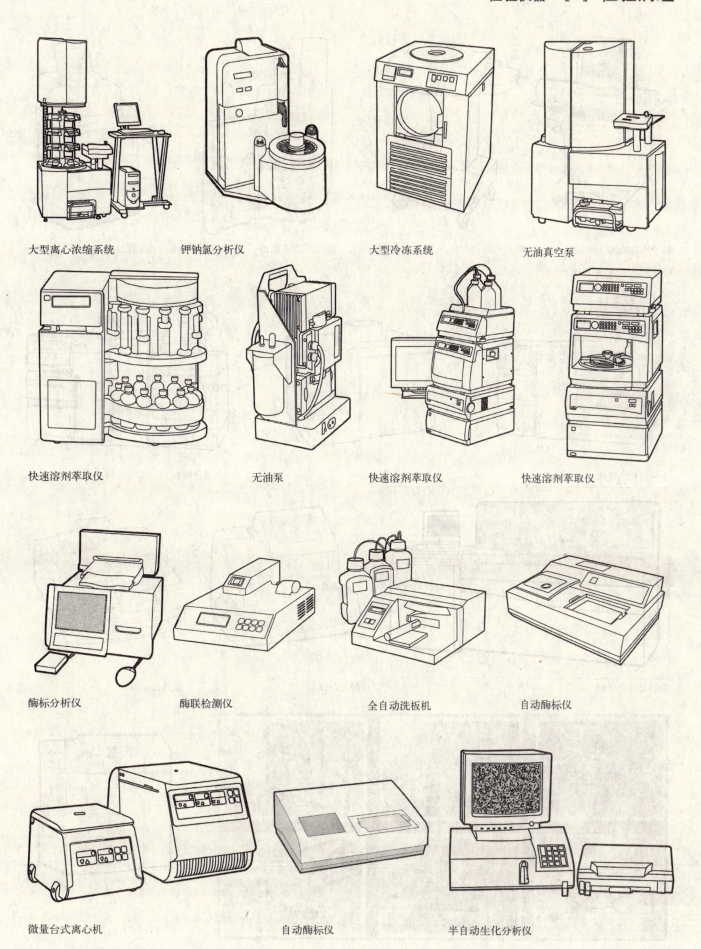

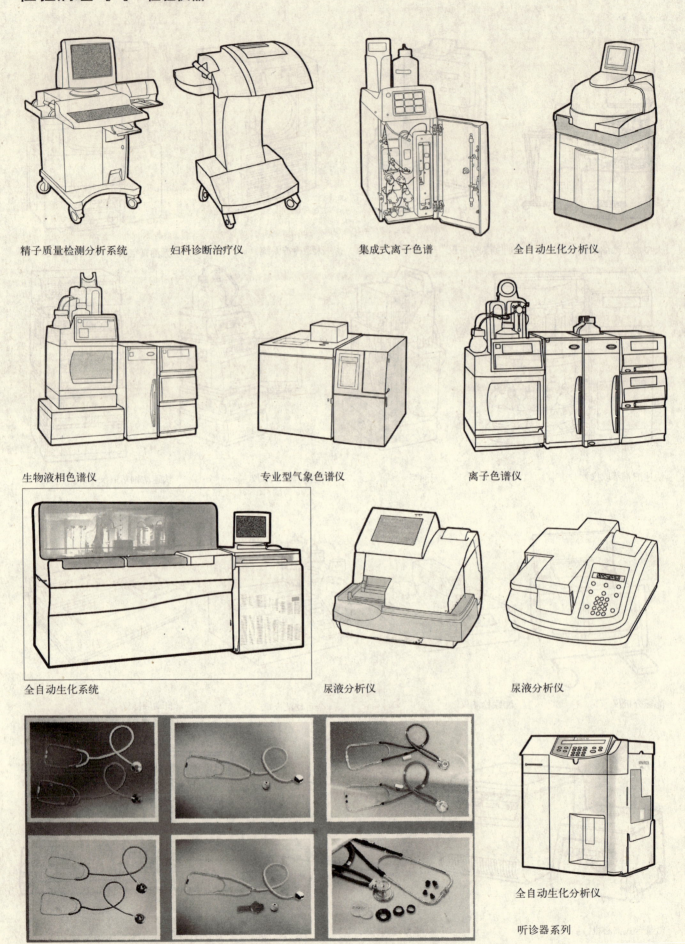

检验仪器 [7] 检验病理

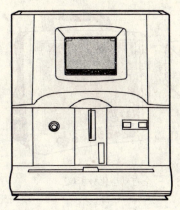
全自动尿中有形成份分析装置

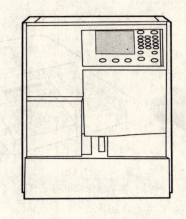
全自动尿中有形成份分析装置

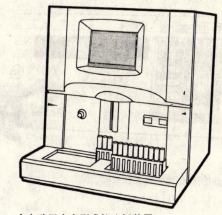
全自动尿中有形成份分析装置

尿液分析仪

尿十项分析仪

尿液分析仪

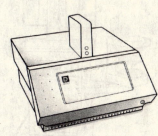
色谱仪

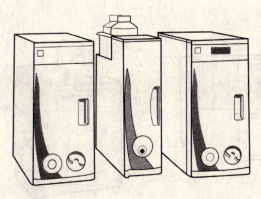
色谱箱

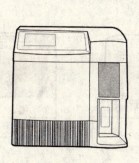
全自动生化分析仪

全自动生化分析仪

色谱仪

离子色谱仪

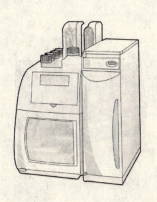
离子色谱仪

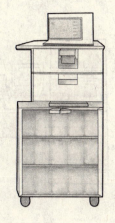
全封闭组织脱水机

检验病理 [7] 检验仪器

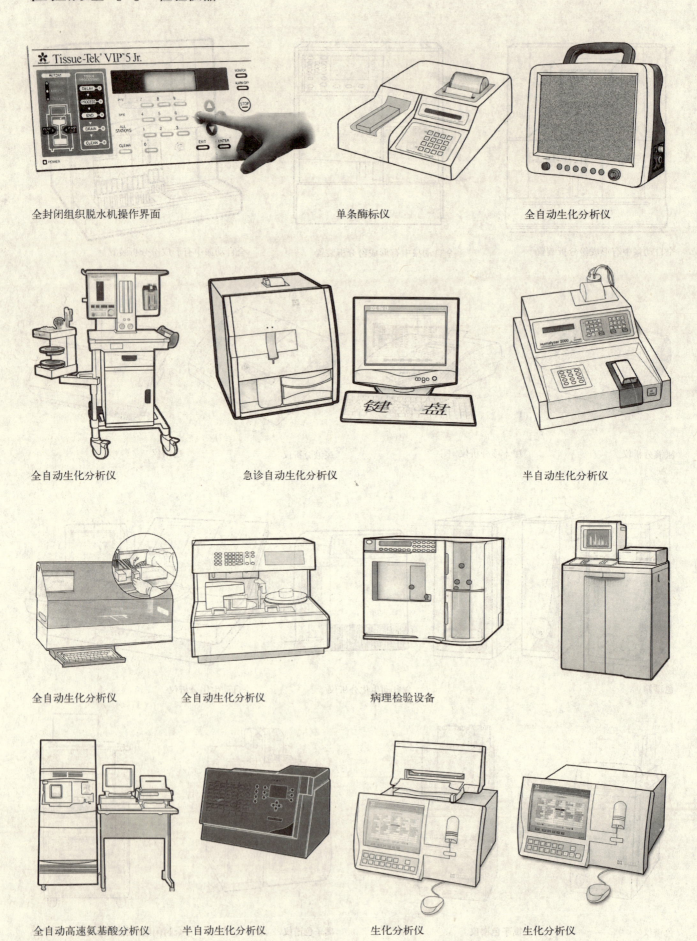

全封闭组织脱水机操作界面　　单条酶标仪　　全自动生化分析仪

全自动生化分析仪　　急诊自动生化分析仪　　半自动生化分析仪

全自动生化分析仪　　全自动生化分析仪　　病理检验设备

全自动高速氨基酸分析仪　　半自动生化分析仪　　生化分析仪　　生化分析仪

检验仪器 [7] 检验病理

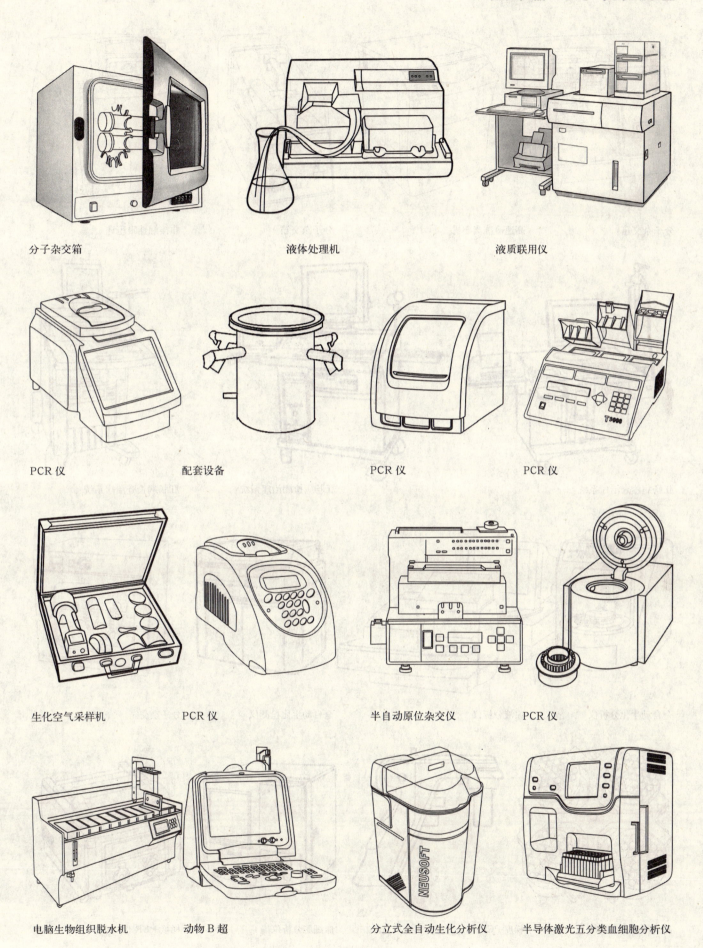

分子杂交箱　　液体处理机　　液质联用仪

PCR仪　　配套设备　　PCR仪　　PCR仪

生化空气采样机　　PCR仪　　半自动原位杂交仪　　PCR仪

电脑生物组织脱水机　　动物B超　　分立式全自动生化分析仪　　半导体激光五分类血细胞分析仪

检验病理 [7] 检验仪器

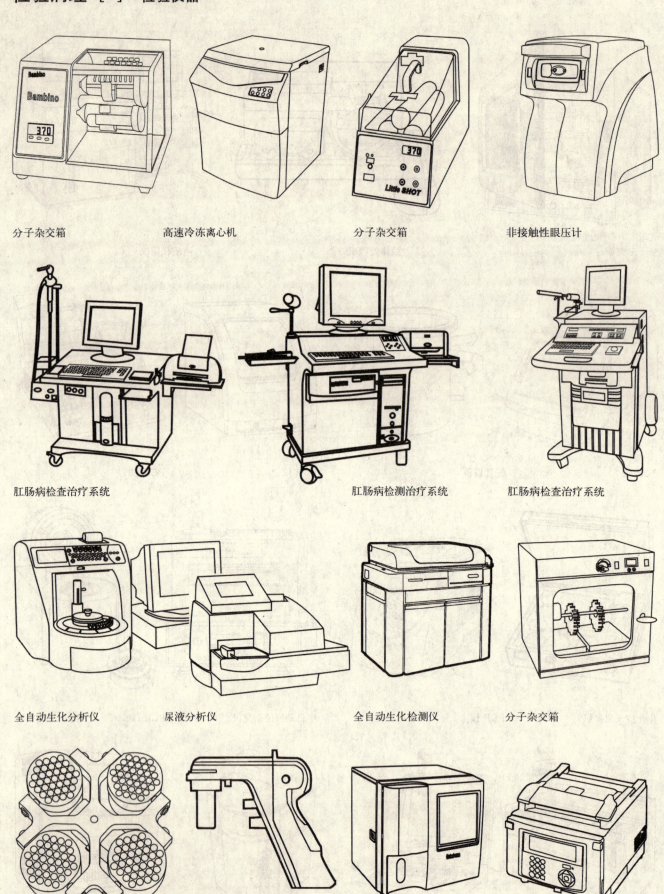

分子杂交箱　　高速冷冻离心机　　分子杂交箱　　非接触性眼压计

肛肠病检查治疗系统　　肛肠病检测治疗系统　　肛肠病检查治疗系统

全自动生化分析仪　　尿液分析仪　　全自动生化检测仪　　分子杂交箱

高速冷冻离心机转子　　梯度PCR仪　　血细胞分析仪　　梯度PCR仪

检验仪器 [7] 检验病理

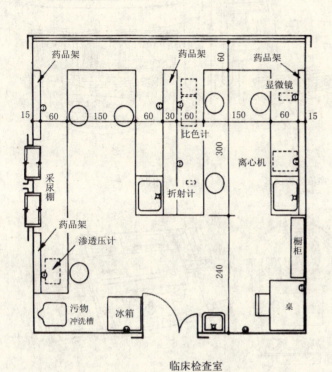
临床检查室

分子杂交箱

基因扩增仪

血细胞分析仪

尿液分析仪

全自动血细胞分析仪

全自动生化检测仪

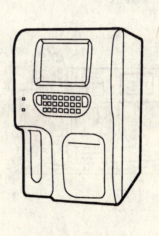
全自动血细胞分析仪

生化分析仪

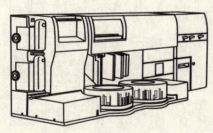
全自动化学发光检测分析仪

全自动生化检测仪

全自动生化分析仪

检验病理 [7] 检验仪器

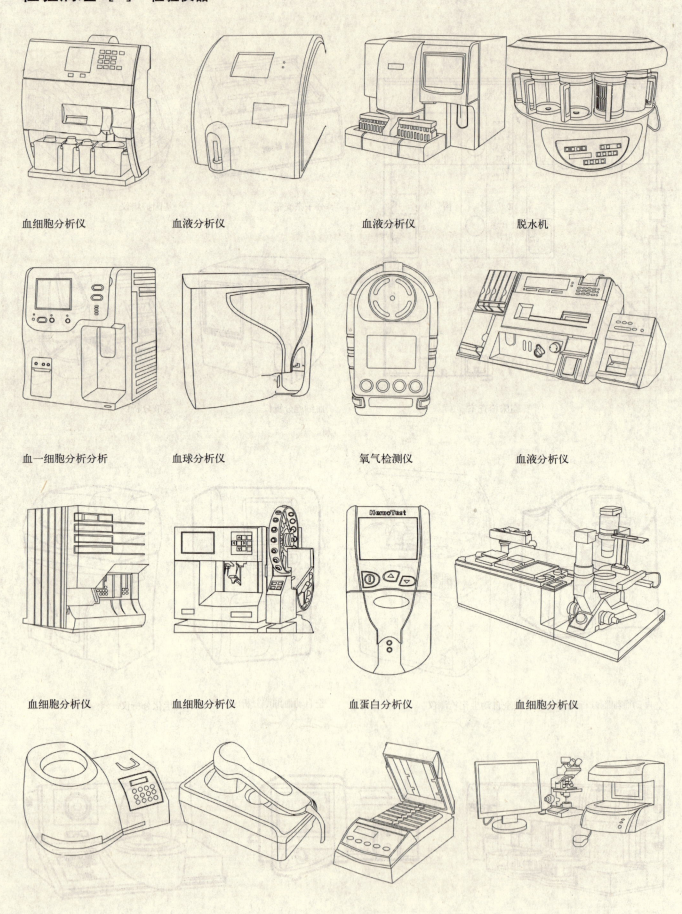

血细胞分析仪　　血液分析仪　　血液分析仪　　脱水机

血一细胞分析分析　　血球分析仪　　氧气检测仪　　血液分析仪

血细胞分析仪　　血细胞分析仪　　血蛋白分析仪　　血细胞分析仪

血液分析仪　　血液细胞分析仪　　原位杂交仪　　显微血细胞分析仪

检验仪器　[7] 检验病理

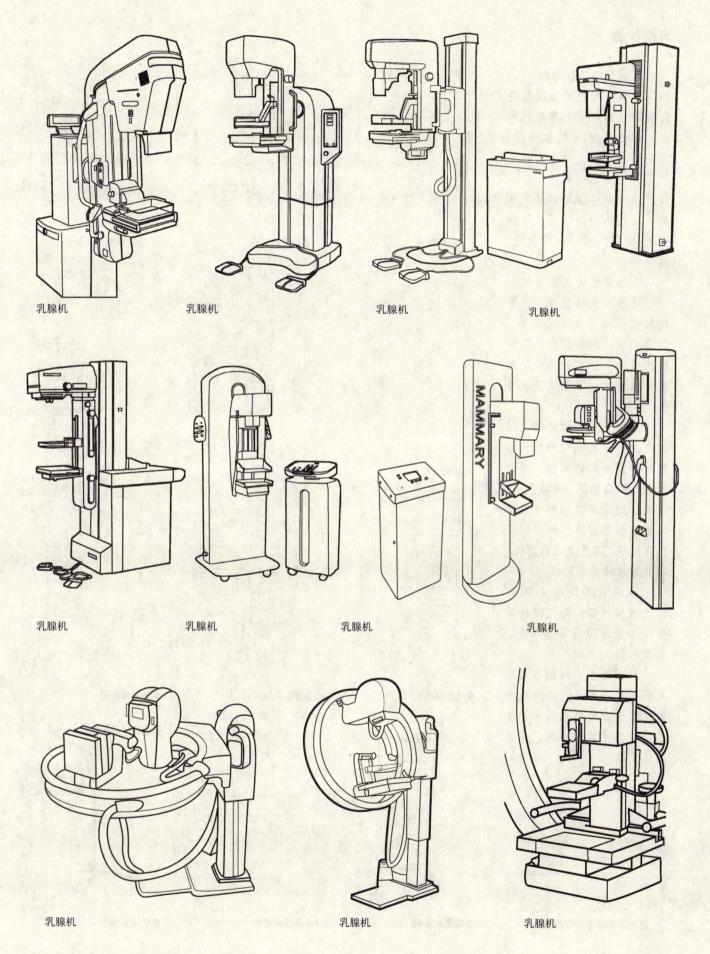

乳腺机

手术麻醉 [8] 麻醉仪器

麻醉仪器

1. 麻醉机工作原理

麻醉是通过机械回路将麻醉药（剂）送入患者的肺泡，形成麻醉药气体分压，弥散到血液后，对中枢神经系统直接发生抑制作用，从而产生全身麻醉的效果。麻醉机从结构上由以下几部分组成：机架、外回路、呼吸机、监护系统。

2. 麻醉机的类型

麻醉机按功能多少、结构繁简可分为：①全能型；②普及型；③轻便型。麻醉机按流量高低可分为：①高流量麻醉机；②低流量麻醉机。

麻醉机从工作原理上由四个主要分系统构成：气体供给和控制回路系统、呼吸和通气回路系统、清除系统，以及一组系统功能和呼吸回路监仪和报警器。如：①空气麻醉机；②直流式麻醉机；③循环紧闭式麻醉机。

麻醉机蒸发罐类型：①气流拂过型；②气流抽吸型；③鼓泡型；④兼有型；⑤滴入型。

麻醉回单向活瓣等因素可分为以下四类：①开放回路；②无重复吸入的半开放系统；③半紧闭系统；④紧闭式回路。

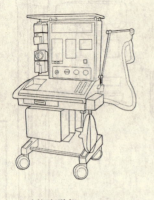
多功能麻醉机

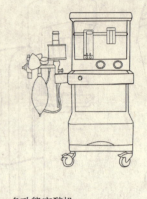
多功能麻醉机

多功能麻醉机

麻醉机支架

多功能麻醉机

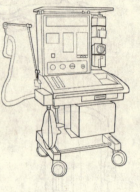
多功能麻醉机

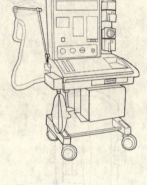
多功能麻醉机

多功能麻醉机

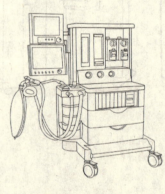
多功能麻醉机

多功能麻醉机

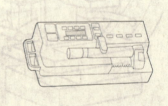
静脉麻醉深度控制仪器

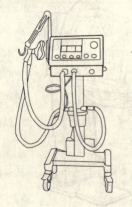
多功能麻醉机

多功能麻醉机

多功能麻醉机

手术仪器 [8] 手术麻醉

手术仪器

1. 高频电刀

目前，高频电力主要有三种形式：1. 火花式振荡电刀，输出间断高频减幅度。2. 电子管振荡电刀，直流电供给轮出连续高频等幅波，交流电供给输出间断幅度变化的高频振荡波。3. 固体振荡式电刀其输出的是连续波或间断波或二者的组合波形。

2. 工作原理

利用高频电流通过机体的这种热效应原理而制成的，高频电流通过人体组织时仅在富有黏滞性的体液中振动，摩擦生热。通过应用针形或刃形电极，有效面积很小，而电极下组织中的电流密度却很大，可以瞬间产生大量的热，把电极下的组织瀑发性地蒸发掉，分裂成一个不出血的、窄而平坦的、深几毫米的切口，而且还可以使血管中的血液凝固到一定的深度，代替结扎，完成切口止血工作。高频电刀一般使用 0.3～5MHz 的振荡频率。

3. 基本结构

由高压电源、低压电源、振荡单元、功率输出、电切、电凝选择等单元组成。电源单元包括电源变压器等。初级输入220V，次级输出高压和低压两路。震荡单元包括震荡线圈、电容,电子管或晶体管等（早期的火花式电刀无电子管或晶体管）。用来产生高频电流。功率输出单元包括晶体管（电子管）及输出功率调节电路。其作用是来将高频电流作功率放大并将其输出到电刀部件；电切、电凝选择单元主要是选择临床需要的电切和电凝的功率，通过专用刀柄，就可以完成切、凝的临床任务。

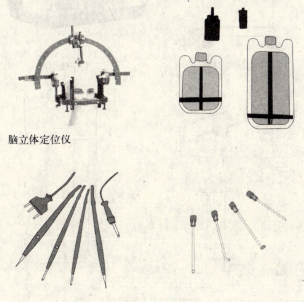

脑立体定位仪

71

手术麻醉 [8] 手术仪器

相关辅助仪器 [8] 手术麻醉

相关辅助仪器

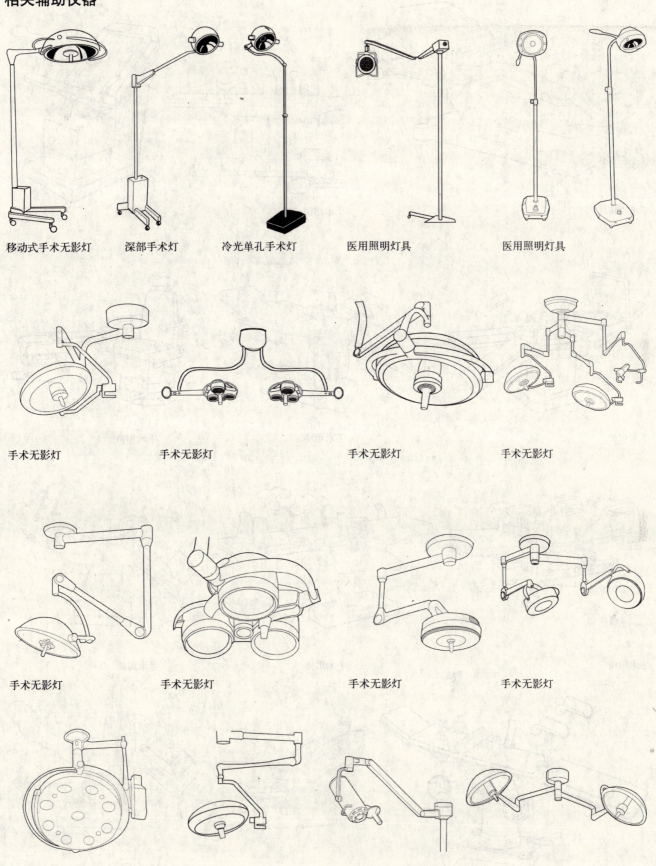

移动式手术无影灯　　深部手术灯　　冷光单孔手术灯　　医用照明灯具　　医用照明灯具

手术无影灯　　手术无影灯　　手术无影灯　　手术无影灯

手术无影灯　　手术无影灯　　手术无影灯　　手术无影灯

手术无影灯　　手术无影灯　　手术无影灯　　手术无影灯

73

手术麻醉 [8] 相关辅助仪器

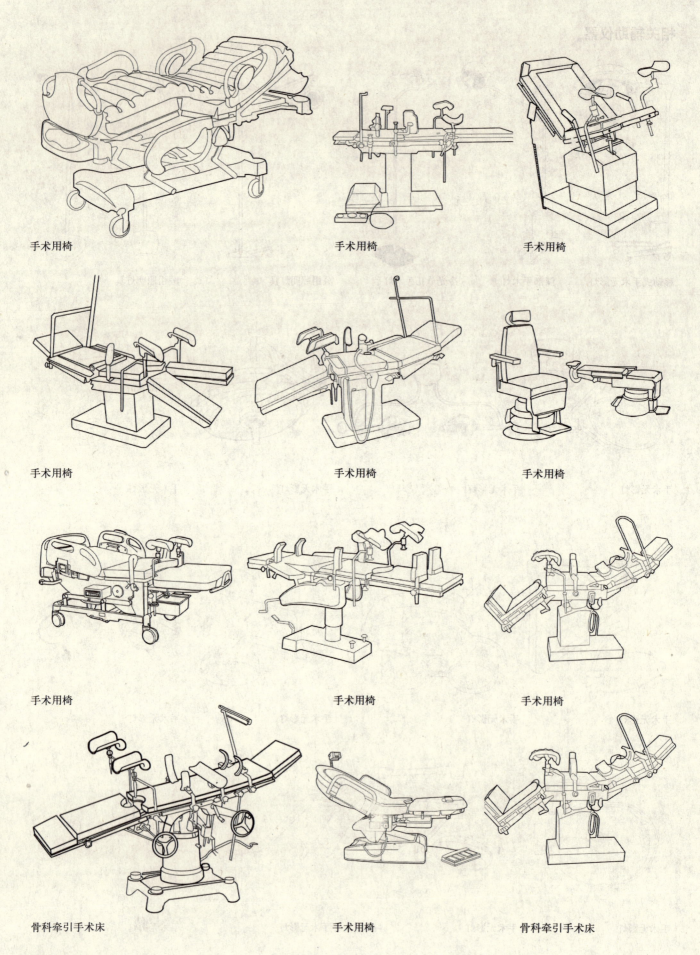

手术用椅　　　　　　　手术用椅　　　　　　　手术用椅

手术用椅　　　　　　　手术用椅　　　　　　　手术用椅

手术用椅　　　　　　　手术用椅　　　　　　　手术用椅

骨科牵引手术床　　　　手术用椅　　　　　　　骨科牵引手术床

相关辅助仪器 [8] 手术麻醉

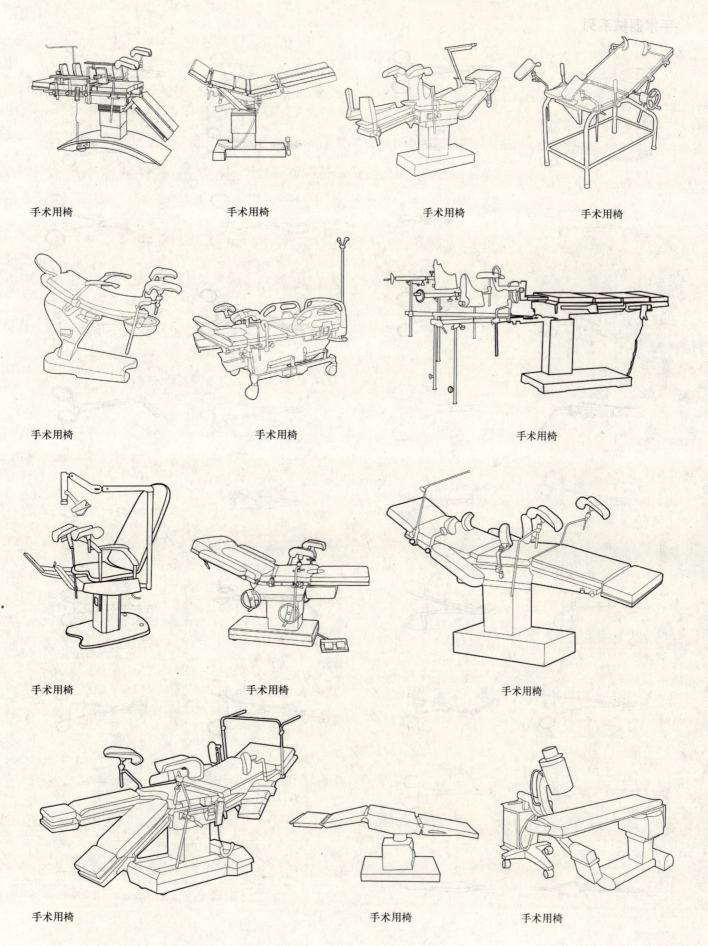

手术用椅　　手术用椅　　手术用椅　　手术用椅

手术用椅　　手术用椅　　手术用椅

手术用椅　　手术用椅　　手术用椅

手术用椅　　手术用椅　　手术用椅

手术麻醉 [8] 手术器械系列

手术器械系列

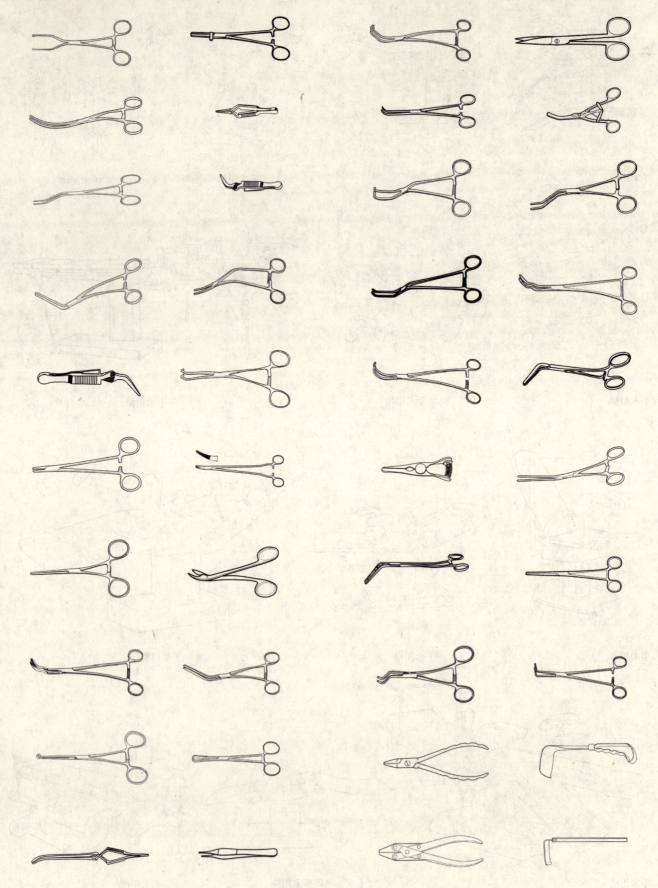

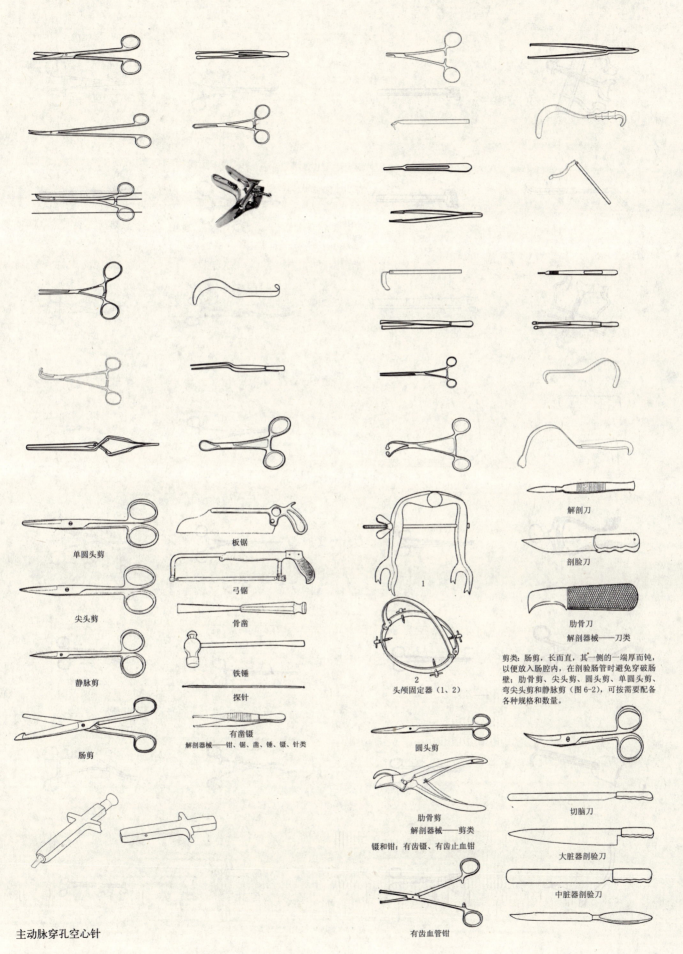

手术麻醉 [8] 手术器械系列

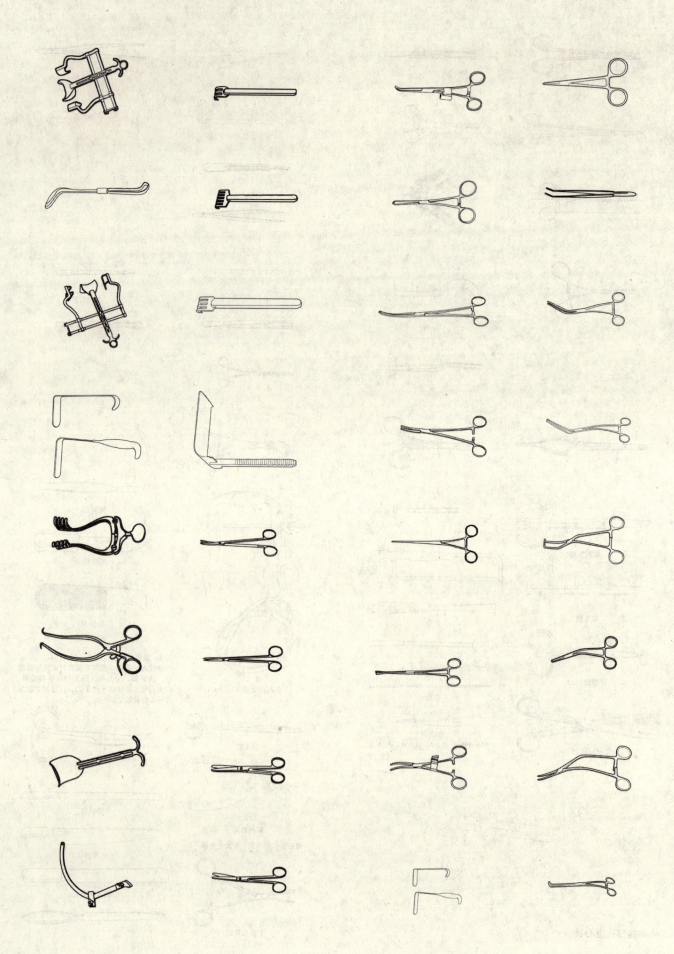

概述　[9] 急救装备

概述

从公元前 1300 年起，人类就有了抢救方法的记载，当时采用的是口对口人工呼吸的方法，这可能是人类关于人工呼吸的最早记录．随后，人类不断探索呼吸抢救的新方法，到公元 15 世纪初，在西方有了气管插管的应用，开辟了人工气道建立的先河，19 世纪初，风箱技术出现在欧洲用于对溺水患者的抢救；1912 年出现了完全空气驱动和压力限制，也就是现在的活塞式电动呼吸机的雏形，供警察和消防队员用于复苏的抢救。此后，急救呼吸产品经过不断的发展，出现了急救呼吸球，气动气控急救呼吸机，气动电控急救呼吸机，电动电控急救呼吸机等类别，它们各自有自己的应用场合，形成了一个强大的急救呼吸产业。

随着现代医疗事业的发展，急救装备越来越完善，一个好的急救装备设计可以减短病人的治疗时间，减少病人的痛苦．目前急救设备主要应用于突发病人，交通事故，外伤等等需要紧急治疗的场合．本书将其大概分为婴儿抢救台，担架，坐椅担架，紧急呼吸设备等四类。

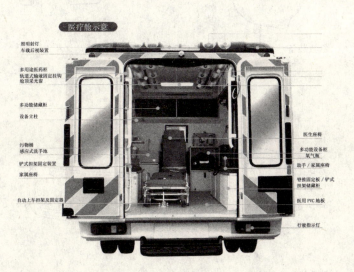
医疗舱示意

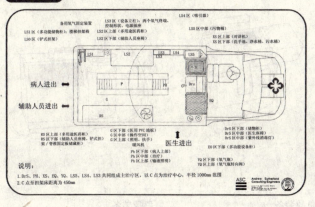
设计原理图

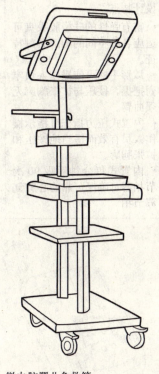
微电脑婴儿急救箱

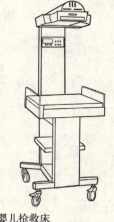
婴儿抢救床

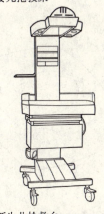
新生儿抢救台

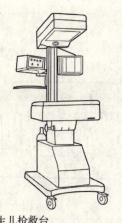
新生儿抢救台

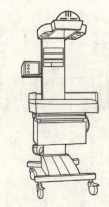
新生儿抢救台

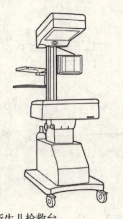
新生儿抢救台

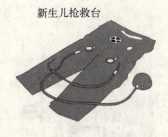
复苏治疗裤专为紧急抢救各种原因所致的低容性休克病人而设计，它通过为休克病人的腹部和下肢施加均匀可测量和控制的压力，使得体内有限的血液实现最优分配。

急救装备 [9] 急诊抢救

急诊抢救

设计特点：
- 富有弹性的硅橡胶吸盘可适应各种不同的胸部解剖特征。
- 弧形手柄可使操作人员牢固把握，按压与扩张胸廓无须曲臂。
- 内置式压力指标可指示操作人员有效而适当地按压和扩张胸廓。
- 内置式每分钟呼吸 90 次节拍器可确保可靠的心肺复苏节拍

安保心脏泵

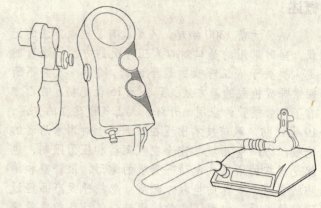

急救装备　　　　　　　急救装备

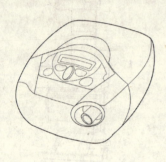  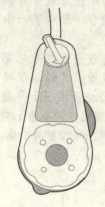 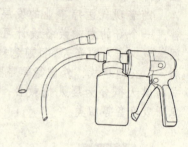

急救装备　　急救装备　　急救装备　　急救装备

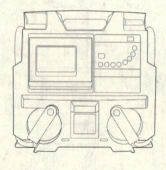 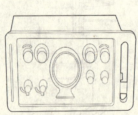 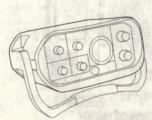 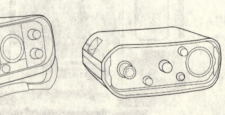

急救装备　　急救装备　　急救装备　　急救装备

空痒主机　　急救装备　　急救装备　　急救装备

急诊抢救 [9] 急救装备

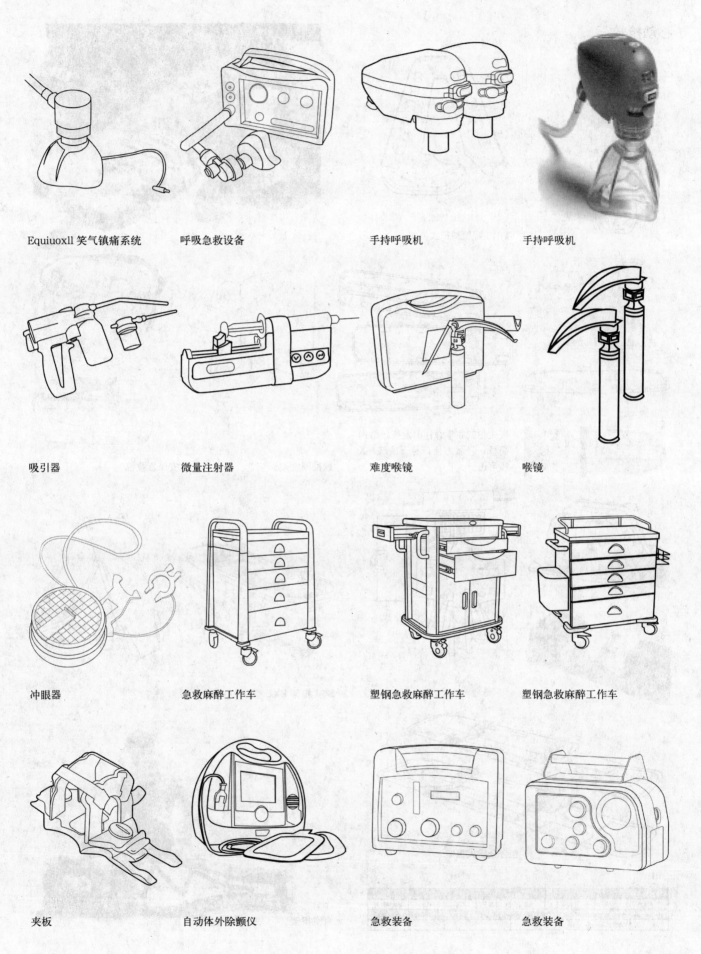

急救装备 [9] 移动抢救

移动抢救

强化工程塑料铲式担架

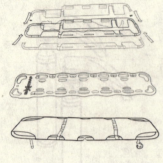
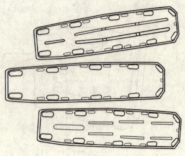
板式担架亦称脊柱固定板，结构简单，轻质方便，易于清洗，X线可透。

颈椎固定架

安保急救包

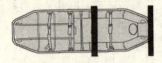

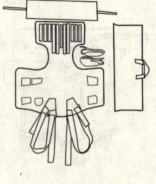

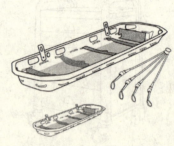
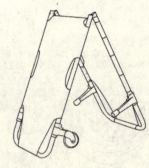
铲式担架 EXL 型

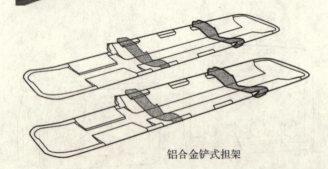
铝合金铲式担架

真空担架

铲式担架 EXL							
小号	中号	大号	折叠	宽度	深度	重量	最大承载量
65"/165 cm	70"/178 cm	80"/202 cm	47"/120 cm	17"/43 cm	3"/7 cm	15 lb/7 kg	330 lb/150 kg
	75"/190 cm						

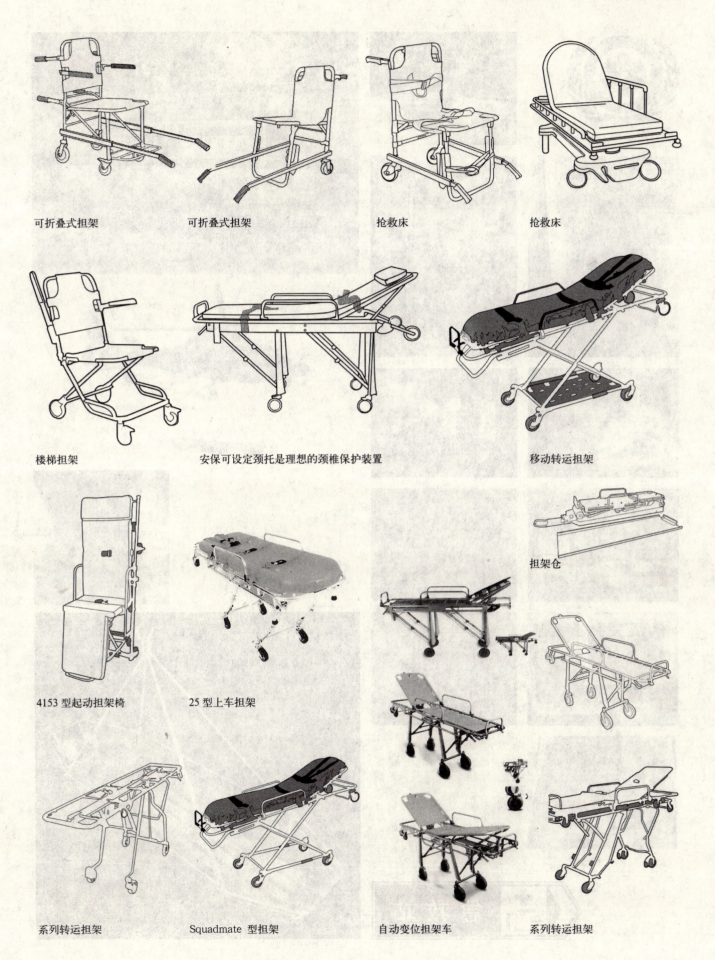

急救装备 [9] 移动抢救

急救标志

急救站

概述、血液透析设备　[10] 体外循环

概述

体外循环设备是指暂时代替人类心脏和肺脏工作的特殊装置，是进行血液循环及气体交换的技术。这类装置通常称为人工心和人工肺，或统称人工心肺、人工心肺装置或体外循环装置等。

体外循环是在静脉血经的上、下腔静脉引入人工肺进行氧合并且排出二氧化碳，氧合后的血液又经人工心保持一定压力而泵入体内动脉系统，从而既保证了手术时安静，清晰的手术视野，又保证了心脏以外其他重要脏器的供血，是心脏大血管外科发展的重要保证措施。

体外循环基本装置包括血泵、氧合器、变温器、贮血室和滤过器五部分。

血泵，即人工心，是代替心脏排出血液，供应全身血循环的装置。根据排血方式分为无搏动泵和搏动泵两种。目前仍以无搏动泵应用较广泛，射出血液为平流，以滚压式泵为主，靠调节泵头转动挤压泵管排出血液。搏动泵排出血液为搏动性可分为与心脏同步和非同步两种。

氧合器：即人工肺。代替肺脏使静脉血氧合并排出二氧化碳。目前使用的有三种类型：①血膜式，血液散布在平面上形成血液薄膜，与氧气接触并进行气体交换，转碟式为其代表；②鼓泡式，血液被氧气吹散过程中进行气体交换，血液中形成的气泡用硅类除泡剂消除，根据形态有筒式和袋式。③膜式，用高分子渗透膜制成，血液和气体通过半透膜进行气体交换，使血、气互相不直接接触。

变温器：是调节体外循环中血液温度的装置，可作单独部件存在，但多与氧合器组成一体。

贮血室：即是一种容器，内含滤过网和去泡装置，用作贮存预充液，心内回血等。

滤过器：滤过体外循环过程中可能产生的气泡、血小板凝块、纤维素，脂肪粒，硅油栓以及病人体内脱落的微小组织块等。

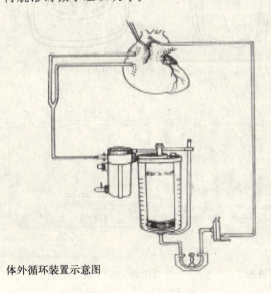

体外循环装置示意图

血液透析设备

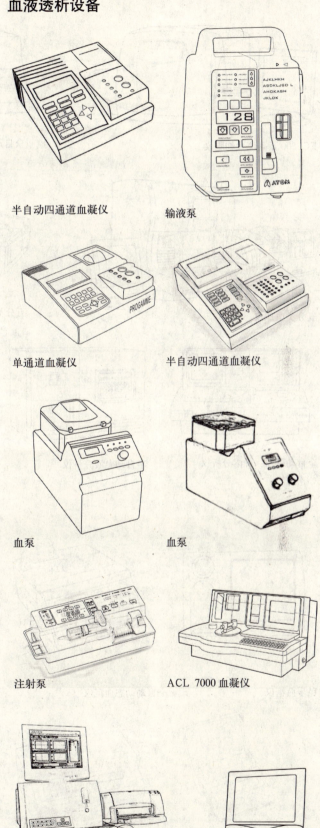

半自动四通道血凝仪　　输液泵

单通道血凝仪　　半自动四通道血凝仪

血泵　　血泵

注射泵　　ACL 7000 血凝仪

四通道快速生化分析仪

体外循环 [10]　血液透析设备

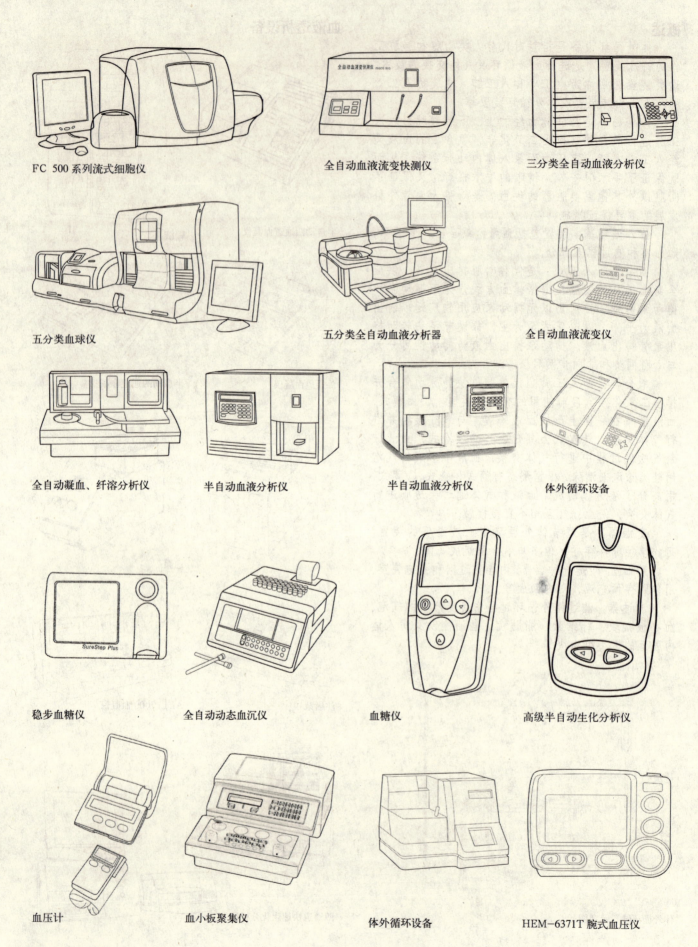

FC 500 系列流式细胞仪　　全自动血液流变快测仪　　三分类全自动血液分析仪

五分类血球仪　　五分类全自动血液分析器　　全自动血液流变仪

全自动凝血、纤溶分析仪　　半自动血液分析仪　　半自动血液分析仪　　体外循环设备

稳步血糖仪　　全自动动态血沉仪　　血糖仪　　高级半自动生化分析仪

血压计　　血小板聚集仪　　体外循环设备　　HEM-6371T 腕式血压仪

血液透析设备 [10] 体外循环

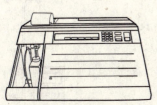
多功能血药浓度检测机

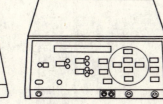
肿瘤射频消融机

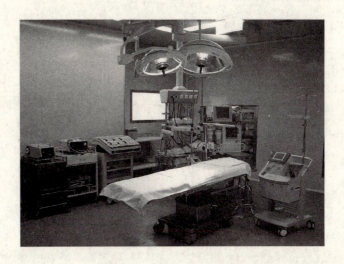

五分类全自动血液分析仪

全自动动态血沉仪

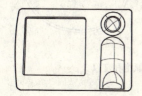
血糖仪

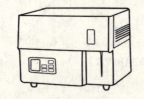
全自动血液流变快测仪

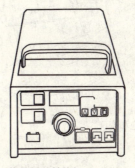
体外循环转流机

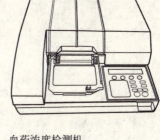
血药浓度检测机

转盘式自动吸样
全自动血液流变快测仪

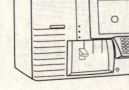
全自动血液流变快测仪

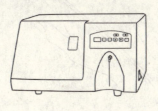
全自动血液流变快测仪

三分类全自动血液分析仪

全自动样本处理系统

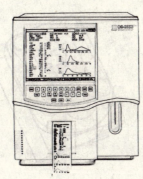
全自动样本处理系统

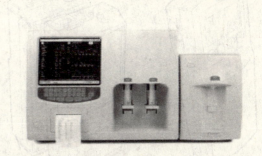
准全自动血液细胞分析仪

87

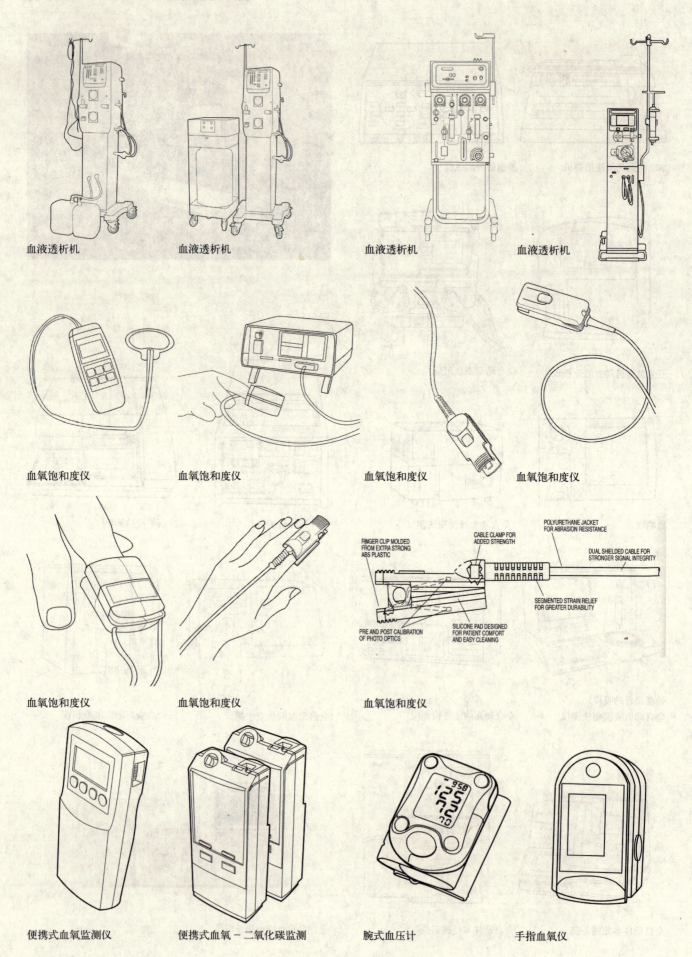

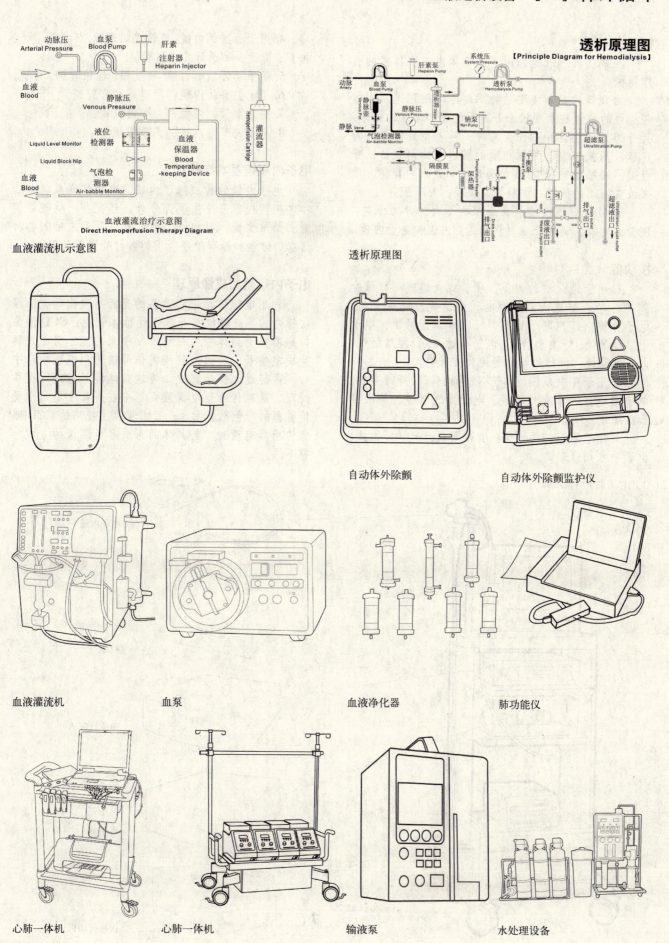

腔镜仪器 [11] 概述

概述

腔镜仪器一般是指用于查看体内中空器官的医疗器械。

内窥镜术是其主要的技术，即运用可送入人体腔道内的窥镜在直观状态下进行检查和治疗的技术。可分为无创伤性和创伤性两种。前者指直接插入内窥镜，用来检查与外界相通的腔道（如消化道、呼吸道、泌尿道等）；后者是通过切口送入内窥镜，用来检查密闭的体腔（如胸腔、腹腔、关节腔等）。

通常内窥镜按发展及成像构造大体分为三类：硬管式内镜、光学纤维（软管式）内镜和电子内镜。

按功能分类：

1. 用于消化道的内镜：硬管式食道镜、纤维食道镜、电子食道镜、超声电子食道镜、纤维胃镜、电子胃镜、超声电子胃镜、纤维十二指肠镜、电子十二指肠镜、纤维小肠镜、电子小肠镜、纤维结肠镜、电子结肠镜、纤维乙状结肠镜和直肠镜。
2. 用于呼吸系统的内镜：硬管式喉镜、纤维喉镜、电子喉镜、纤维支气管镜、电子支气管镜、胸腔镜和纵隔镜。
3. 用于腹膜腔的内镜：有硬管式、光学纤维式、电子手术式腹腔镜。
4. 用于胆道的内镜：硬管式胆道镜、纤维胆道镜、电子胆道镜、和子母式胆道镜。
5. 用于泌尿系的内镜：膀胱镜、输尿管镜、肾镜。
6. 用于妇科的内镜：阴道镜和宫腔镜。
7. 用于血管的内镜：血管内腔镜。
8. 用于关节的内镜：关节腔镜。

电子内窥镜基本结构：

电子内镜的构成除了内镜、电视信息系统中心和电视监视器三个主要部分外，还配备一些辅助装置，如录像机、照相机、吸引器以及用来输入各种信息的键盘和诊断治疗所用的各种处置器具等。

电子内窥镜的成像原理：

利用电视信息中心装备的光源所发出的光，经内镜内的导光纤维将光导入受检体腔内，CCD图像传感器接受到体腔内黏膜面反射来的光，将此光转换成电信号，再通过导线将信号输送到电视信息中心，再经过电视信息中心将这些电信号经过贮存和处理，最后传输到电视监视器中在屏幕上显示出受检脏器的彩色粘膜图像。目前世界上使用的CCD图像传感器有两种，其具体的形成彩色图像的方式略有不同。

上消化道电子内镜系统

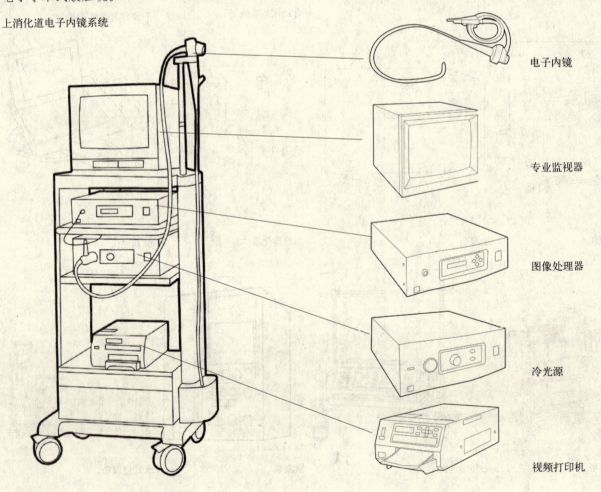

电子内镜

专业监视器

图像处理器

冷光源

视频打印机

腔镜仪器 [11]　光学腔镜

光学腔镜

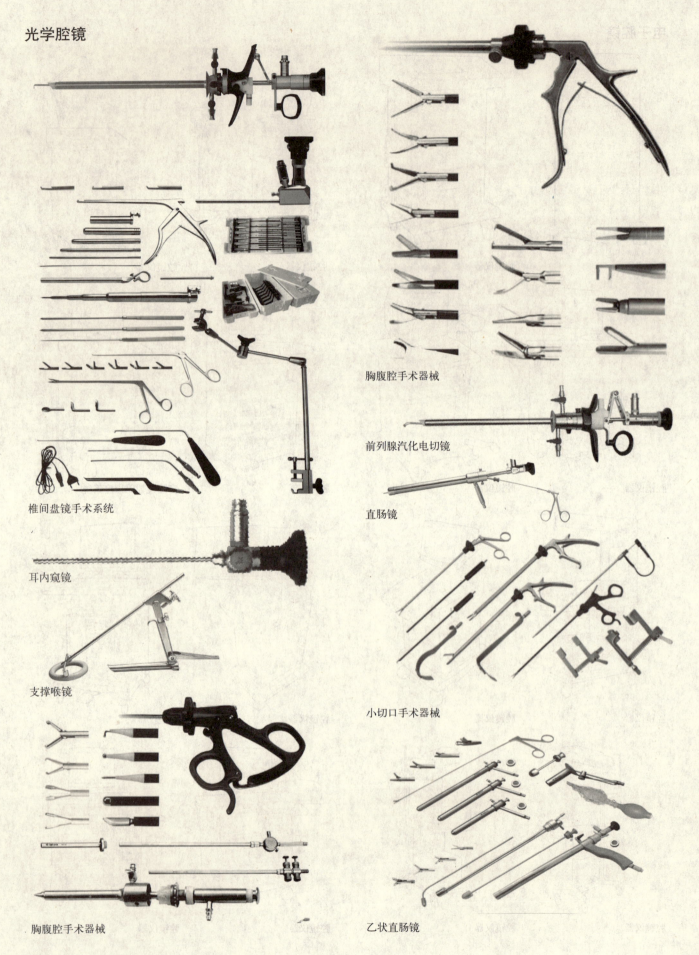

椎间盘镜手术系统

耳内窥镜

支撑喉镜

胸腹腔手术器械

胸腹腔手术器械

前列腺汽化电切镜

直肠镜

小切口手术器械

乙状直肠镜

光学腔镜 [11] 腔镜仪器

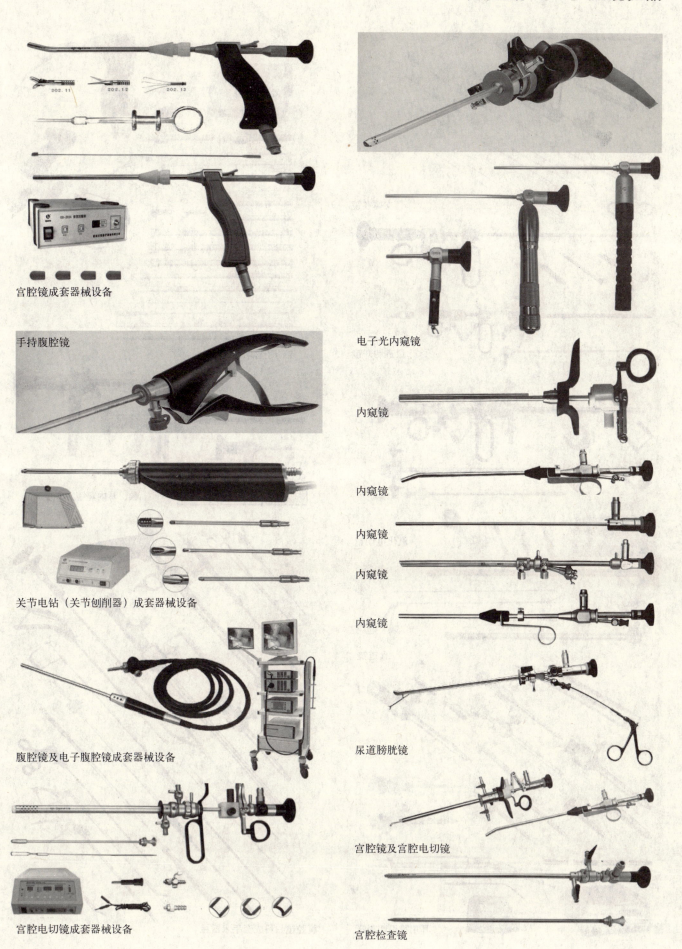

宫腔镜成套器械设备

手持腹腔镜

关节电钻（关节刨削器）成套器械设备

腹腔镜及电子腹腔镜成套器械设备

宫腔电切镜成套器械设备

电子光内窥镜

内窥镜

内窥镜

内窥镜

内窥镜

内窥镜

尿道膀胱镜

宫腔镜及宫腔电切镜

宫腔检查镜

93

腔镜仪器 [11] 光学腔镜

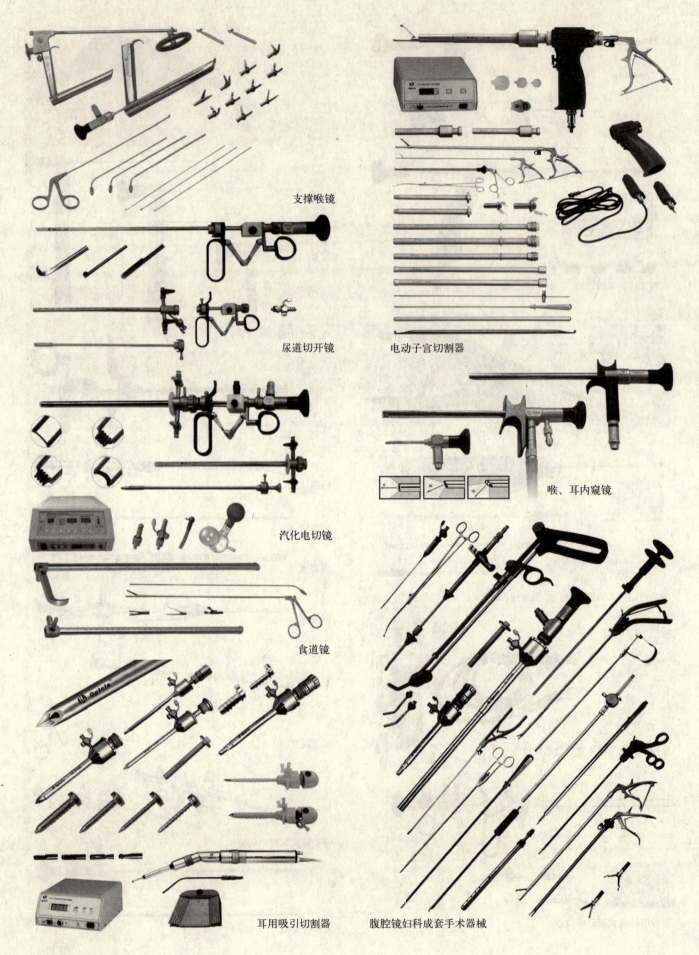

支撑喉镜
尿道切开镜
电动子宫切割器
喉、耳内窥镜
汽化电切镜
食道镜
耳用吸引切割器
腹腔镜妇科成套手术器械

光学腔镜 [11] 腔镜仪器

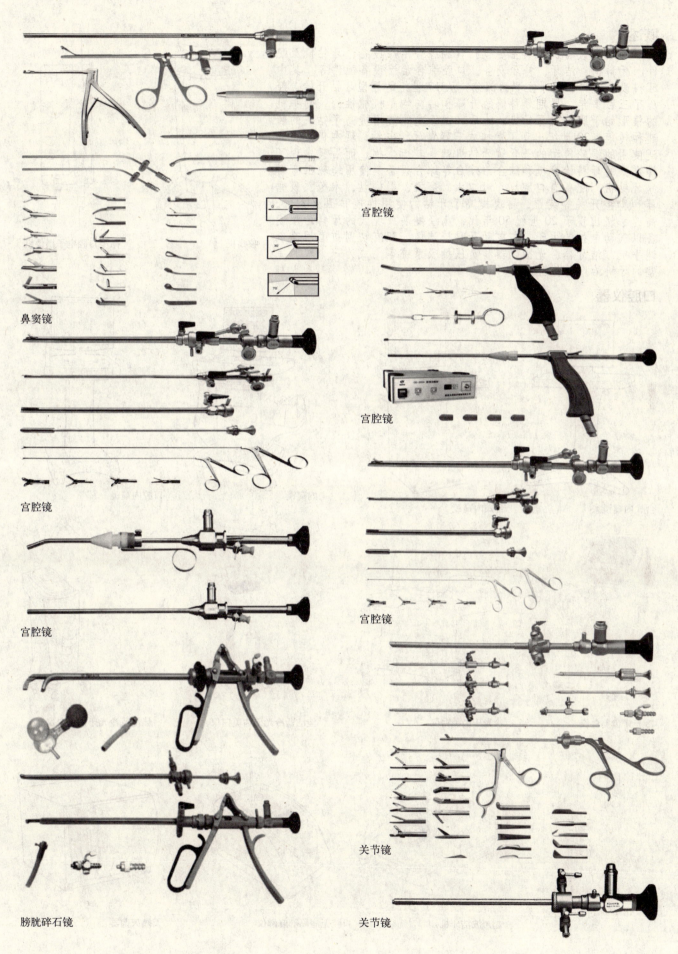

鼻窦镜

宫腔镜

宫腔镜

膀胱碎石镜

宫腔镜

宫腔镜

宫腔镜

关节镜

关节镜

口腔皮肤 [12] 概述、口腔仪器

概述

　　口腔科设备及器具主要包括口腔综合治疗设备、牙钻机及配件、牙科椅、洁牙、补牙设备、口腔综合治疗设备配件等。其中牙科设备是口腔医学主要的部分,从17世纪的弓型牙钻开始,经历了三百多年。早期牙科椅的升降和转向均是机械性的。而手机的锥形始于脚踏式牙钻机,此后,由于电的使用提高了钻头的转速和转矩。20世纪出现了壁挂式三弯臂牙科电钻,现在仍然在广泛使用的绳轮传动的三弯臂牙钻机就是其衍生物。而后又出现了综合式的牙科治疗机和综合治疗台等综合设备,使用绳轮三弯臂式牙钻机,配备有口腔灯、漱口水、痰盂、器械盘、水枪、吸唾器和脚控开关等装置,再次提高了牙钻的使用性能和卫生条件。高速手机出现于20世纪50年代,几经发展,现代的牙科治疗设备以气动电控为主干,与电动牙科椅连体,配有切削打磨用高低速手机,洁牙器、光固化器和负压抽吸系统等,成为一个较为完整的牙科治疗设备组合。

咳痰机

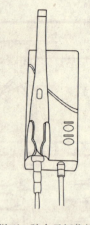
微型口腔电子摄像机

口腔仪器

台式内窥镜

台式内窥镜

内窥镜

口腔内窥镜

冷光牙齿美白仪

冷光牙齿美白仪

佳洁蓝冷光牙齿美白仪

佳洁蓝冷光牙齿美白仪

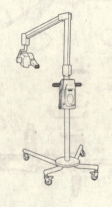
超声波洁牙机

口腔无痛局部麻醉仪

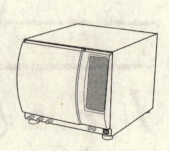
天鹤灭菌器

口腔仪器 [12] 口腔皮肤

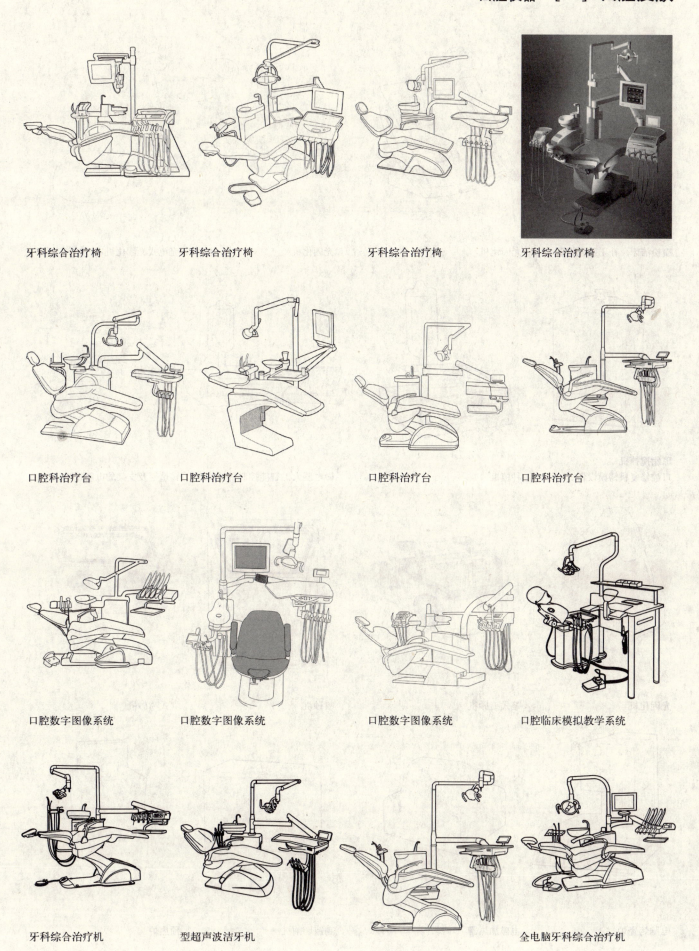

牙科综合治疗椅　　牙科综合治疗椅　　牙科综合治疗椅　　牙科综合治疗椅

口腔科治疗台　　口腔科治疗台　　口腔科治疗台　　口腔科治疗台

口腔数字图像系统　　口腔数字图像系统　　口腔数字图像系统　　口腔临床模拟教学系统

牙科综合治疗机　　型超声波洁牙机　　　　　　　　全电脑牙科综合治疗机

口腔皮肤 [12] 口腔仪器

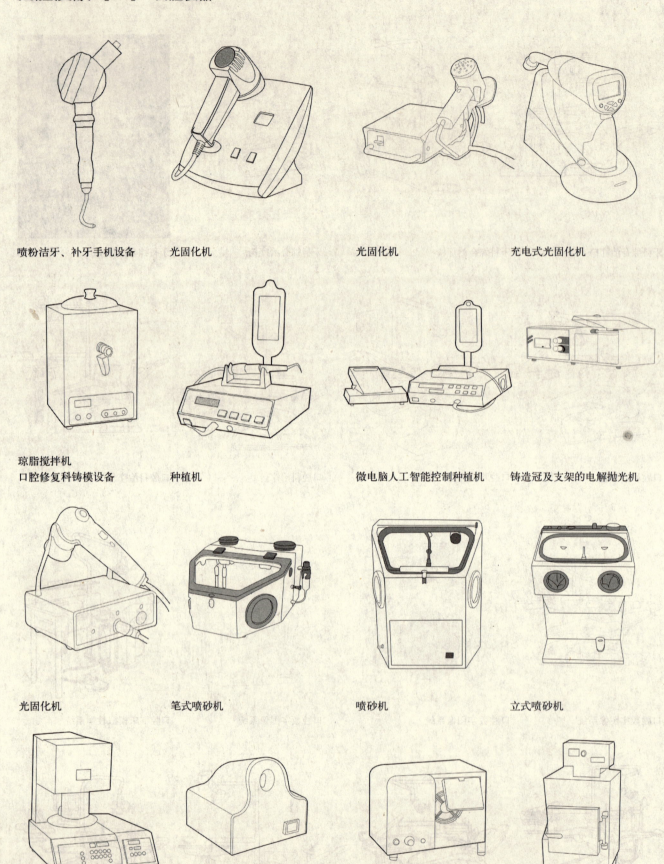

喷粉洁牙、补牙手机设备　光固化机　光固化机　充电式光固化机

琼脂搅拌机
口腔修复科铸模设备　种植机　微电脑人工智能控制种植机　铸造冠及支架的电解抛光机

光固化机　笔式喷砂机　喷砂机　立式喷砂机

电脑烤瓷炉　电磁加热器　高速切割机　预热炉

口腔仪器 [12] 口腔皮肤

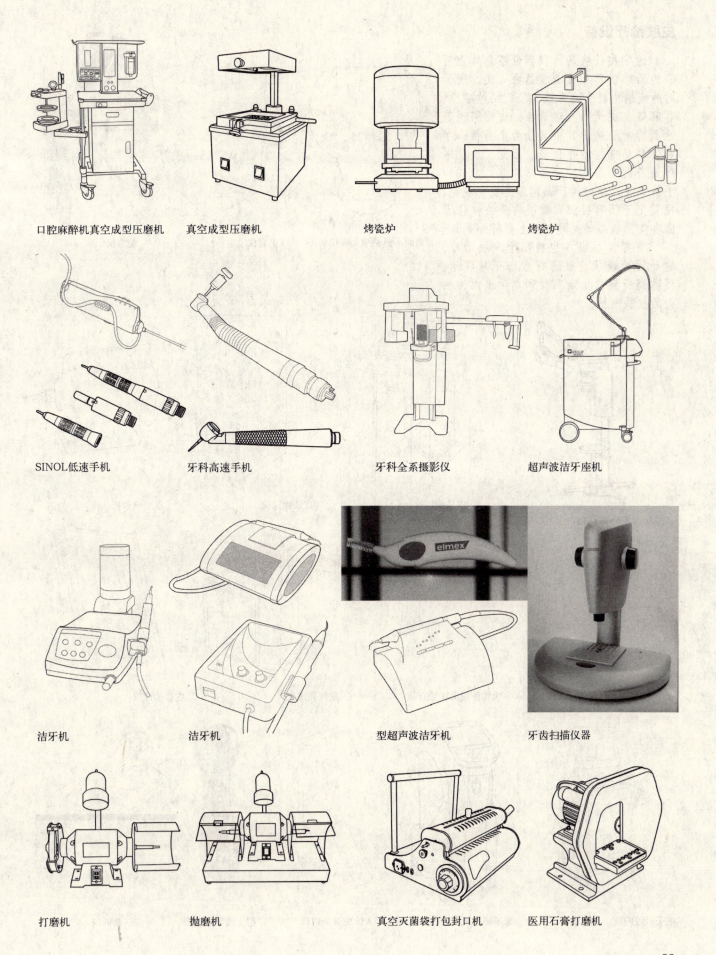

口腔麻醉机真空成型压磨机　真空成型压磨机　烤瓷炉　烤瓷炉

SINOL低速手机　牙科高速手机　牙科全系摄影仪　超声波洁牙座机

洁牙机　洁牙机　型超声波洁牙机　牙齿扫描仪器

打磨机　抛磨机　真空灭菌袋打包封口机　医用石膏打磨机

口腔皮肤 [12] 皮肤诊疗设备

皮肤诊疗设备

治疗皮肤疾病的仪器设备总体上可分为治疗仪器和检测仪器两大类。所针对的疾病主要有病毒性、真菌性、物理性、荨麻疹、皮炎性、球菌性、皮脂腺性等性质的皮肤病。其中又分为全身性、半身性和局部性治疗仪器。因此,皮肤医疗设备的形态大致分为落地式、台式和手持式等。这一类产品的形态变化较大,视觉上无固有特征,重要的是在操作界面和使用状态等关键要素上要符合原则。

有些美容设备也被用于皮肤治疗,这是因为现代皮肤医疗理念正从医治、预防提升到以生活品质和美学追求为核心的皮肤呵护。

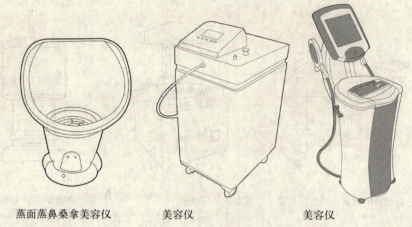

蒸面蒸鼻桑拿美容仪　　美容仪　　美容仪

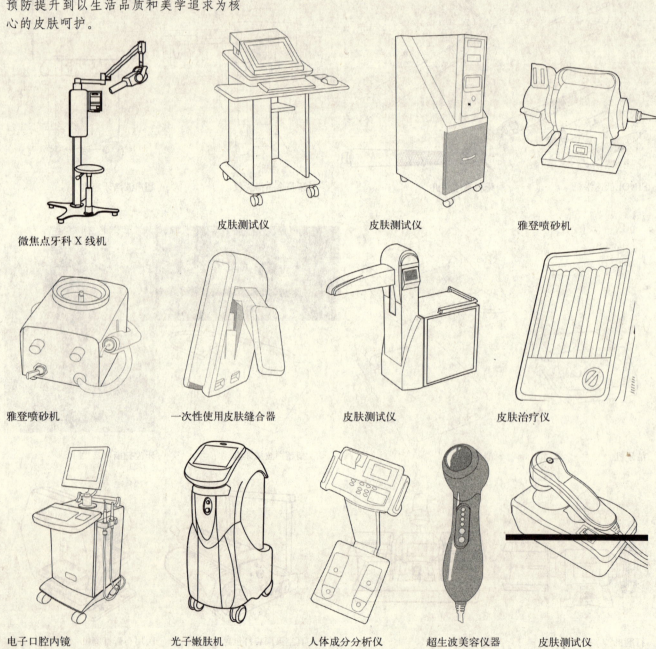

微焦点牙科X线机　　皮肤测试仪　　皮肤测试仪　　雅登喷砂机

雅登喷砂机　　一次性使用皮肤缝合器　　皮肤测试仪　　皮肤治疗仪

电子口腔内镜　　光子嫩肤机　　人体成分分析仪　　超声波美容仪器　　皮肤测试仪

皮肤诊疗设备 [12] 口腔皮肤

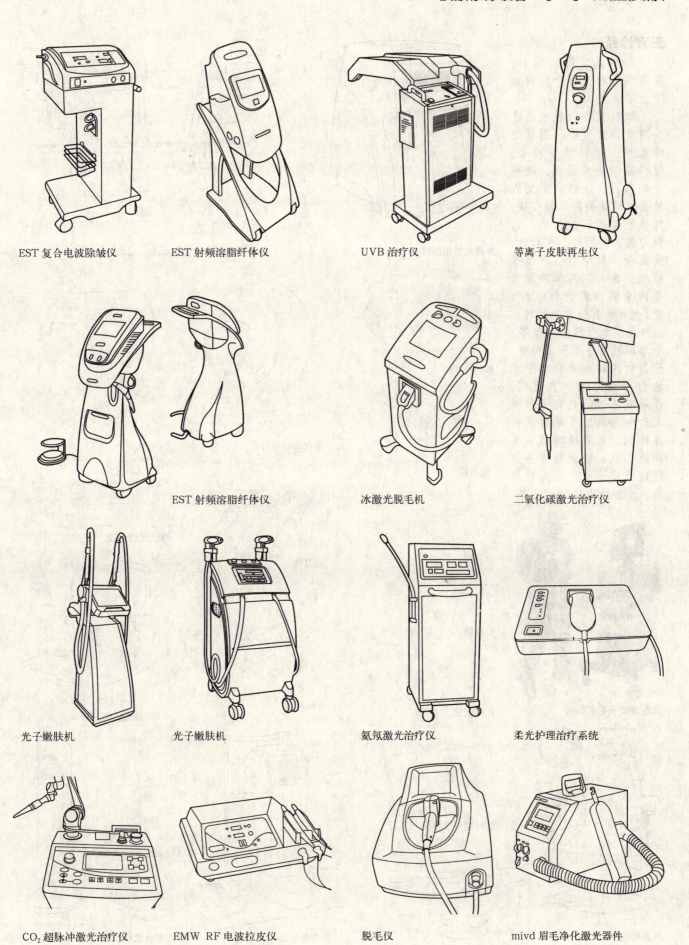

EST 复合电波除皱仪　　EST 射频溶脂纤体仪　　UVB 治疗仪　　等离子皮肤再生仪

EST 射频溶脂纤体仪　　冰激光脱毛机　　二氧化碳激光治疗仪

光子嫩肤机　　光子嫩肤机　　氦氖激光治疗仪　　柔光护理治疗系统

CO_2 超脉冲激光治疗仪　　EMW RF 电波拉皮仪　　脱毛仪　　mivd 眉毛净化激光器件

眼科五官 [13] 五官诊断

五官诊断

眼科五官即由眼科、耳鼻咽喉和头颈外科两大专业组成。

眼科设备一般包括眼科激光治疗设备、图像处理系统、眼科诊断设备、眼科显微手术器械、眼科保健器械。眼科最常用的检查仪器是裂隙灯显微镜，其他还包括近视力表、远视力表、眼压计、视野计、眼底镜、裂隙灯、泪道探针，测量人工晶体度数需要的角膜曲率计和眼科 a 超（也有和 b 超在一起的）；治疗器械如外眼手术包等；手术器械有手术用显微镜，开展白内障超声乳化手术的白内障的超声乳化仪，开展破坏性的抗青光眼手术和一些网脱手术需用的冷冻机，开展玻璃体手术的波切机；验光配镜方面的电脑验光机、镜片打磨机，检影镜等。

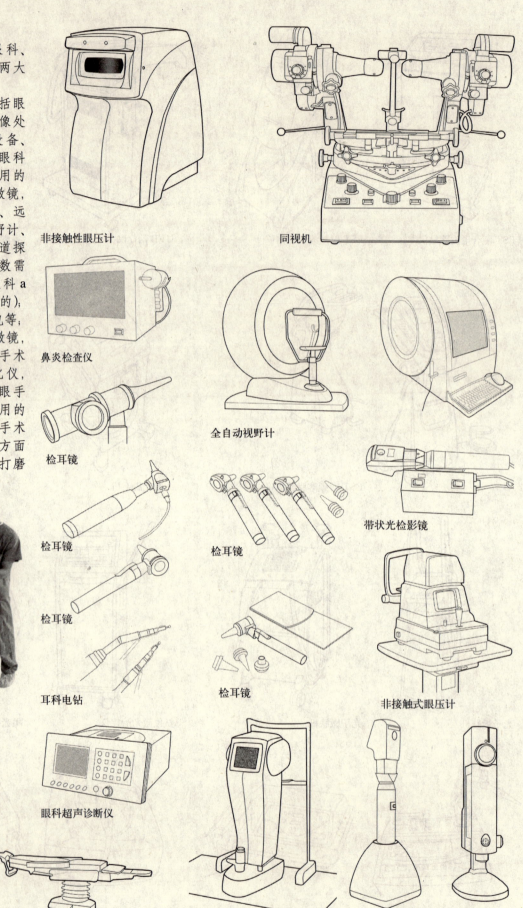

非接触性眼压计　　　同视机

鼻炎检查仪

检耳镜　　　　全自动视野计

检耳镜　　　检耳镜　　带状光检影镜

检耳镜

低温等离子手术系统　耳科电钻　　检耳镜　　非接触式眼压计

眼科超声诊断仪

耳鼻喉治疗椅　　角膜地形图　　充电式带状光检影镜　白内障视力检查仪

眼科诊断 [13] 眼科五官

眼科诊断

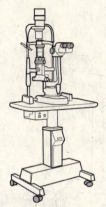
裂隙灯显微镜

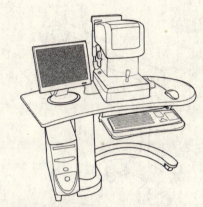
亮睛像差仪

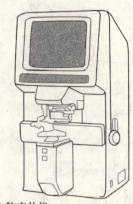
电脑查片仪

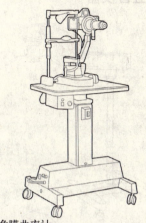
角膜曲率计

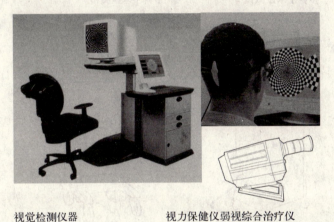
视觉检测仪器　视力保健仪弱视综合治疗仪

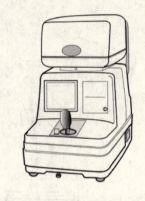
全自动电脑验光仪

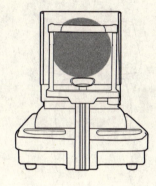
角膜地形图仪

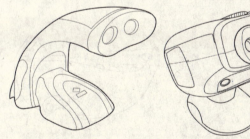
系列激光弱视治疗仪

多功能弱视治疗机

视标投影仪

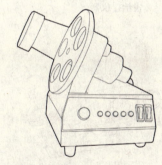
弱视综合治疗仪

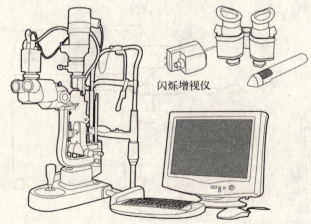
裂隙灯　闪烁增视仪

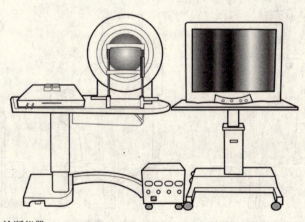
诊断仪器

眼科五官 [13] 五官仪器

五官仪器

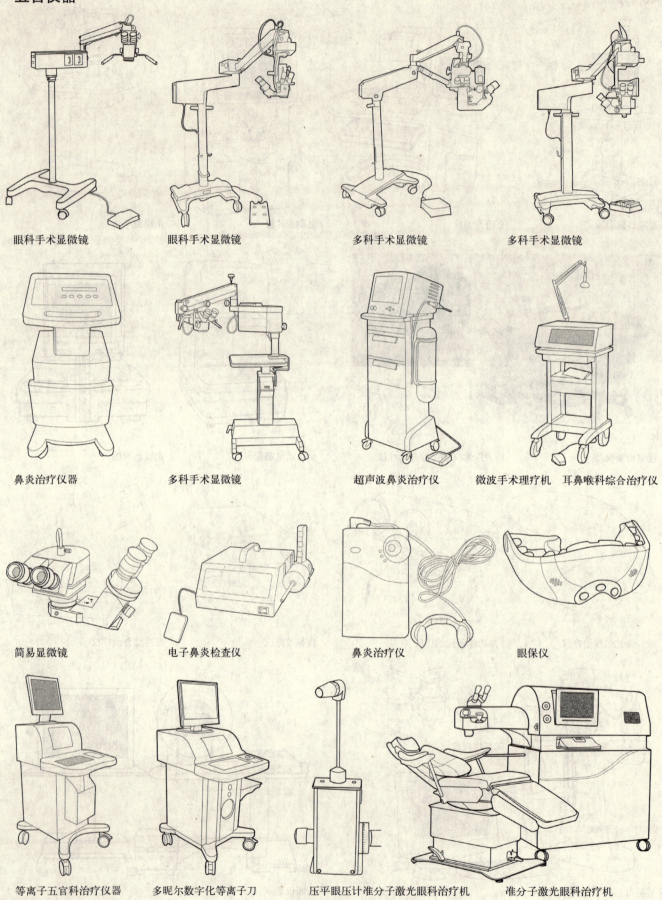

眼科手术显微镜　　眼科手术显微镜　　多科手术显微镜　　多科手术显微镜

鼻炎治疗仪器　　多科手术显微镜　　超声波鼻炎治疗仪　　微波手术理疗机　耳鼻喉科综合治疗仪

简易显微镜　　电子鼻炎检查仪　　鼻炎治疗仪　　眼保仪

等离子五官科治疗仪器　　多昵尔数字化等离子刀　　压平眼压计准分子激光眼科治疗机　　准分子激光眼科治疗机

概述、理疗装备 [14] 理疗泌尿

概述

理疗，即物理疗法的简称，是指应用人工物理因子（如光、电、磁、声、温热、寒冷等）来预防和治疗疾病。相应的疗法有电疗、光疗、磁疗、热疗、冷疗、水疗，以及超声波疗法、生物反馈疗法等。最常用的理疗方法是电疗法和光疗法。

电疗法：低频电疗法对感觉及运动神经有较强的刺激作用，常用于治疗肌肉性萎缩、软组织黏连、血液循环障碍等。

中频电疗法：常用于治疗各类瘢痕、肠黏连、声带小结等，其中干扰电疗法还用于各种软组织损伤、肩周炎、关节痛、肌肉痛、神经痛、胃下垂、习惯性便秘等。

高频电疗法：常用于全身各系统和器官的急性、亚急性炎症，特别是对化脓性炎症疗效显著，对各种创伤、创口及溃疡能促进愈合。另外，高频电疗法中还有一种特殊的射频疗法，把无线电波作用于人体，产生高温以治疗疾病，主要用于治疗深部或浅部的肿瘤。

光疗法：是利用人工光线，如红外线、紫外线、可见光、激光等，防治疾病和促进机体康复。其中，红外线可改善局部血循环，促进炎症消散，加速伤口愈合，减轻术后黏连，软化瘢痕等。紫外线主要用于消毒杀菌，改善伤口的血液循环，刺激并增强机体免疫功能（防治感冒），镇痛，预防和治疗佝偻病、软骨病等。激光疗法根据不同的激光种类，可以用于激光手术，以及慢性伤口、溃疡的愈合和过敏性鼻炎等。

理疗装备

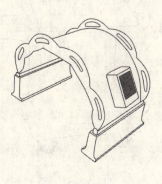
远红外光治疗仪

微波治疗仪

智能超短波电疗仪

PS 光磁仪

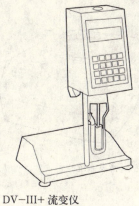
DV-III+ 流变仪

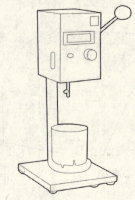
KU-1+ 黏度计

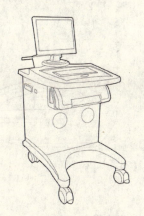

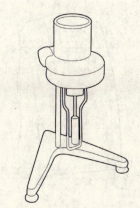
T 型表盘式粘度计

高剪切锥板粘度计

HGP-1000 多功能治疗仪

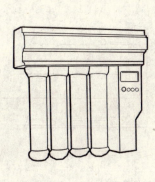
超纯水机

微波治疗仪

理疗泌尿 [14]　理疗装备

电脑骨质增生治疗机　　电脑瘫痪治疗机　　肛肠病综合治疗仪　　电脑前列腺治疗机

离心浓缩仪　　真空 N_2 蒸发系统　　气压淋巴排毒减肥仪　　干扰电治疗仪

智能超短波电疗仪　　面部氧疗仪　　SPA 组合　　1+1 自然疗法设备

SPA　　智能维琪浴　　SPA 组合　　SPA 组合

理疗装备　[14] 理疗泌尿

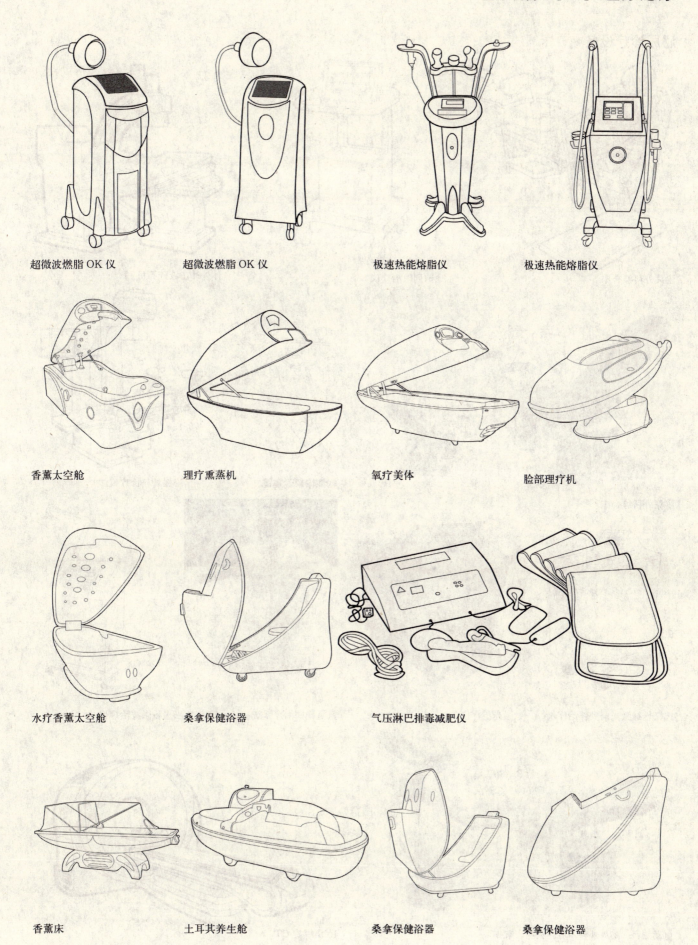

超微波燃脂OK仪　　超微波燃脂OK仪　　极速热能熔脂仪　　极速热能熔脂仪

香薰太空舱　　理疗熏蒸机　　氧疗美体　　脸部理疗机

水疗香薰太空舱　　桑拿保健浴器　　气压淋巴排毒减肥仪

香薰床　　土耳其养生舱　　桑拿保健浴器　　桑拿保健浴器

理疗泌尿 [14] 泌尿诊疗设备

泌尿诊疗设备

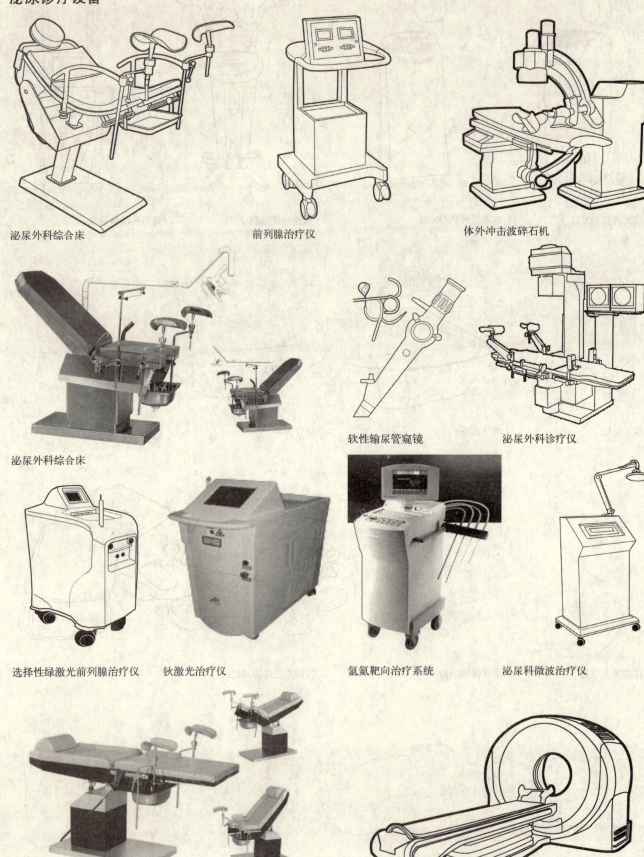

泌尿外科综合床　　前列腺治疗仪　　体外冲击波碎石机

泌尿外科综合床　　软性输尿管窥镜　　泌尿外科诊疗仪

选择性绿激光前列腺治疗仪　　钬激光治疗仪　　氩氦靶向治疗系统　　泌尿科微波治疗仪

电动妇科、泌尿外科、肛肠科综合床2　　16层螺旋CT

相关辅助装备　[14] 理疗泌尿

相关辅助装备

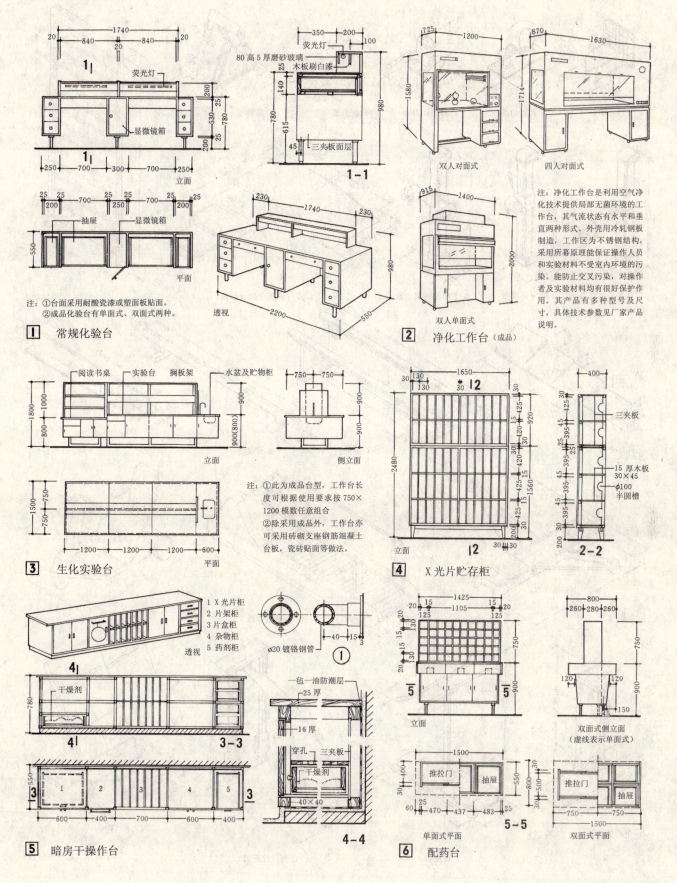

1 常规化验台
2 净化工作台（成品）
3 生化实验台
4 X光片贮存柜
5 暗房干操作台
6 配药台

理疗泌尿 [14] 相关辅助装备

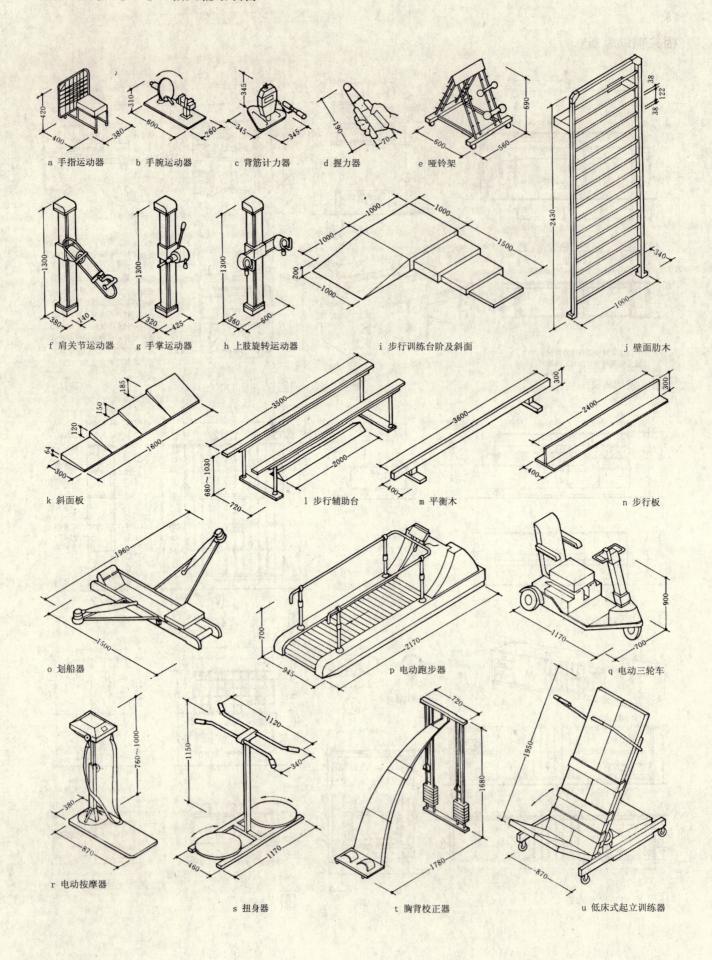

a 手指运动器　b 手腕运动器　c 背筋计力器　d 握力器　e 哑铃架
f 肩关节运动器　g 手掌运动器　h 上肢旋转运动器　i 步行训练台阶及斜面　j 壁面肋木
k 斜面板　l 步行辅助台　m 平衡木　n 步行板
o 划船器　p 电动跑步器　q 电动三轮车
r 电动按摩器　s 扭身器　t 胸背校正器　u 低床式起立训练器

相关辅助装备 [14] 理疗泌尿

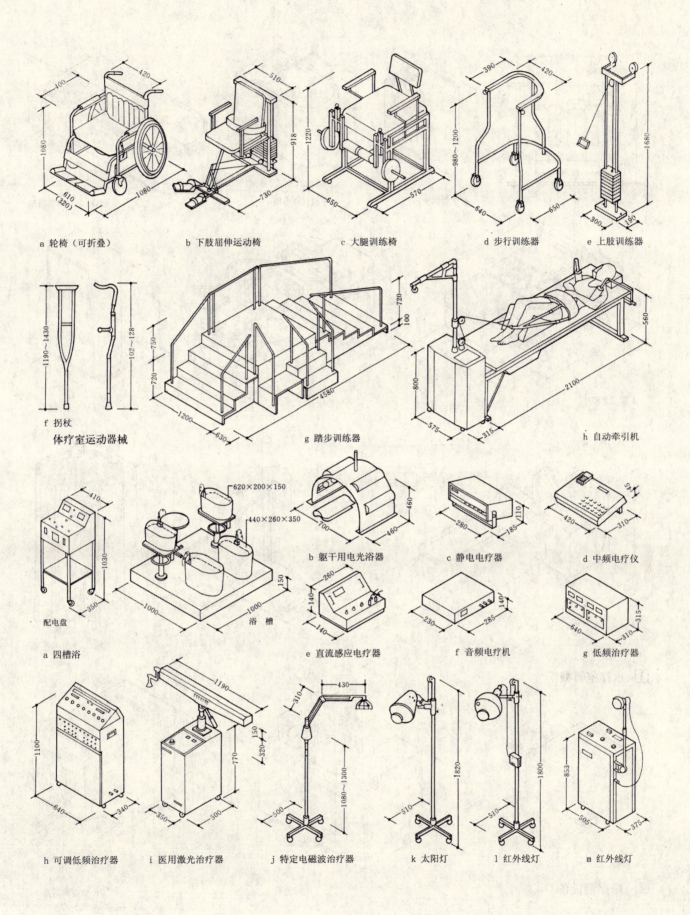

a 轮椅（可折叠）　　b 下肢屈伸运动椅　　c 大腿训练椅　　d 步行训练器　　e 上肢训练器

f 拐杖
体疗室运动器械　　g 踏步训练器　　h 自动牵引机

配电盘　　浴槽
a 四槽浴　　b 躯干用电光浴器　　c 静电电疗器　　d 中频电疗仪
　　　　　　e 直流感应电疗器　　f 音频电疗机　　g 低频治疗器

h 可调低频治疗器　　i 医用激光治疗器　　j 特定电磁波治疗器　　k 太阳灯　　l 红外线灯　　m 红外线灯

理疗泌尿 [14]　相关辅助装备

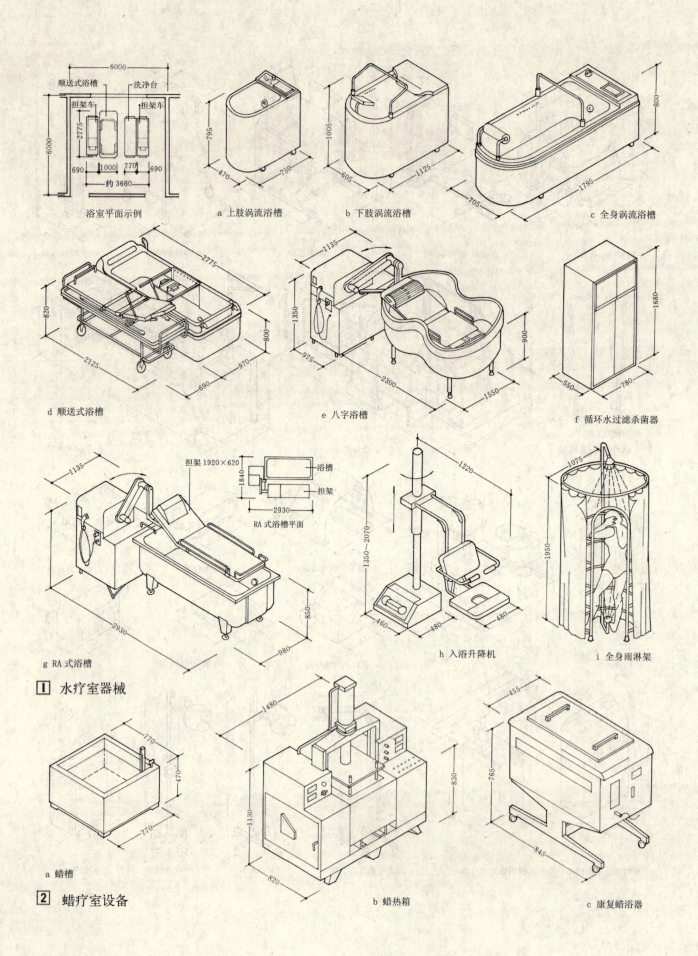

浴室平面示例
a 上肢涡流浴槽
b 下肢涡流浴槽
c 全身涡流浴槽
d 顺送式浴槽
e 八字浴槽
f 循环水过滤杀菌器
g RA 式浴槽
h 入浴升降机
i 全身雨淋架

① 水疗室器械

a 蜡槽
b 蜡热箱
c 康复蜡浴器

② 蜡疗室设备

概述 [15] 低温冷疗

概述

医用低温设备与生活中的冷藏设备无异。冷疗设备即利用低于体温的介质接触人体，使之降温以治疗疾病的仪器。常用的方法有冰水或冰袋局部贴敷、冰水浸浴、冷水喷射浴或淋浴、制冷剂局部喷射（如氯乙烷、液氮等），少数病人也可于体腔内灌注降低体温；利用仪器进行局部的冷作用可使血管收缩，继而扩张，有利于改善局部循环；冷使呼吸加深，临床用于高烧、软组织损伤早期、神经官能症；也常用于保健，提高机体抵抗力。

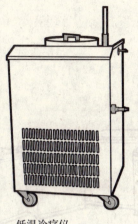
低温冷疗仪

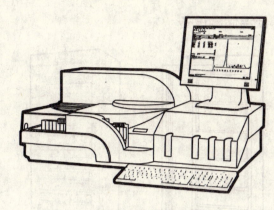
全自动毛细血管电泳仪

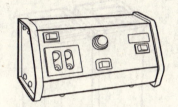
电泳仪

高效毛细管电泳仪

CMD液氮罐

高速冷冻离心机

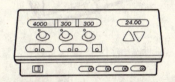
高压电泳仪

小型电转系统

电泳仪

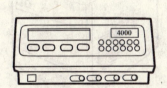
高压电泳仪

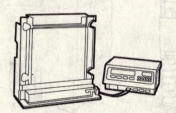
测序电泳槽

冷光源

低温冷疗仪

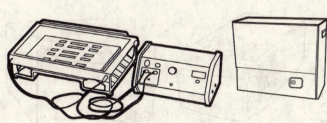
电泳仪

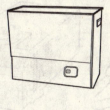
低温冷疗仪

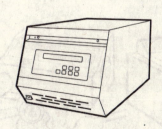
冷冻医用离心机

升降温毯临床手术急诊仪

低温冷疗 [15] 低温储藏设备

低温储藏设备

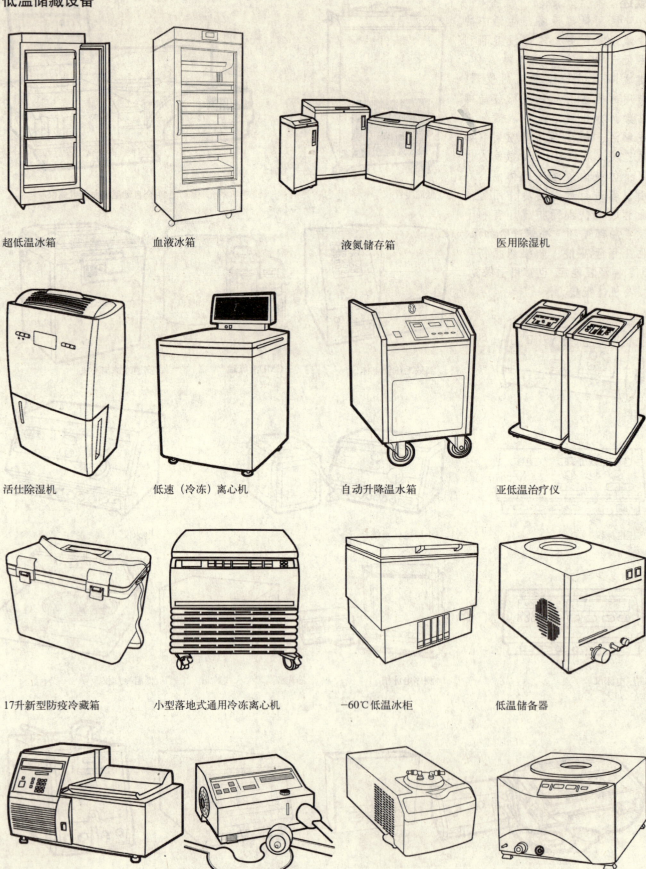

超低温冰箱　　血液冰箱　　液氮储存箱　　医用除湿机

活仕除湿机　　低速（冷冻）离心机　　自动升降温水箱　　亚低温治疗仪

17升新型防疫冷藏箱　　小型落地式通用冷冻离心机　　−60℃低温冰柜　　低温储备器

大容量台式高速
冷冻离心机　　vapornet 控制器　　vapornet 控制器　　低温储备器

基础防护　[16] 防护防疫

基础防护

防护防疫主要涉及两个方面：(1) 卫生防疫。即传染病的预防，包括流行病学侦查、疫情调查与处置、预防接种、传染病预防、食物中毒的诊断与处置等。(2) 卫生防护。即利用医学科学技术防止和减轻各类作业过程中的伤害等。这类设施设备主要有对人体各部位的防护器具和对病理和环境进行检测的工具。

表面玷污检测仪

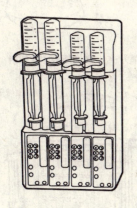

微量注射泵

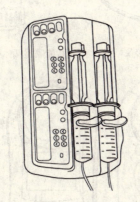

微量注射泵

防护套、防护帽

动物消毒防护仪

防护面罩

防护手套

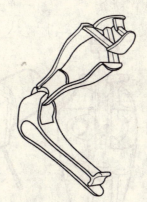

带皮带扣的手套夹

温度计

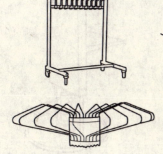

射线防护专用衣架

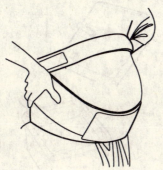

孕妇护带

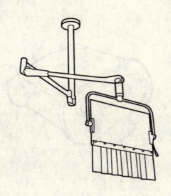

悬吊式射线防护屏

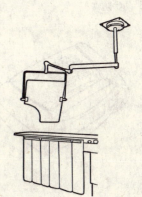

防护防疫 [16] 防疫专用

防疫专用

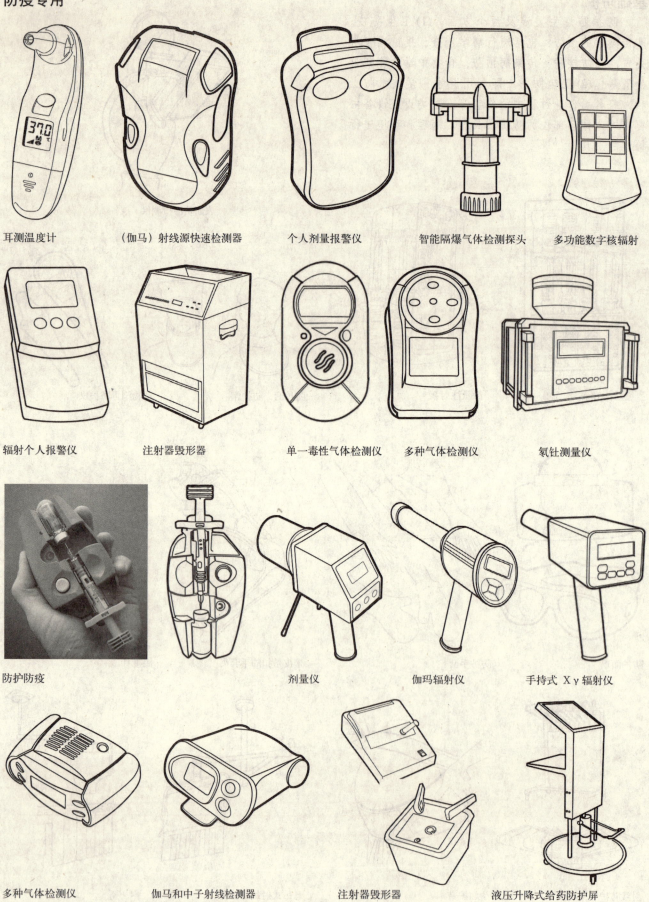

耳测温度计　　（伽马）射线源快速检测器　　个人剂量报警仪　　智能隔爆气体检测探头　　多功能数字核辐射

辐射个人报警仪　　注射器毁形器　　单一毒性气体检测仪　　多种气体检测仪　　氡钍测量仪

防护防疫　　　　　　剂量仪　　　　伽玛辐射仪　　　手持式 Xγ 辐射仪

多种气体检测仪　　伽马和中子射线检测器　　注射器毁形器　　液压升降式给药防护屏

光学光源仪器 [17] 光学光源

光学光源仪器

光学光源仪器在医学上广泛应用于显微镜，内窥镜，生化仪器，眼科仪器，口腔科仪器，手术仪器等，是现代医疗设施中重要的组成部分。

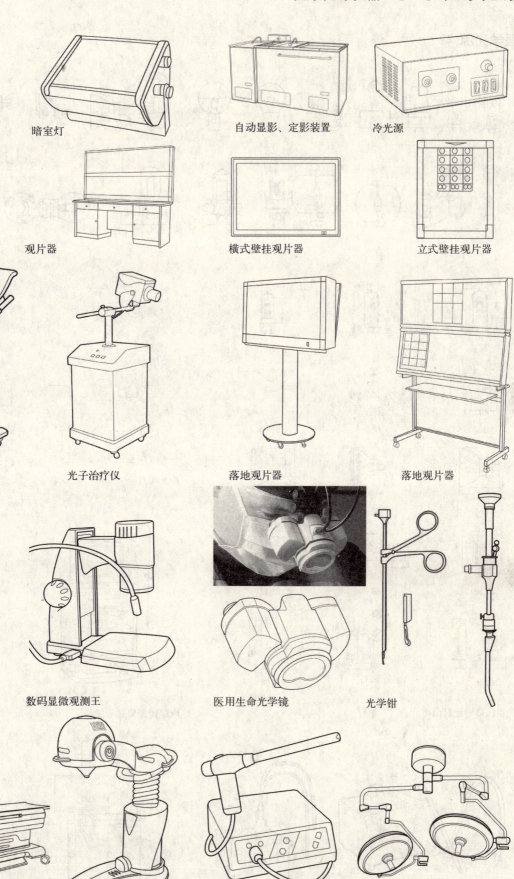

暗室灯　　自动显影、定影装置　　冷光源

观片器　　横式壁挂观片器　　立式壁挂观片器

光学阴道炎治疗仪　　光子治疗仪　　落地观片器　　落地观片器

生物光学仪器　　数码显微观测王　　医用生命光学镜　　光学钳

光源　　光源　　腹腔镜下粉碎器　　手术无影灯

光学光源 [17] 医学光源

医学光源

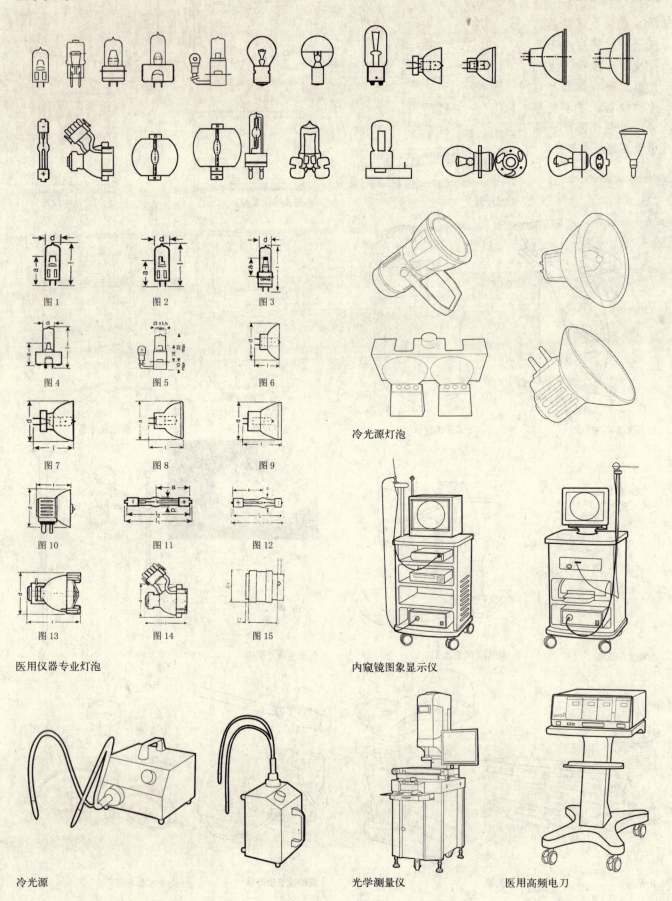

图1 图2 图3 图4 图5 图6 图7 图8 图9 图10 图11 图12 图13 图14 图15

医用仪器专业灯泡　　　内窥镜图象显示仪

冷光源灯泡

冷光源　　　光学测量仪　　　医用高频电刀

概述 [18] 消毒灭菌

概述

消毒是指清除或杀灭物品上的芽孢以外的所有病原微生物。只能将有害微生物的数量减少到不致病的程度，而不能完全杀灭微生物。也就是说只对繁殖体有效，不能杀死细菌的芽孢，有的只起到抑菌的作用。

灭菌是指杀灭物品上的一切致病和非致病微生物，包括芽胞。经过灭菌处理后，未被污染的物品，称无菌物品。经过灭菌处理后，未被污染的区域，称为无菌区域。

消毒灭菌方法

化学消毒灭菌法：利用化学药物渗透细菌的体内，使菌体蛋白凝固变性，干扰细菌酶的活性，抑制细菌代谢和生长或损害细胞膜的结构，改变其渗透性，破坏其生理功能等，从而起到消毒灭菌作用。所用的药物称化学消毒剂。有的药物杀灭微生物的能力较强，可以达到灭菌，又称为灭菌剂。

物理消毒灭菌法：利用物理因子杀灭微生物的方法。包括热力消毒灭菌、辐射消毒、空气净化、超声波消毒和微波消毒等等。

热力消毒灭菌法

高温能使微生物的蛋白质和酶变性或凝固（结构改变导致功能丧失），新陈代谢受到障碍而死亡，从而达到消毒与灭菌的目的。在消毒中，热可分为湿热与干热两大类。

干热消毒灭菌法

一种是燃烧法，是一种简单、迅速、彻底的灭菌方法，因对物品的破坏性大，故应用范围有限。另一种是干烤法，包括电热烤箱，微波消毒等。

湿热消毒灭菌法

一种是煮沸法，另一种是高压蒸汽灭菌法。高压蒸汽灭菌器装置严密，输入蒸汽不外逸，温度随蒸汽压力增高而升高，当压力增至 103～206kPa 时，湿度可达 121.3～132℃。高压蒸汽灭菌法就是利用高压和高热释放的潜热进行灭菌，为目前可行而有效的灭菌方法。适用于耐高温、高压，不怕潮湿的物品，如敷料、手术器械、药品、细菌培养基等。

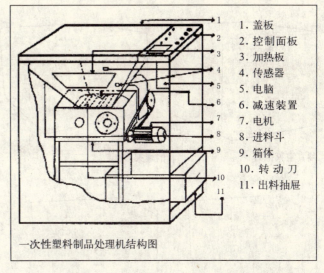

一次性塑料制品处理机结构图

1. 盖板
2. 控制面板
3. 加热板
4. 传感器
5. 电脑
6. 减速装置
7. 电机
8. 进料斗
9. 箱体
10. 转动刀
11. 出料抽屉

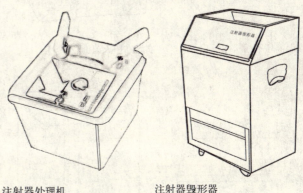

注射器处理机　　　注射器毁形器

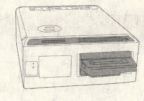

注射器毁形器　　　卡式灭菌器

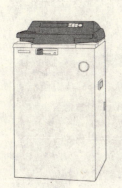   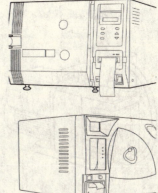

注射器处理机　　注射器处理机　　注射器毁形器　　以色列 TUTTNAUER

119

消毒灭菌 [18] 高温高压灭菌机

高温高压灭菌机

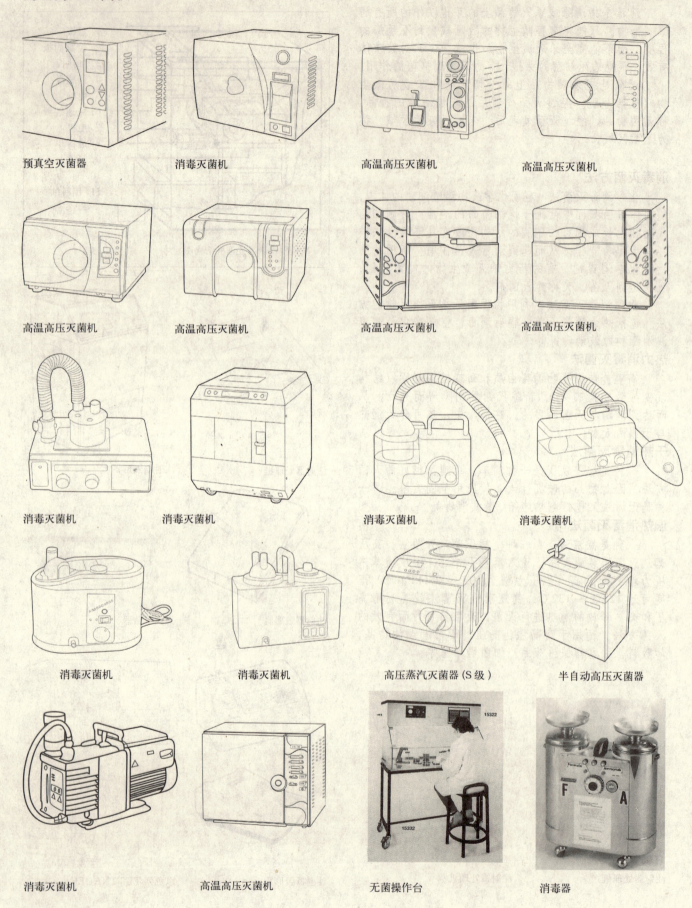

蒸汽灭菌器　[18] 消毒灭菌

蒸汽灭菌器

气溶胶喷雾消毒机　　不锈钢手提式灭菌器　　压力蒸汽灭菌器　　手提式电热灭菌器

压力蒸汽灭菌器　　压力蒸汽灭菌器　　蒸汽灭菌机　　蒸汽灭菌机

消毒灭菌机　　消毒灭菌机　　消毒灭菌机　　全自动内镜清洗消毒机

消毒灭菌机　　消毒灭菌机　　消毒灭菌机　　消毒灭菌机

数字信息 [19] 远程医疗

远程医疗

医疗服务已逐渐数字化、信息化、网络化，即所谓数字医疗，指的是通过计算机科学和现代网络通信技术及数据库技术，为医院所属各部门提供病人信息和管理信息的收集、存储、处理、提取和数据交换，并满足所有授权用户的功能需求。建立完整的医院信息系统是政府或卫生主管部门及物价，保险等相关部门对医院的要求，是竞争日趋激烈的医疗行业对医院的要求，是患者对医院的需求。数字信息手段一般包括以下方面：

1. 医院管理信息系统

医院管理信息系统，是利用计算机技术、网络技术、数据库技术对医院进行现代化、数据化管理，为各级领导、部门提供可靠的参考数据与决策支持的综合系统。系统可以在医院管理、临床医疗、护理、财务、后勤物资、医保等多层次、多部门之间发挥着重要的作用，并可影响到医院的管理模式。

2. 电子病历

电子病历是指病历管理的电子化、网络化、信息化，是信息技术和网络技术在医疗领域应用和发展的必然产物，是医院病历现代化管理的必然结果。

3. 城市公民健康信息卡

城市公民健康信息卡是指城市卫生服务系统专为市民建立的一种以居民健康档案为中心，涵盖居民基础健康档案预防免疫、就诊记录、健康检查记录、计划生育等多方面的卫生服务系统软件，实现市民健康信息档案的"多档合一"管理，以便为市民提供更好的以预防为主的健康服务。

4. 远程医疗

远程医疗就是应用通讯技术，交互式传递信息，开展远距离的医疗服务。这种医疗服务实际上就是远程医疗的实施，主要是用于临床目的的远程通络。

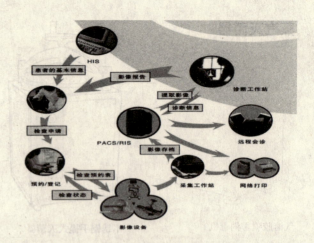

随着卫星通讯的成熟和计算机技术的提高，可以进行远距离传输外科手术患者的冰冻切片图像，用以诊断疾病。现在，远程医疗设备不仅可以适时传输数据，而且可传输电视图像。多媒体的应用使远程医疗更加生动、形象，远程医疗的实时性、互动性、专业指导性以及自动化程度都有较大的提高。

5. 城市医疗影像数据中心

目前城市医院管理信息系统发展的一大趋势就是普遍建立医学影像传输系统 (PACS)。医学影像传输系统 (PACS) 是医院临床信息系统的重要组成部分，是信息技术在医院信息管理系统中发展和应用的产物。

电子病历手写

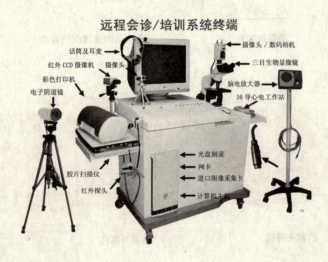

远程会诊/培训系统终端

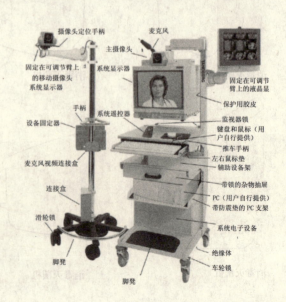

PASC、HIS系统　[19] 数字信息

PASC、HIS 系统

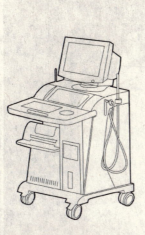

数码展示台

摄像头可在 O-270 度之间自由旋转，方便捕捉图片和各种实物。对手柄的旋转和伸缩可以使图像和实物更清晰，紧凑设计使之只有笔记本一半大小，展开后其摇臂能够进行 180 度旋转。

十二导联记录仪　　　双路输出医学影像工作站

网络 PCR 系统　　　　　　　　　　斑马 TLP2844 条码打印机　JD801 病理图像分析系统

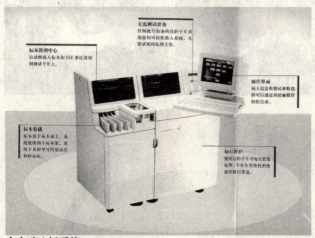
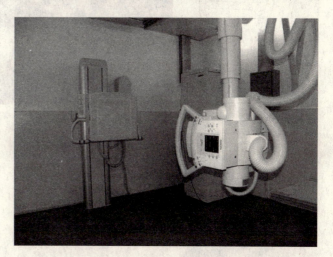

全自动分析系统

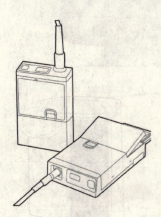
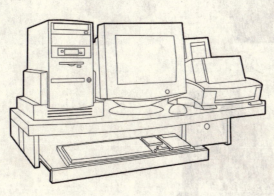
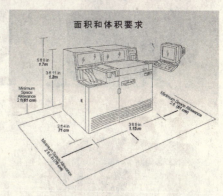

十二导联记录盒　　　brentwood 十二导联 holter 记录仪

VITROS 250 全自动分析系统

用于急诊及常规生化的全自动分析系统。它采用独特的多层膜干化学技术，能满足临床准确，快速和灵活的需求。

中医设备 [20] 中药汽疗仪

中药汽疗仪

中药汽疗仪（又称中药熏蒸器）主要功能是利用天然药物蒸汽在治疗舱内熏蒸人体全身，从而达到治疗疾病、驱邪、疏通经脉、养颜健身目的，临床报告证明，使用该仪器既避免了其他多种药形式对人体的毒副作用，又能充分发挥内病外治疗法的治疗效应。

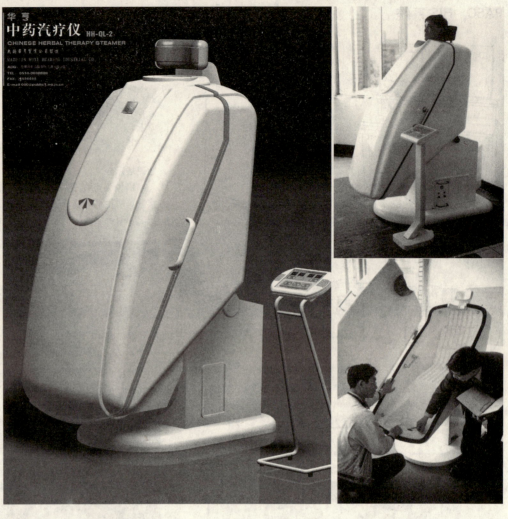

穴位脉冲共振仪

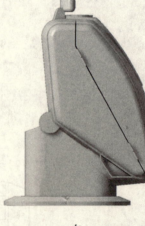

右　　　　前　　　　后　　　　左

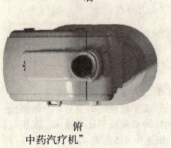

俯

中药汽疗机

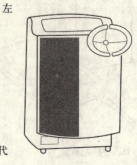

家庭小医生"SPA 新一代"

124

中医药相关设施 [20] 中医设备

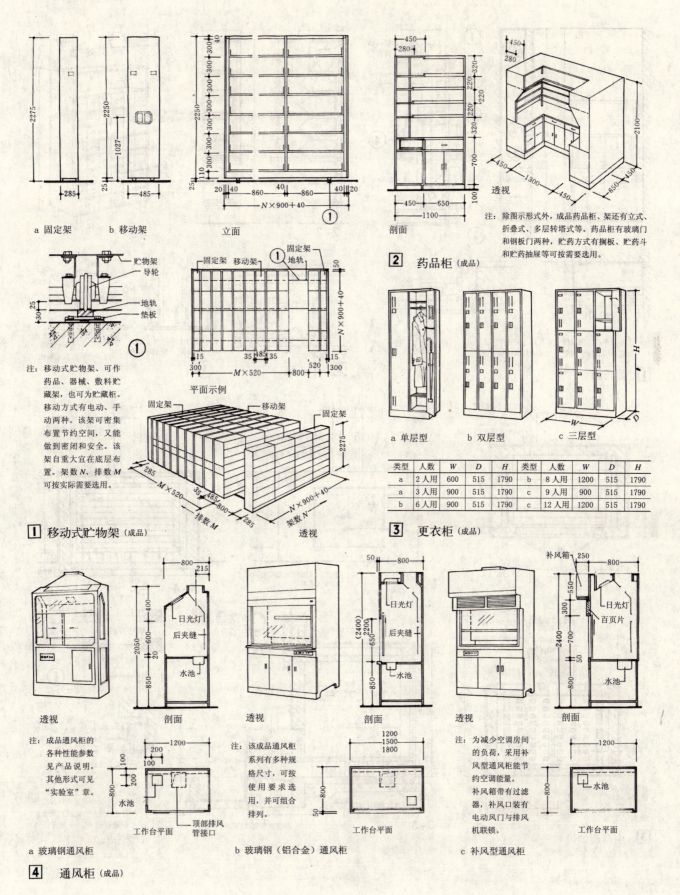

中医设备 [20]　中医药相关设施

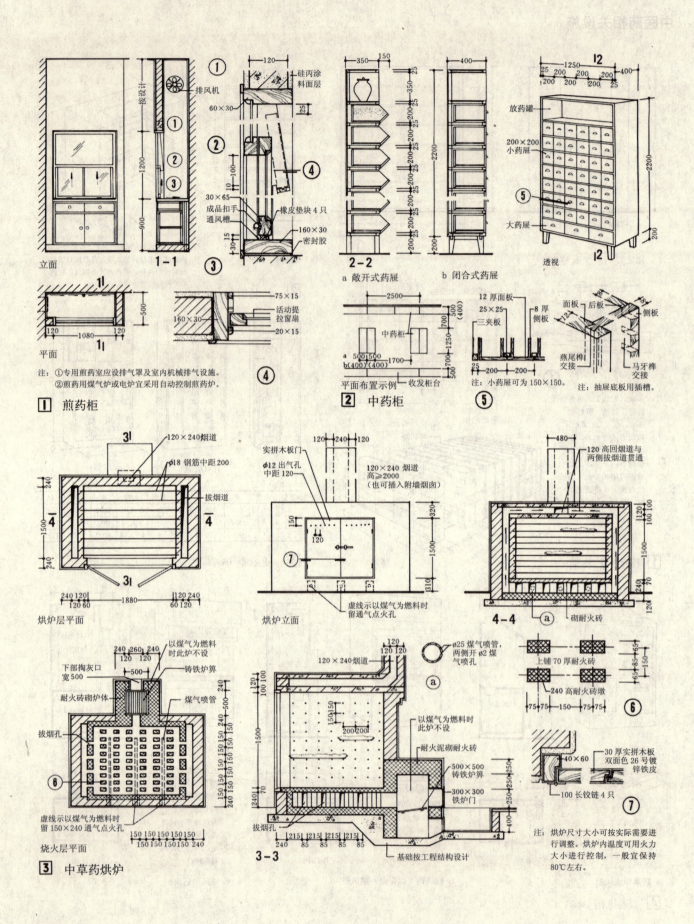

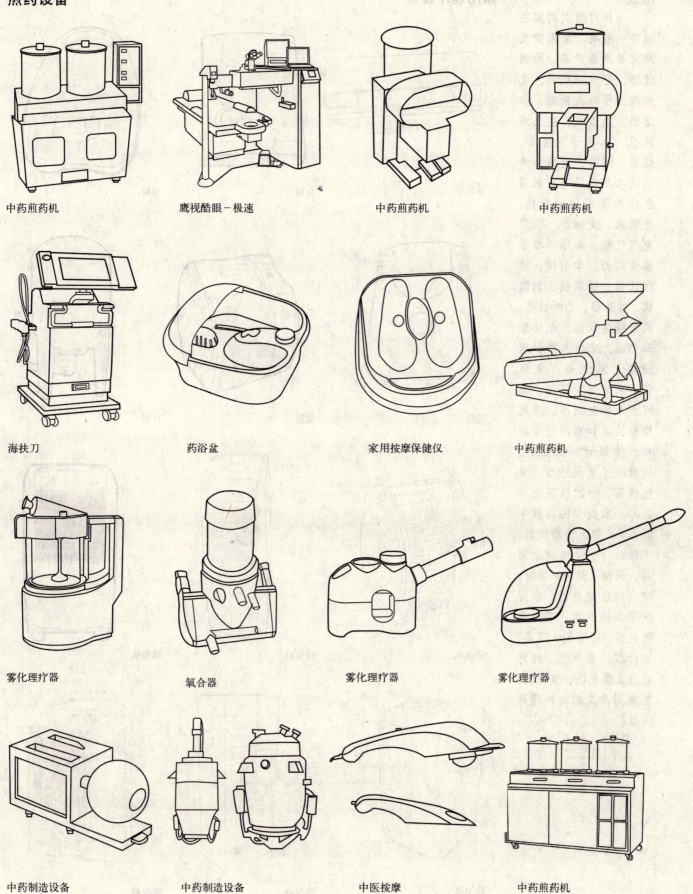

家用设备 [21] 概述、家用理疗设备

概述

与医疗有关的家用设备一般有：家庭空气净化及消毒产品、检测仪器、空气净化器、光触媒、甲醇清新剂、加湿器、除湿机、空气清新机、负离子发生器、抗菌、消毒、臭氧、清洁技术及产品等。家用医疗康复器械功能椅、功能床，支撑器、医用充气气垫、家用颈椎腰椎牵引器、牵引椅、理疗仪器、睡眠仪、制氧机、煎药器、助听器等。家庭保健仪器、电动按摩产品。家庭急救护理设备、氧气瓶、氧气袋、家庭急救药箱。家庭医疗康复用品。家庭检验检测和家用卫生耗材、体温计、血压计、血糖仪、家用纱布、卫生棉签、一次性卫生用品等。家庭中医器械中医器具、中医诊断仪器、中医治疗、生殖健康用品。保健（健身）器材、综合功能健身器、家庭美容保健仪器、家庭美体仪器、家用Spa设备、水疗仪、蒸汽仪、超声波仪、塑身仪、减肥仪、塑身用品及妇幼护理产品等。

家用理疗设备

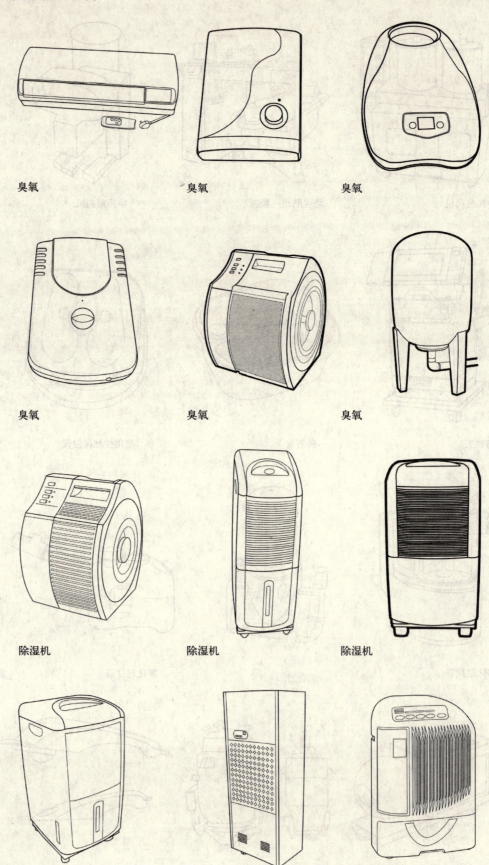

臭氧　　臭氧　　臭氧

臭氧　　臭氧　　臭氧

除湿机　　除湿机　　除湿机

除湿机　　除湿机　　除湿机

家用理疗设备 ［21］家用设备

光触媒	光触媒	光触媒	光触媒
光触媒	加湿器	加湿器	加湿器
加湿器	加湿器	加湿器	加湿器
加湿器	加湿器	加湿器	加湿器

家用设备 [21] 家庭理疗设备

加湿器　加湿器　加湿器　加湿器

加湿器　加湿器　加湿器　加湿器

空气净化仪器　空气净化仪器　空气净化仪器　空气净化仪器

空气净化仪器　空气净化仪器　空气净化仪器　空气净化仪器

家用理疗设备 [21] 家用设备

空气净化仪器　　空气净化仪器　　空气净化仪器　　空气净化仪器

空气净化仪器　　空气净化仪器　　空气清新机　　空气清新机

空气清新机　　空气清新机　　空气清新机　　空气清新机

消毒　　消毒　　消毒　　消毒

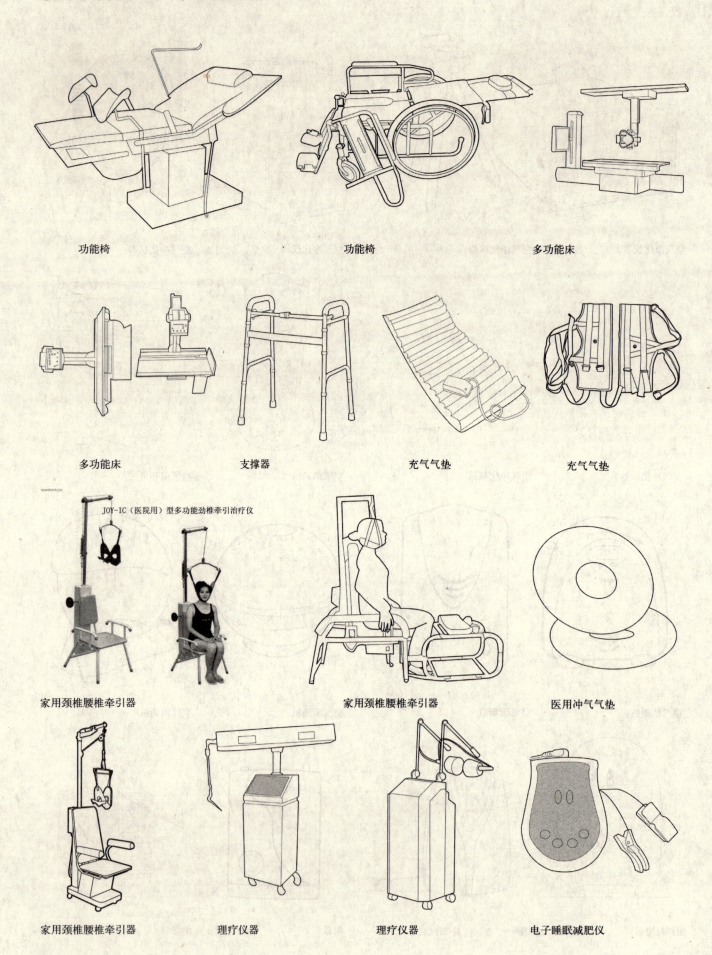

家用理疗设备　[21] 家用设备

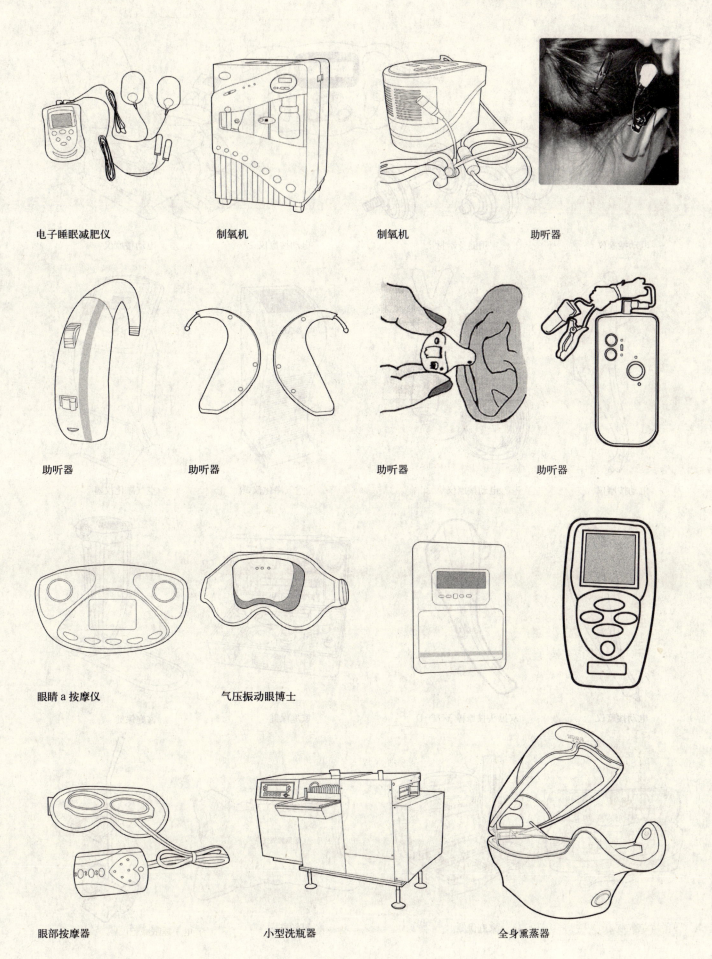

电子睡眠减肥仪　　制氧机　　　　制氧机　　　　助听器

助听器　　　　助听器　　　　助听器　　　　助听器

眼睛a按摩仪　　气压振动眼博士

眼部按摩器　　　小型洗瓶器　　　全身熏蒸器

133

家用设备 [21] 家用理疗设备

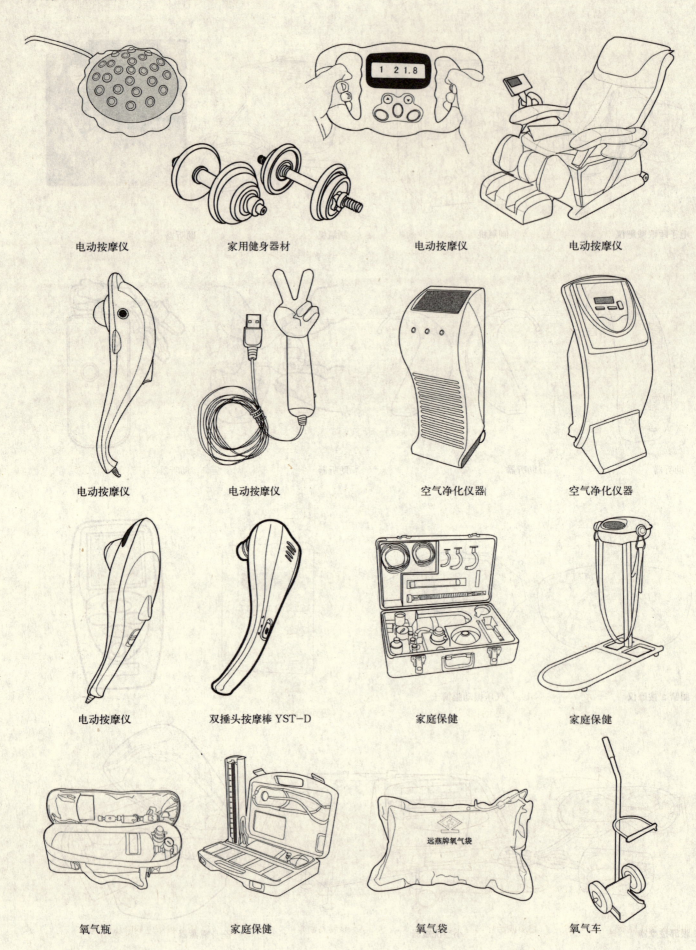

家用理疗设备 [21] 家用设备

多功能脉冲调制中频电疗仪　激光血康仪　激光卵巢保养仪　远红外卵巢保养仪

眼博士弱视治疗仪　生理康复仪近视治疗仪　近视专用治疗仪　眼保姆近视治疗仪

眼博士弱视治疗仪　单目弱视治疗仪　综合弱视治疗仪　一滴血单目检测仪

眼睛按摩保健器　超声波治疗仪　泵胰岛素泵　语音报压电脑降压血压计

家用设备 [21] 家用理疗设备

电子脉冲治疗仪　　磁灸疗仪　　医用臭氧妇科治疗仪　　家用臭氧妇科治疗仪

激光生发梳　　　　　　　　　　不孕不育治疗仪

手持紫外线光疗仪　　多功能腰部康复器　　　　　　　　超声多普勒胎心仪

半导体激光弱视治疗仪　超声多普勒胎心仪　　激光养生表治疗仪　　笔式激光治疗仪

超声雾化器　　　　　　　　　　负离子理疗仪　　　　　　鼻腔熏蒸器

家用理疗设备 [21] 家用设备

家用设备 [21] 家用理疗设备

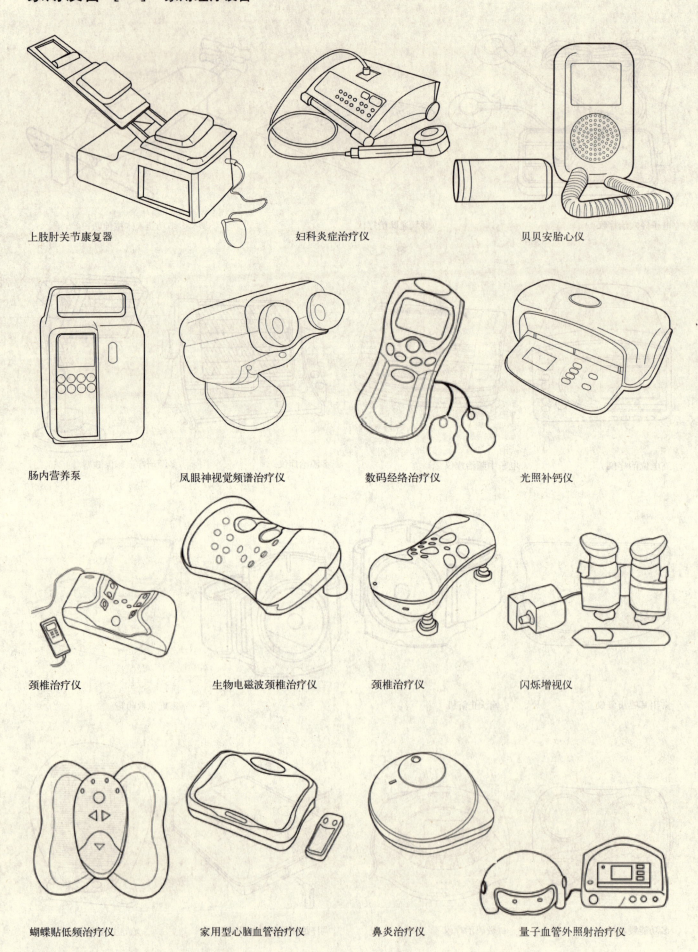

上肢肘关节康复器　　　　妇科炎症治疗仪　　　　贝贝安胎心仪

肠内营养泵　　凤眼神视觉频谱治疗仪　　数码经络治疗仪　　光照补钙仪

颈椎治疗仪　　生物电磁波颈椎治疗仪　　颈椎治疗仪　　闪烁增视仪

蝴蝶贴低频治疗仪　　家用型心脑血管治疗仪　　鼻炎治疗仪　　量子血管外照射治疗仪

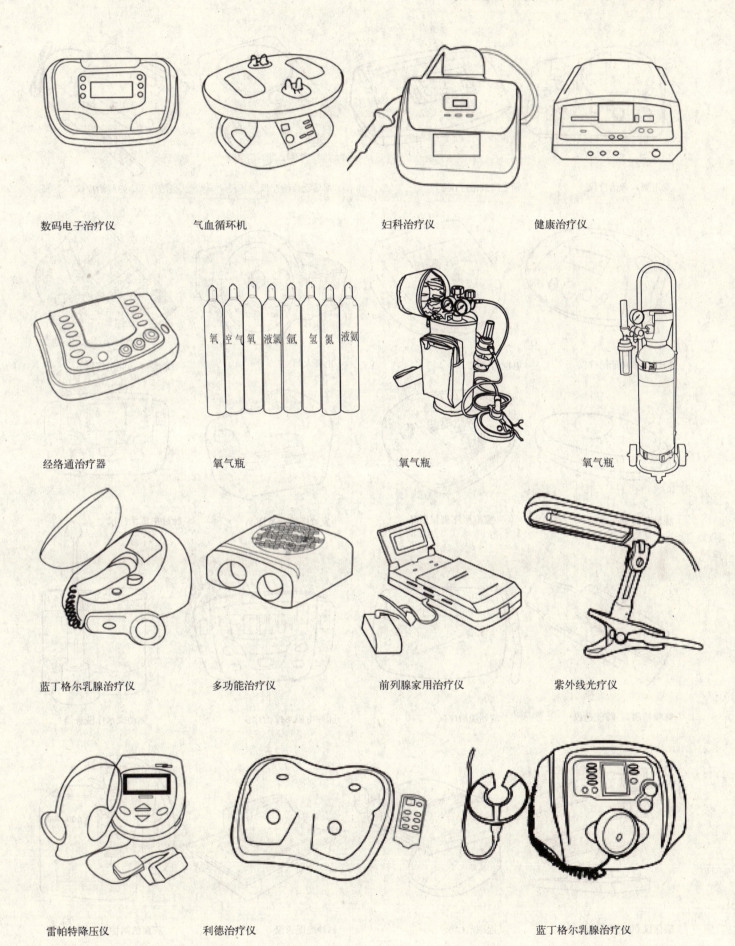

家用设备 [21] 家用理疗设备

家用型六合治疗仪　领先气波治疗仪　龙马砭灸治疗仪　亮洁UVC妇科治疗仪

数码型多功能治疗仪　电位治疗仪　止鼾大师　智能型多功能治疗仪

脉冲蛋健康治疗仪　家庭医疗康复用品　家庭医疗康复用品　脉冲电磁治疗仪

哮喘检测器 峰流速仪　前列腺治疗仪　脉冲电磁热疗治疗仪　脉动式水疗洗鼻器

眼保仪001型近视治疗仪　近视治疗仪　脑神经促通仪　灭菌洁阴护理仪

家用理疗设备 [21] 家用设备

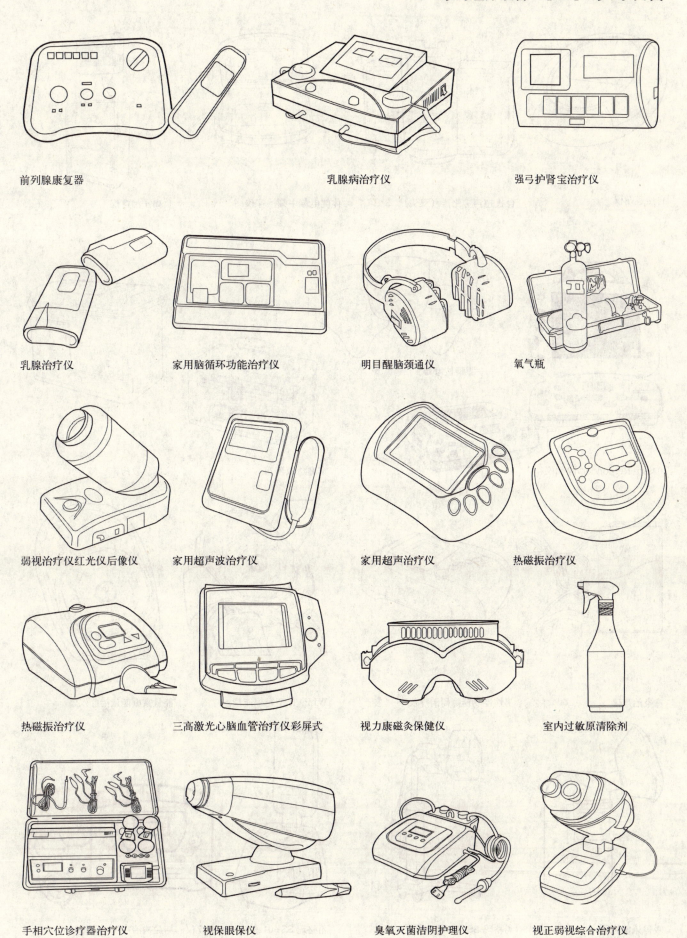

前列腺康复器　　乳腺病治疗仪　　强弓护肾宝治疗仪
乳腺治疗仪　　家用脑循环功能治疗仪　　明目醒脑颈通仪　　氧气瓶
弱视治疗仪红光仪后像仪　　家用超声波治疗仪　　家用超声治疗仪　　热磁振治疗仪
热磁振治疗仪　　三高激光心脑血管治疗仪彩屏式　　视力康磁灸保健仪　　室内过敏原清除剂
手相穴位诊疗器治疗仪　　视保眼保仪　　臭氧灭菌洁阴护理仪　　视正弱视综合治疗仪

家用设备 [21] 家用理疗设备

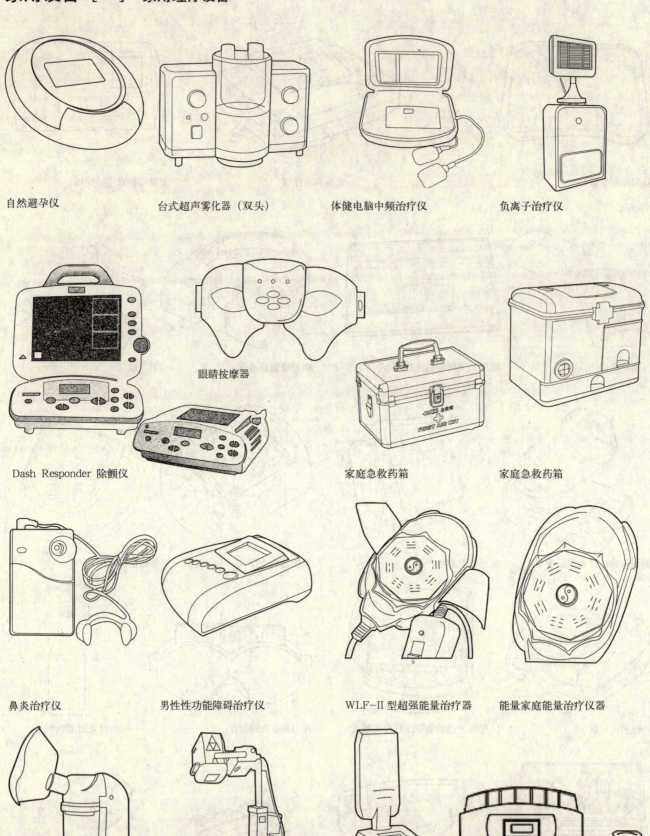

自然避孕仪　　台式超声雾化器（双头）　　体健电脑中频治疗仪　　负离子治疗仪

Dash Responder 除颤仪　　眼睛按摩器　　家庭急救药箱　　家庭急救药箱

鼻炎治疗仪　　男性性功能障碍治疗仪　　WLF-II 型超强能量治疗器　　能量家庭能量治疗仪器

吸得乐雾化器　　希格玛 SS-02 紫外线光疗仪　　希格玛 SS-01 型紫外线光疗仪　　糖尿病治疗仪（降糖仪）

家庭检测设备

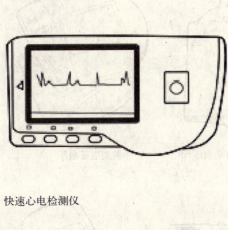
快速心电检测仪

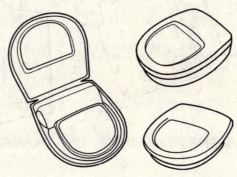
电子动脉硬度血压计

轻巧型皮肤测试仪

穴位检测诊断仪

红外线体温计

血糖仪

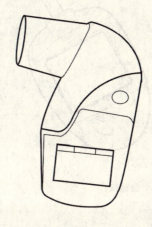
哮喘电子监测仪－峰流速仪

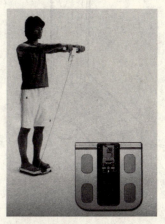
身体脂肪测量仪

全自动血压计臂式

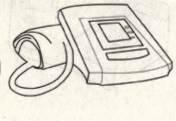
手臂式全自动电子血压计

腕式全自动电子血压计

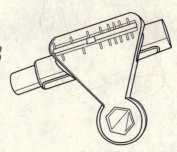
哮喘检测仪

体温计

脂肪测量仪

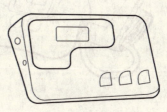
臂式电脑降压血压计

胎儿监护仪

家用设备 [21] 家庭检测设备

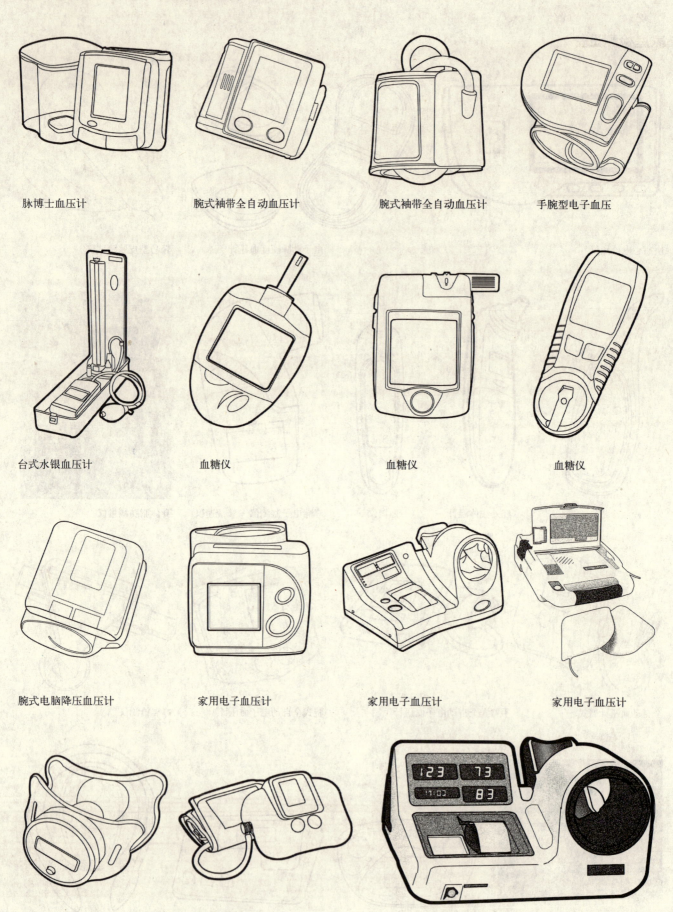

脉博士血压计　　腕式袖带全自动血压计　　腕式袖带全自动血压计　　手腕型电子血压

台式水银血压计　　血糖仪　　血糖仪　　血糖仪

腕式电脑降压血压计　　家用电子血压计　　家用电子血压计　　家用电子血压计

体温计　　脉博士血压计　　家用电子血压计

144

家庭检测设备 [21] 家用设备

家庭检测设备

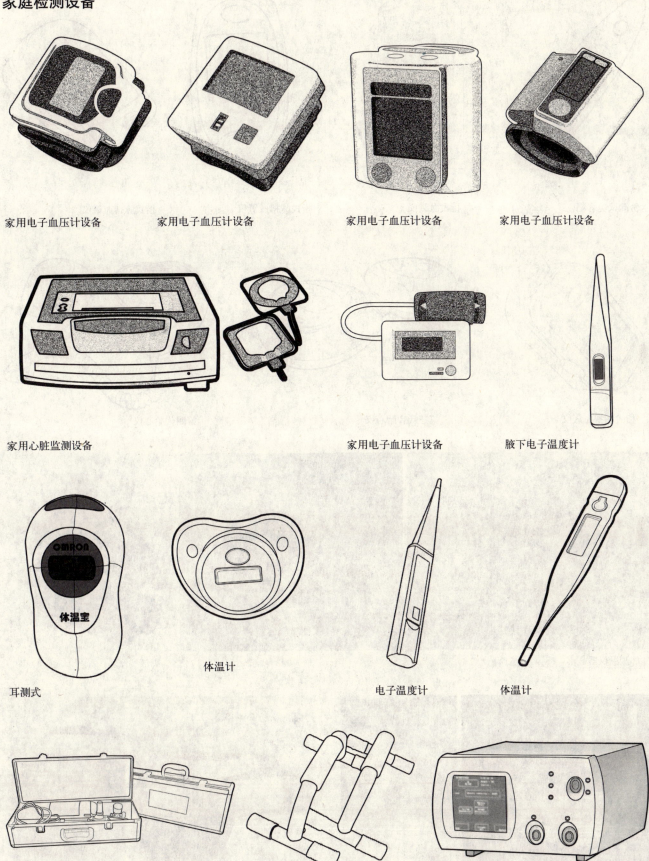

家用电子血压计设备　　家用电子血压计设备　　家用电子血压计设备　　家用电子血压计设备

家用心脏监测设备　　　　　　　　　家用电子血压计设备　　腋下电子温度计

耳测式　　　体温计　　　　　　　电子温度计　　体温计

便携式氧气瓶　　　　　　　　　　多导睡眠监测系统

家用设备 [21] 家庭检测设备

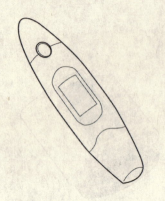
水份测试美容笔

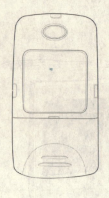
指式血氧仪

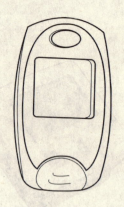
指式脉搏血氧仪

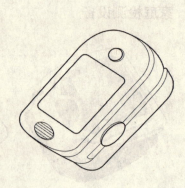
指式脉搏血氧仪

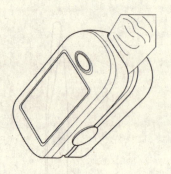
指式脉搏血氧仪

第三代音胎心仪

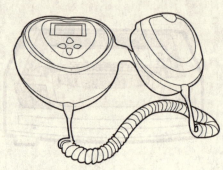
第四代胎心仪

耳部测温仪器2

脚部按摩器

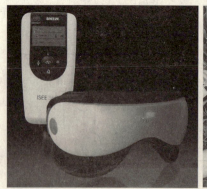

健眼仪

头部按摩器

概述、制药设备 [22] 制药机械

概述

制药机械种类繁多,大致归为以下8大类型:

原料药机械类,如离心机、灭菌箱、筛分机等;制剂机械类,如混合机、充填机等;饮片机械类,如炒药机、洗药机等;粉碎机械类,如颗粒粉碎机、涡轮式粉碎机等;制药用水设备类,如各类蒸馏水机;药品包装机械类,如胶囊充填机、袋装包装机等;药物检测设备类,如水分检测仪、蛋白检测仪等;其他制药机械设备类,如高温灭菌设备、自动理瓶机等。

制药设备

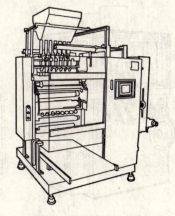
颗粒包装机

高速中药煎煮浓缩机

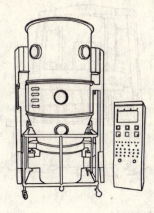
喷雾干燥制粒机

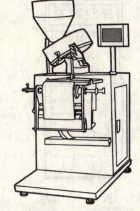
超声波洗瓶机

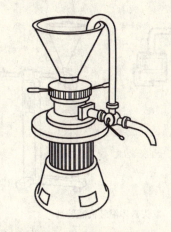
系列中药粉碎机

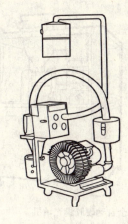
真空上料机

胶囊充填机

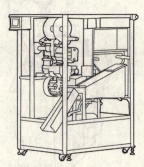
软管贴标机

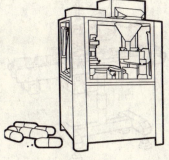
胶囊充填机

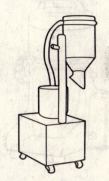
真空上料机

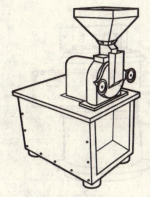
系列中药粉碎机

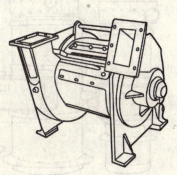
系列中药粉碎机

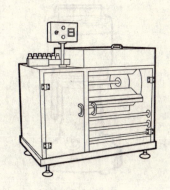
超声波洗瓶机

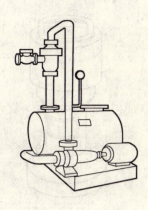
射流真空泵

制药机械 [22] 制药设备

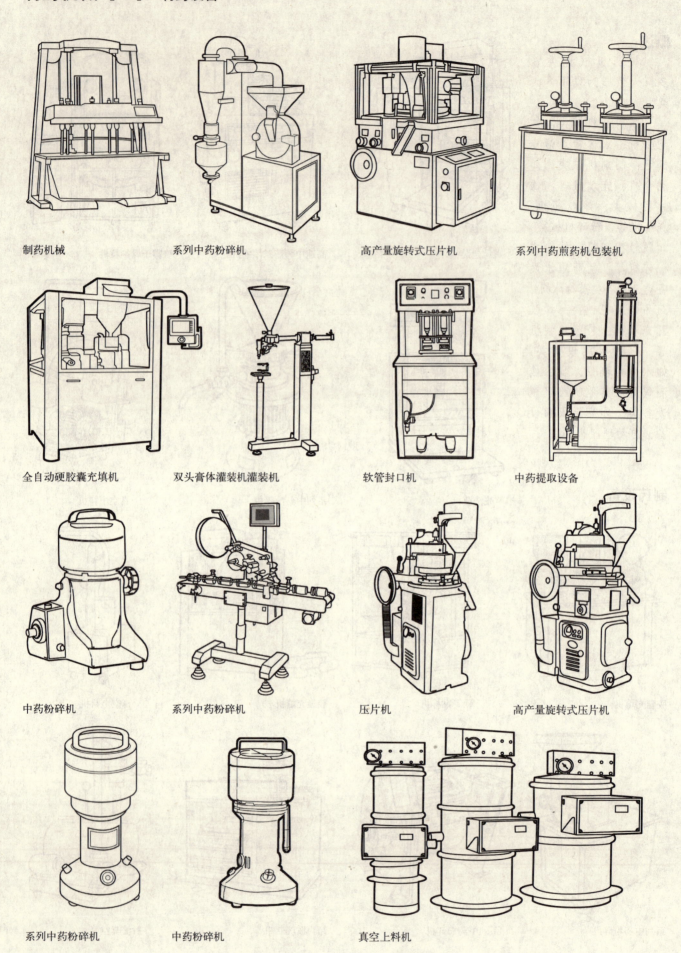

制药机械　　系列中药粉碎机　　高产量旋转式压片机　　系列中药煎药机包装机

全自动硬胶囊充填机　　双头膏体灌装机灌装机　　软管封口机　　中药提取设备

中药粉碎机　　系列中药粉碎机　　压片机　　高产量旋转式压片机

系列中药粉碎机　　中药粉碎机　　真空上料机

制药设备　[22] 制药机械

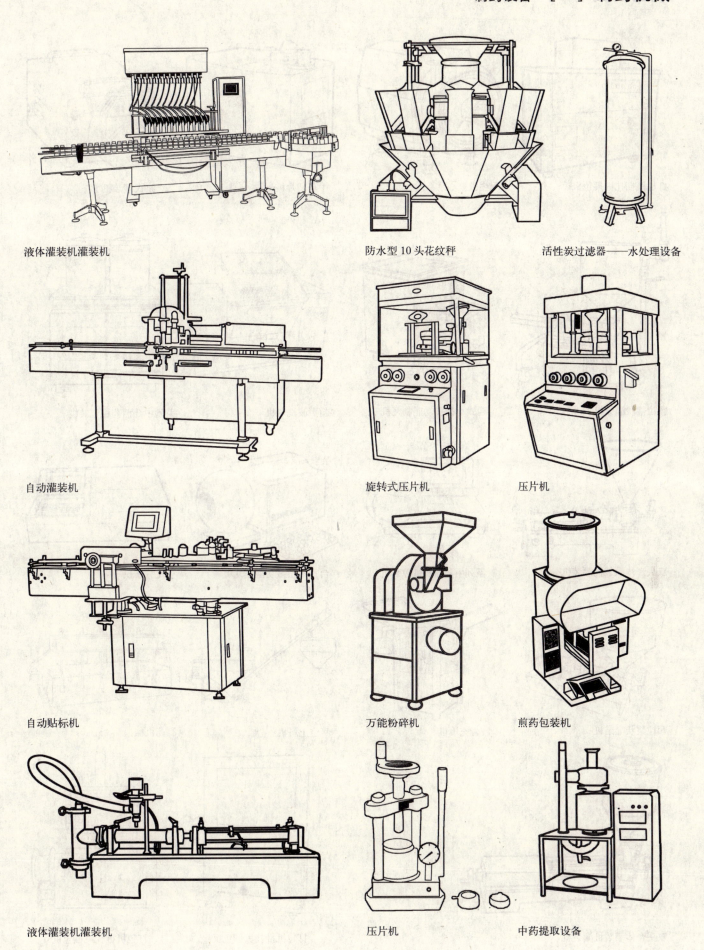

液体灌装机灌装机　　防水型10头花纹秤　　活性炭过滤器——水处理设备

自动灌装机　　旋转式压片机　　压片机

自动贴标机　　万能粉碎机　　煎药包装机

液体灌装机灌装机　　压片机　　中药提取设备

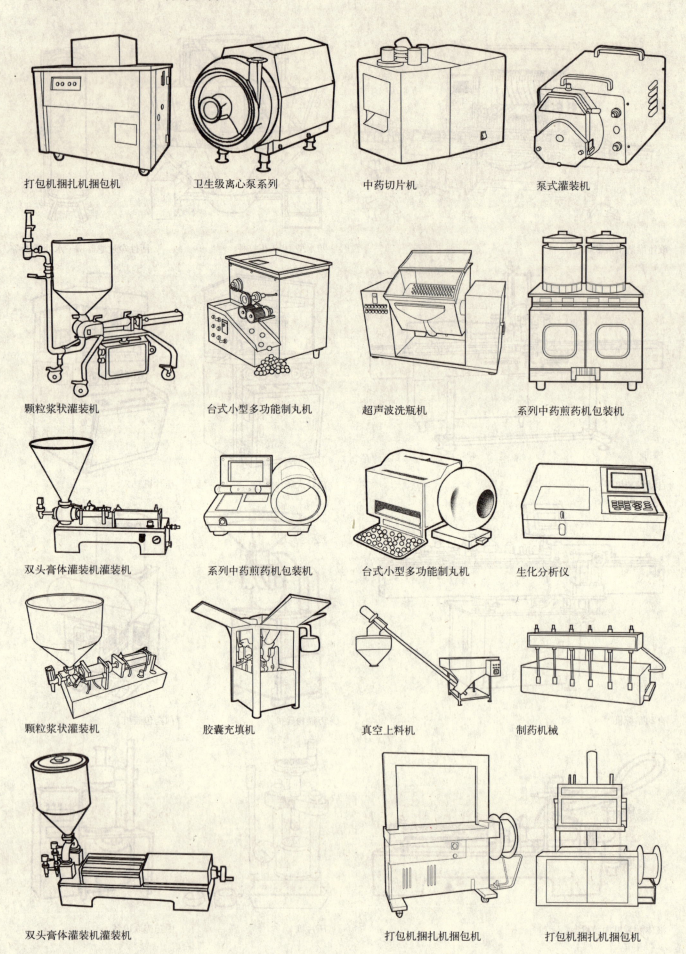

制氧设备　[23] 加氧吸氧

制氧设备

　　医用供氧设备主要包括制氧设备和吸氧设备。这类设备多用于心、脑血管疾病，呼吸系统疾病，肺心病，胸膜炎及其他许多疾病的医疗和急救，也用于疗养院、家庭护理、孕妇保健和婴儿保育等。

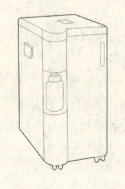

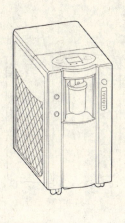

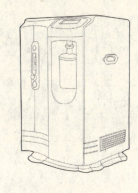

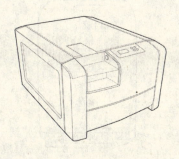

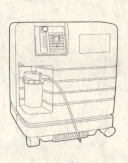

加氧吸氧 [23]　制氧设备

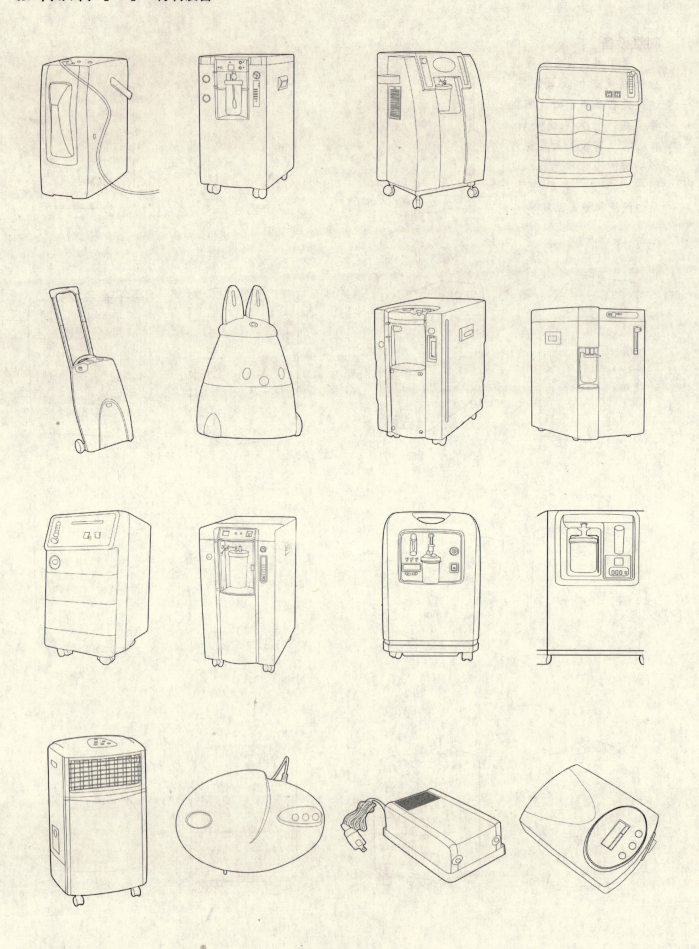

制氧设备 ［23］加氧吸氧

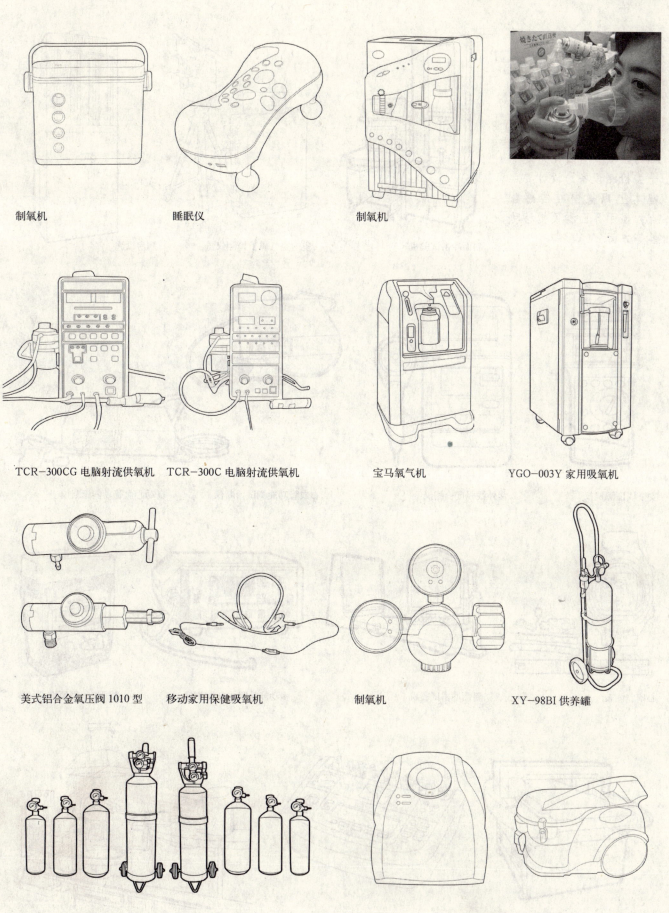

制氧机　　　　睡眠仪　　　　　　制氧机

TCR-300CG 电脑射流供氧机　TCR-300C 电脑射流供氧机　宝马氧气机　YGO-003Y 家用吸氧机

美式铝合金氧压阀 1010 型　移动家用保健吸氧机　制氧机　XY-98BI 供养罐

制氧机　　　　　　　　　　　制氧机　　制氧机

153

安全检测 [24] 安检仪器

安检仪器

医疗保健相关的安全检测设备品种繁多，大致可归纳为气、光、声、波的安全检测以及放射性、心血管和医药等安全性指标的检测设备。无论是哪一类检测设备，设计要点基本上都集中在传感触点、显示界面和便携移动性等方面。

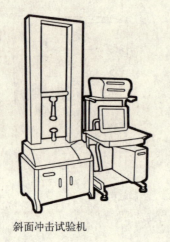
斜面冲击试验机

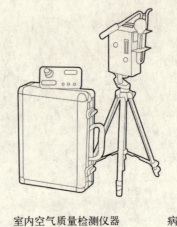
室内空气质量检测仪器

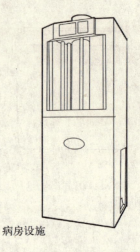
病房设施

安全认证测试仪

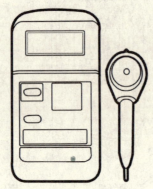
紫外线强度检测仪

心血管功能测试诊断仪

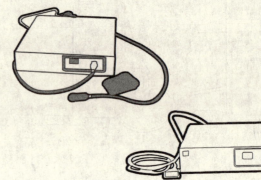
自动心血管功能诊断仪

心率监测表

斜面冲击试验机

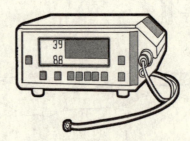
多功能呼吸力学监测仪

法国奥德姆便携式气体

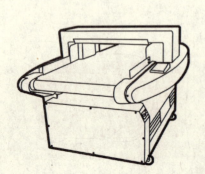
医药专用验针机

电气安全分析仪

安全检测综合设备

安检仪器 [24] 安全检测

挥发性有机气体检测仪　超声波测漏仪　红外型测漏仪　安全检测

超声多普勒胎心监测仪　紫外线指数感应器　放射性检测仪　紫外线安全装备

奶嘴式电子体温计　安全检测　心血管健康监测仪　安全检测

通讯型验针机　病房设施　手提式ROHS检测仪　适合放射性场所

呼吸装备 [25] 呼吸机

呼吸机

呼吸机的基本构造，本质上是一种气体开关，控制系统通过对气体流向的控制而完成辅助通气的功能。

呼吸机的种类可依以下情况分：依工作动力不同，有手动、气动（以压缩气体为动力）、电动（以电为动力）。依吸呼切换方式不同，有定压（压力切换）、定容（容量切换）、定时（时间切换）。依调控方式不同，有简单、微电脑控制。

不同类型机各有其特点和功用：气动电控型机，其结构简单、经典、直观，易于使用和维护。

气动气控型，该种机型已稀有使用。

电动电控型，由于该形式机型潮气量精确，变化极小，所以多用于麻醉呼吸机。

● 高频喷射通气机，这种机型是将高压气源的高流量气体断续地直接输入病人气道，整个呼吸回路与大气相通，其呼出气直接排向大气，其流量、压力和频率可调，适用于特殊要求的病例和手术，如小儿等。

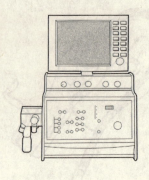
全功能呼吸机 1000 型

全功能高档呼吸机 3000 型

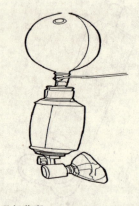
呼吸复苏囊

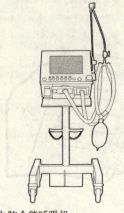
电脑全能呼吸机

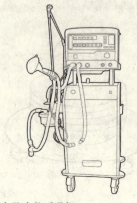
电脑全能呼吸机

电脑多功能同步呼吸机

电脑高频双侧肺呼吸机

电脑高频急救呼吸机

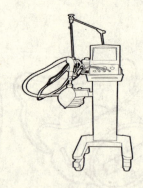
婴幼儿高频呼吸机

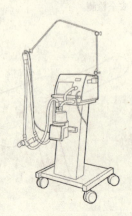
数字化全能呼吸机

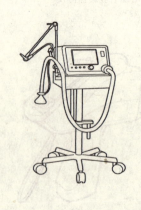
BIPAP VISION 呼吸机

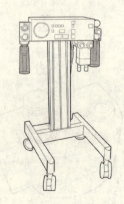
F120 小儿呼吸机

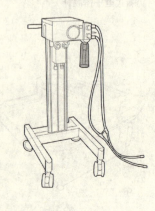
F120 小儿呼吸机

呼吸机 [25] 呼吸装备

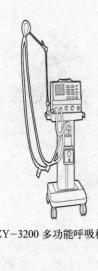
ZY-3200 多功能呼吸机

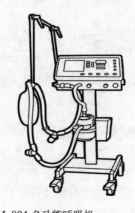
ACM 804 多功能呼吸机

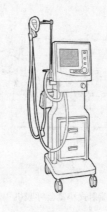
ZY-3100 多功能呼吸机

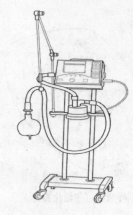
多功能呼吸机

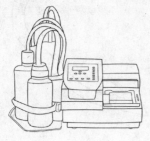
呼吸装备

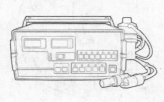
TKR-300B 电脑高频喷射呼吸

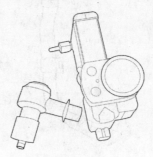
安保移动气动呼吸机

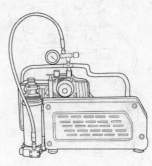
呼吸装备

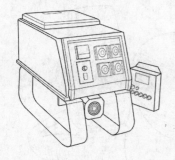
呼吸装备

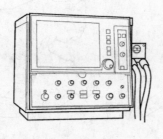
F120 小儿呼吸机

无创呼吸机

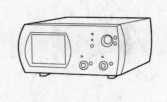
呼吸装备

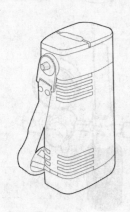
存超大容量氧气机

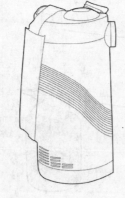
安全便携大容量氧气机

电脑兽用呼吸机

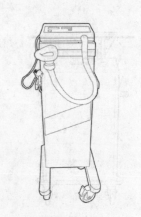
无痛分娩镇痛气体吸入器

呼吸装备 [25] 呼吸机

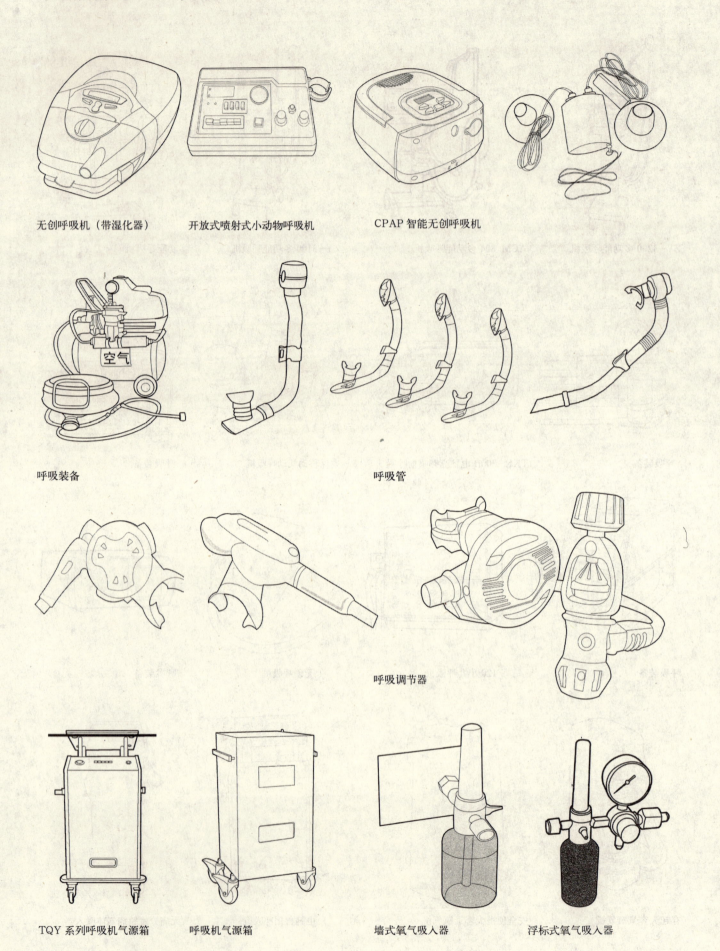

无创呼吸机（带湿化器）　开放式喷射式小动物呼吸机　CPAP智能无创呼吸机

呼吸装备　呼吸管

呼吸调节器

TQY系列呼吸机气源箱　呼吸机气源箱　墙式氧气吸入器　浮标式氧气吸入器

作业呼吸装备 [25] 呼吸装备

作业呼吸装备

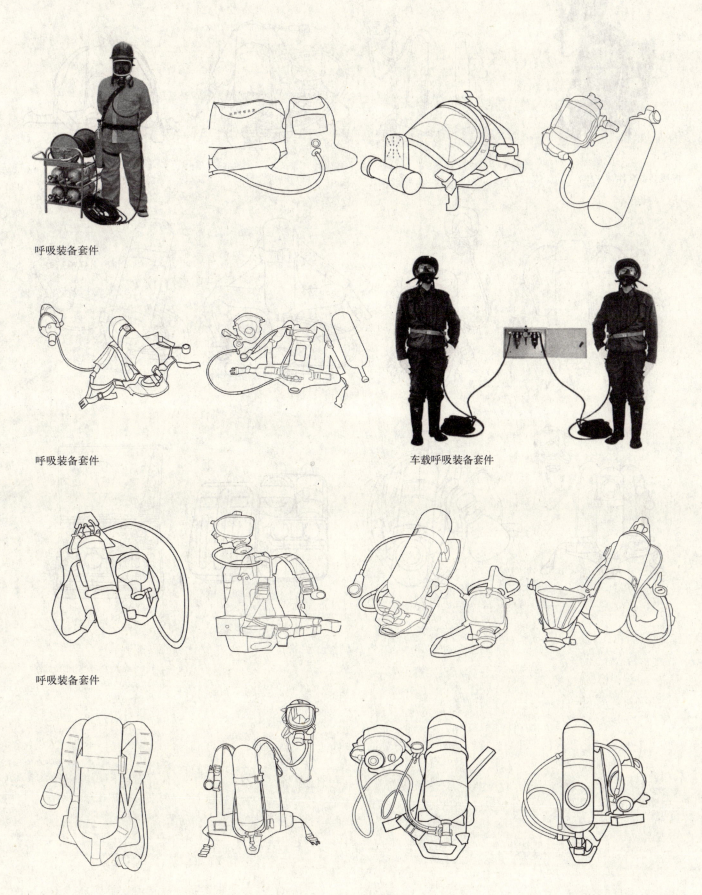

呼吸装备套件

呼吸装备套件　　　　　　　　　　　车载呼吸装备套件

呼吸装备套件

呼吸装备 [25] 作业呼吸装备

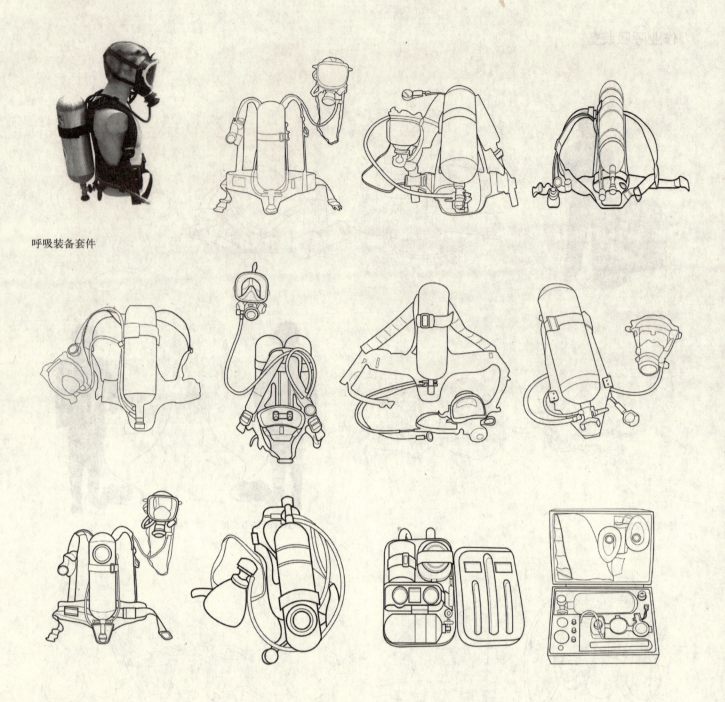

呼吸装备套件

概述 [26] 残障设施

概述

国际上对残障的定义通常为：身体机能，思维能力或精神健康极有可能在长于6个月的时间里偏离和其生理年龄相适应的典型状态，并且因此其社会生活的参与受到影响的人，即是残障。

残障设施即为残障者提供专门服务的设施或设备。残障设施又可分为公共残障设施和医用残障设施；前者通常归为公共设施，后者则为医院医疗康复专门设施或设备。

作为医用的残障设施设备，种类繁多，这里主要收入了最常见的种类，包括：坐具类，助行类。

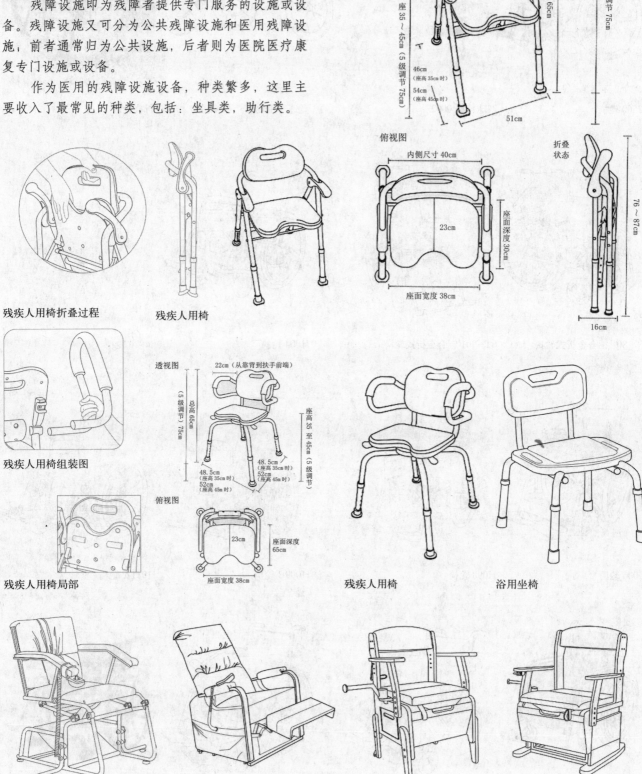

残障设施 [26]　残障轮椅

残障轮椅

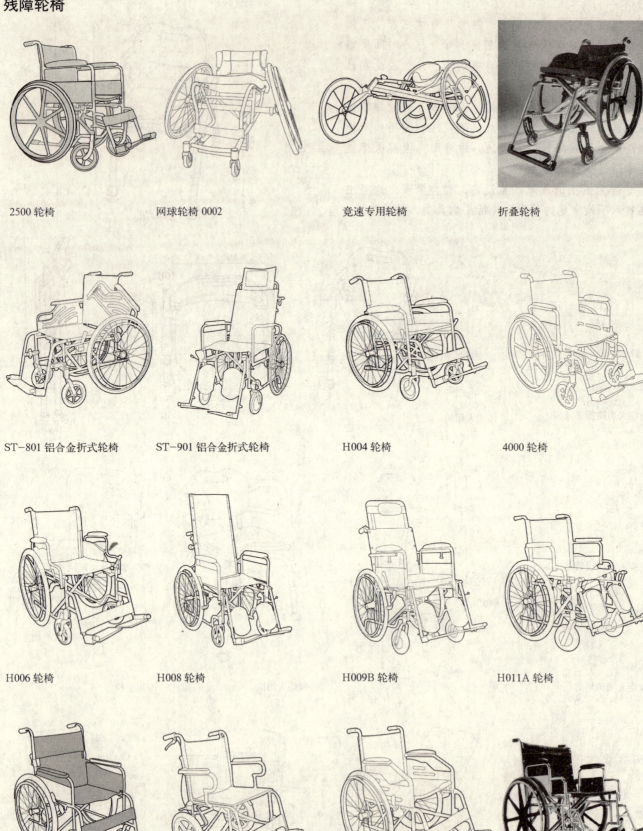

2500 轮椅　　　网球轮椅 0002　　　竞速专用轮椅　　　折叠轮椅

ST-801 铝合金折式轮椅　　ST-901 铝合金折式轮椅　　H004 轮椅　　　4000 轮椅

H006 轮椅　　　H008 轮椅　　　H009B 轮椅　　　H011A 轮椅

H030C 轮椅　　　H032C 轮椅　　　H033 轮椅　　　H100 轮椅

残障轮椅

1100 轮椅

2000 轮椅

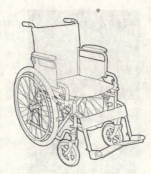
3000 轮椅

A200 电动轮椅

残障电动车

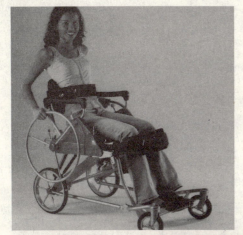
可变换轮椅

HD310 电动轮椅车

残疾人器械

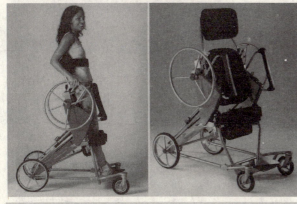

残障车

滑雪专用轮椅

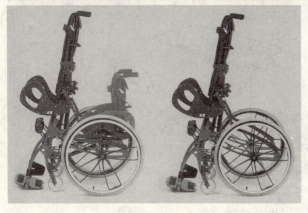

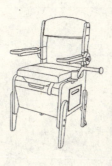
残障椅

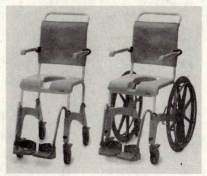
便器轮椅

残障设施 [26] 相关辅助设施

相关辅助设施

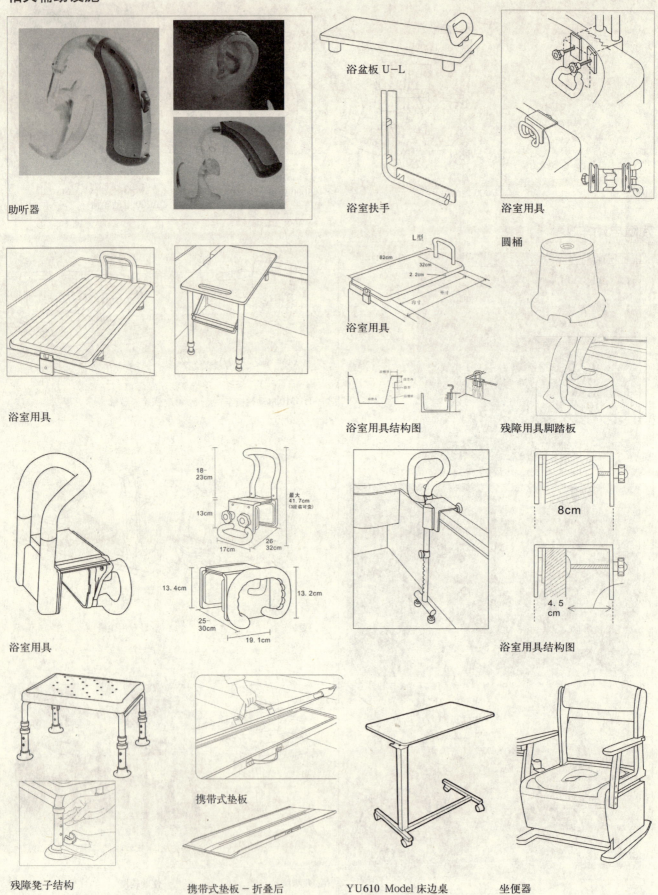

相关辅助设施 [26] 残障设施

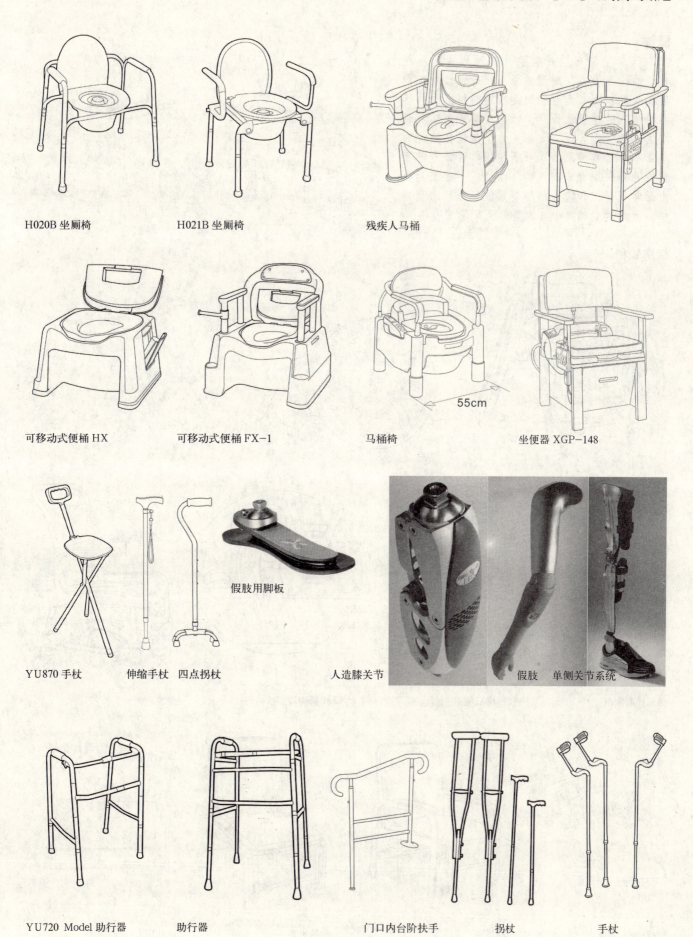

病房设施 [27] 概述、病房轮椅

概述

病房设施一般是指涉及护理和监护功能相关的设施设备。所谓护理，一般包括急症护理和长期护理，而监护则是指对内科、外科等各科病人的呼吸、循环、代谢及其全身功能衰竭病人的管理等。与之相关的设施设备在此前各章节中都有涉及，本节所列病房设施是前面各专业分科中说未列入的。而且，一些家具类生活常规设施和隐性的智能系统设施等未列其中，因为这些都属于非典型的医疗设施设备。

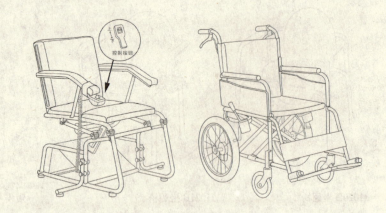

病房轮椅

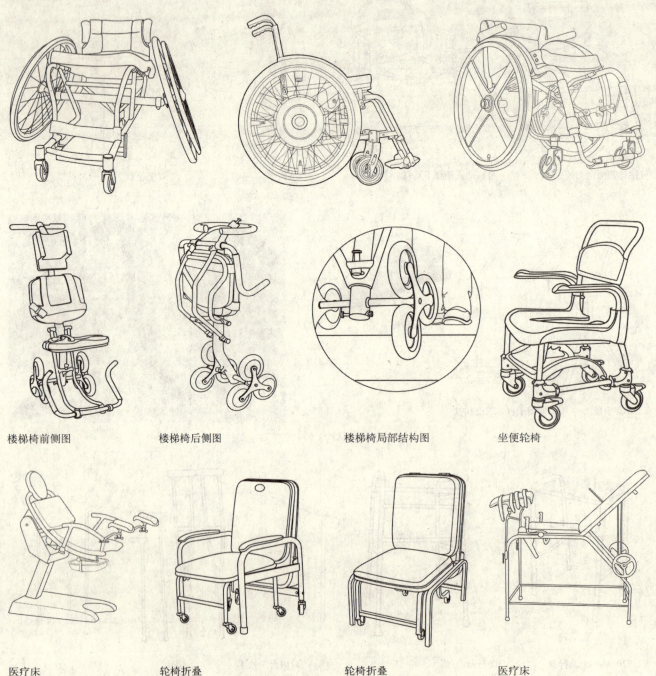

楼梯椅前侧图　　楼梯椅后侧图　　楼梯椅局部结构图　　坐便轮椅

医疗床　　轮椅折叠　　轮椅折叠　　医疗床

病床 [27] 病房设施

病床

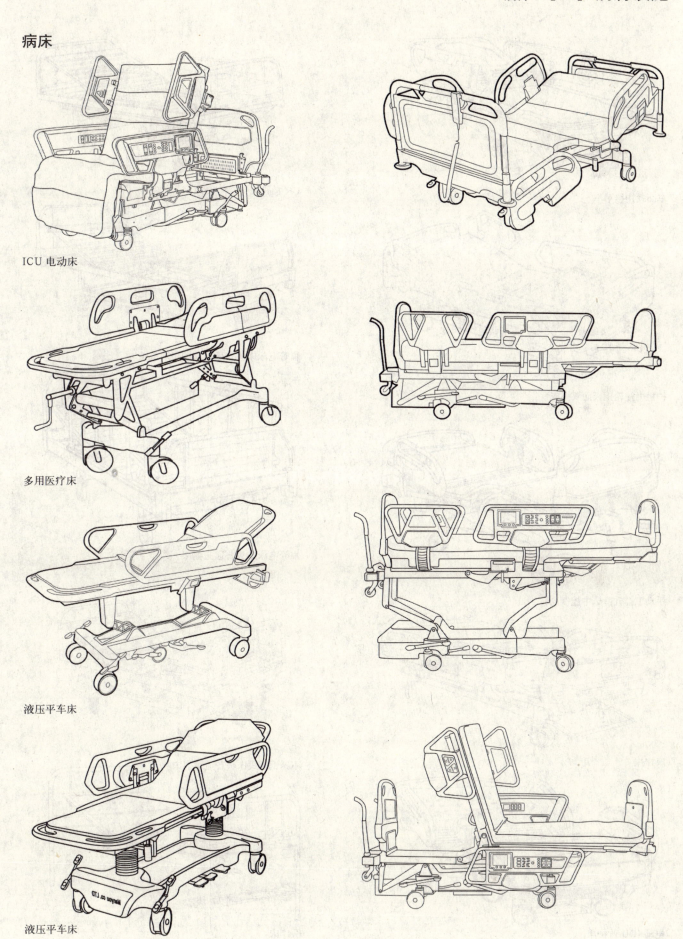

ICU 电动床

多用医疗床

液压平车床

液压平车床

病房设施 [27] 病床

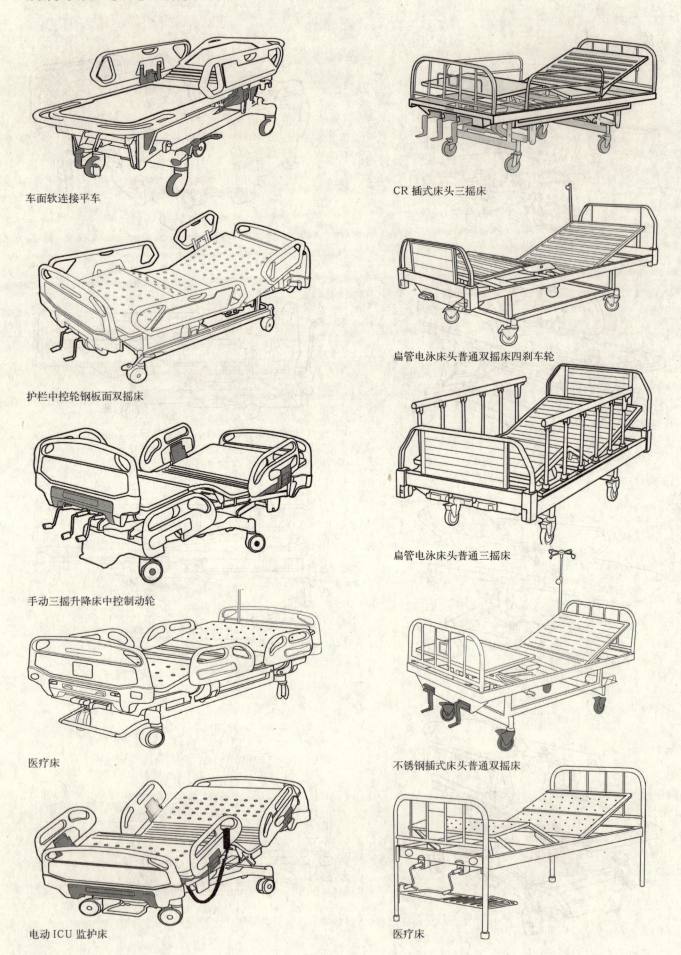

车面软连接平车

CR 插式床头三摇床

护栏中控轮钢板面双摇床

扁管电泳床头普通双摇床四刹车轮

手动三摇升降床中控制动轮

扁管电泳床头普通三摇床

医疗床

不锈钢插式床头普通双摇床

电动 ICU 监护床

医疗床

病床 [27] 病房设施

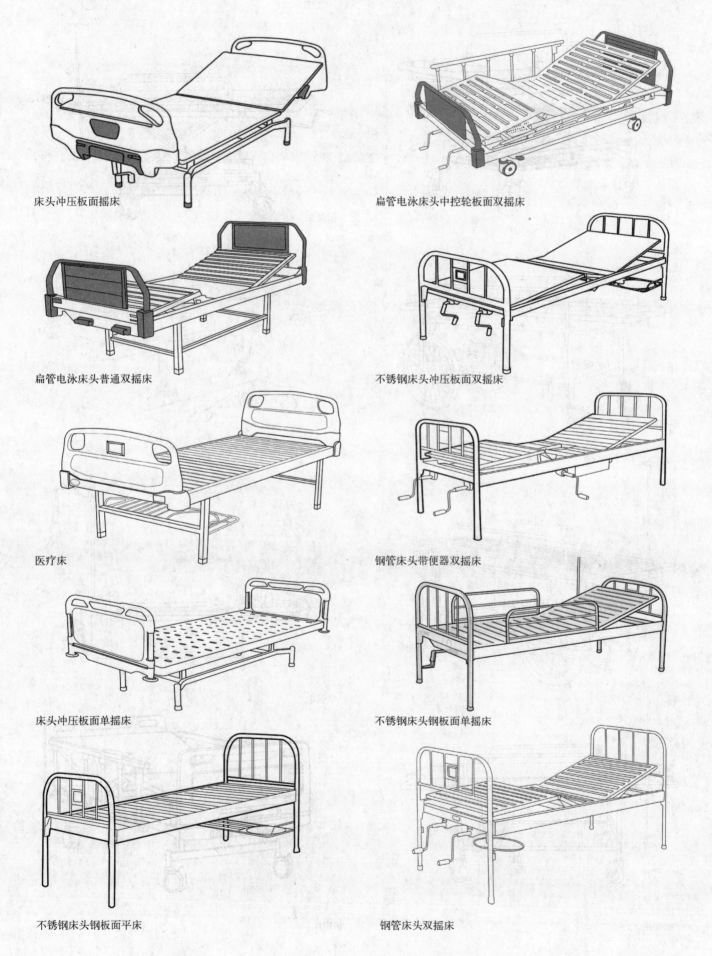

床头冲压板面摇床

扁管电泳床头中控轮板面双摇床

扁管电泳床头普通双摇床

不锈钢床头冲压板面双摇床

医疗床

钢管床头带便器双摇床

床头冲压板面单摇床

不锈钢床头钢板面单摇床

不锈钢床头钢板面平床

钢管床头双摇床

病房设施 [27] 病床

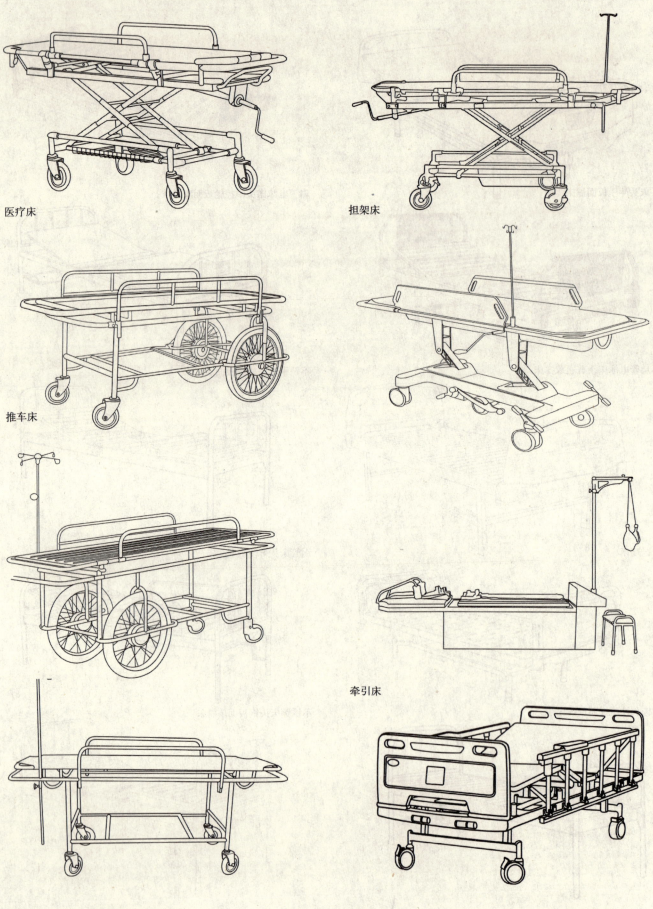

医疗床

担架床

推车床

担架床

牵引床

护理床

病床 [27] 病房设施

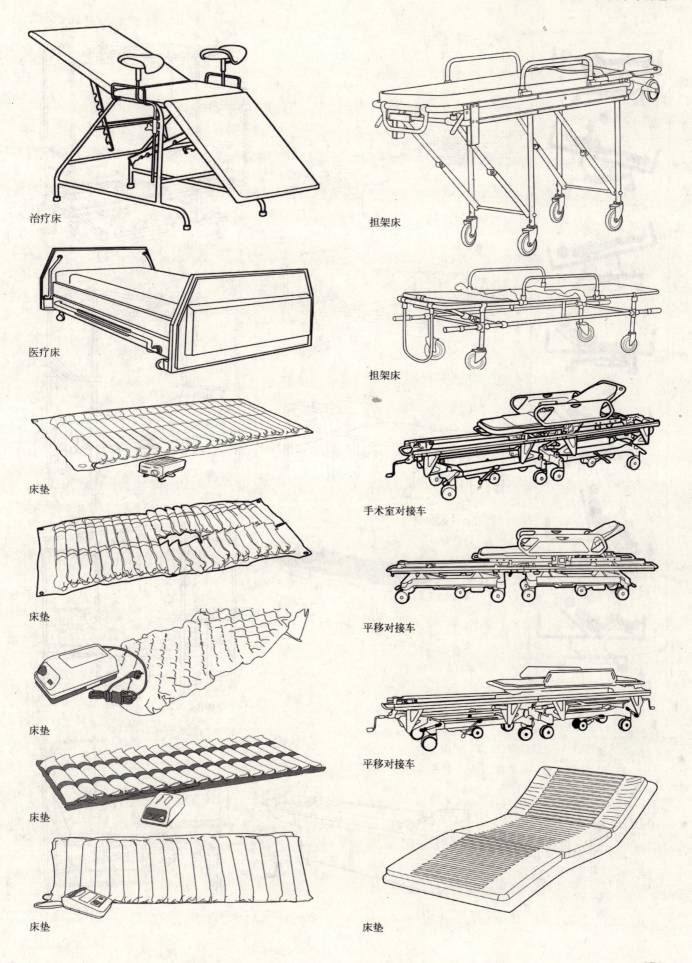

治疗床　担架床
医疗床　担架床
床垫　　手术室对接车
床垫　　平移对接车
床垫　　平移对接车
床垫
床垫　　床垫

病房设施 [27] 病床

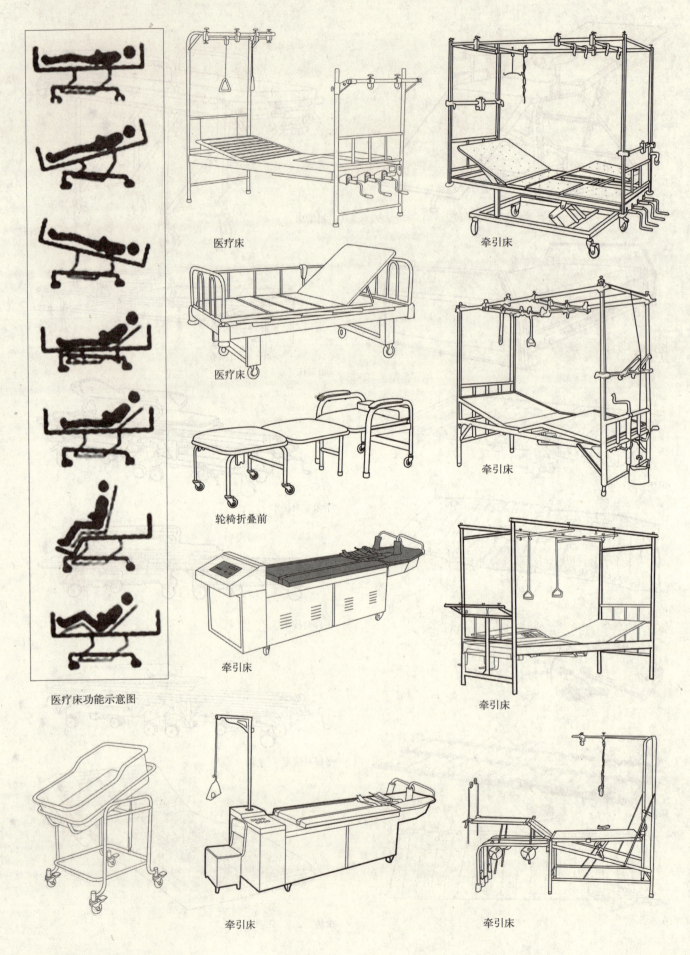

医疗床功能示意图

医疗床

医疗床

轮椅折叠前

牵引床

牵引床

牵引床

牵引床

牵引床

牵引床

牵引床

病房辅助设备　[27] 病房设施

病房辅助设备
担架车床专用轮

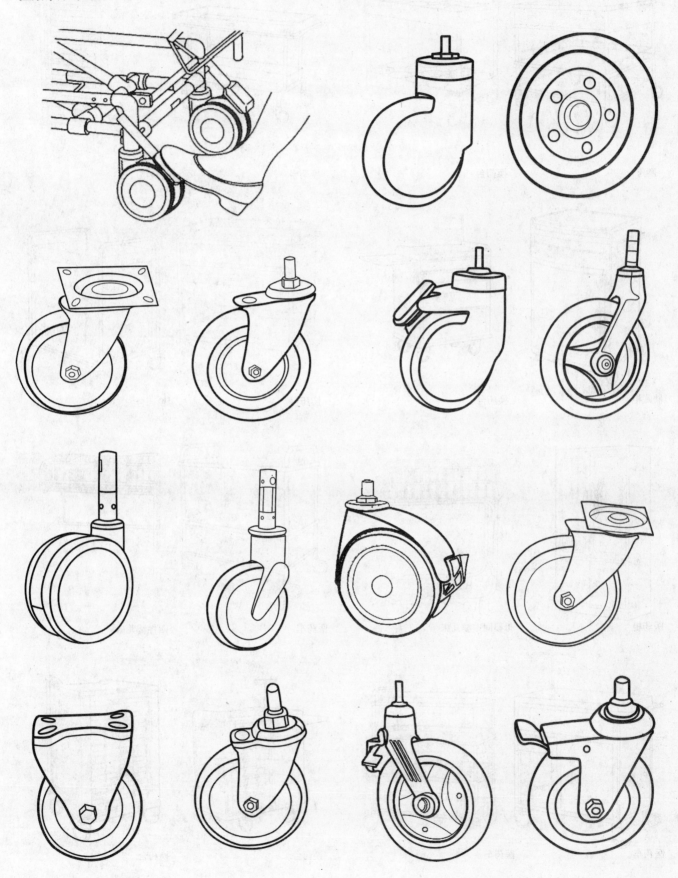

病房辅助设备

病房设施 [27] 病房辅助设备

换药台　　换药台　　换药台　　储藏柜

储藏柜　　换药台　　换药台　　换药台

医药柜　　母婴同室婴儿床　　医药车　　四栏婴儿床

医药车　　医药车　　换药台　　换药台

174

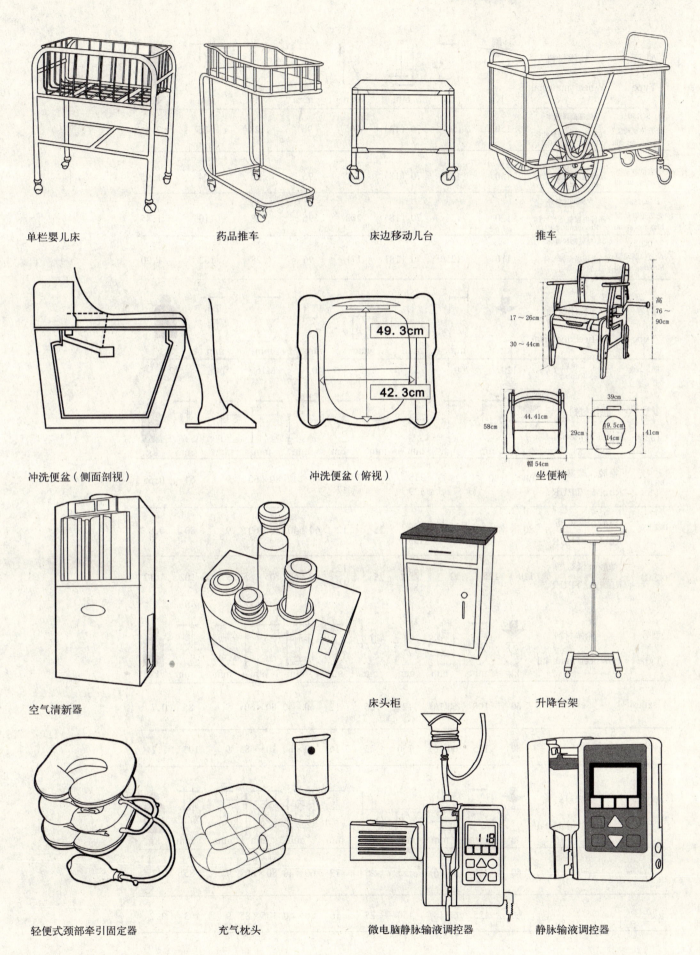

病房设施 [27] 病房辅助设备

型号 Type	轮体材料 Wheel material	Kg	mm	mm	mm	mm	mm	mm	Kg
SQ150 全方位制动型 Moving at all	聚氨酯弹性体 PU 防静电聚氨酯弹性体 Proof static PU	150	150	70 (18)	165	96	28	125	2.3
SQ125 全方位制动型 Moving at all	聚氨酯弹性体 PU 防静电聚氨酯弹性体 Proof static PU	150	125	70 (18)	139	96	28	104	1.95
DQ150 全方位制动型 Moving at all	聚氨酯弹性体 PU 防静电聚氨酯弹性体 Proof static PU	120	150	70 (18)	208	96	28	110	1.45
DQ125 全方位制动型 Moving at all	聚氨酯弹性体 PU 美国橡塑弹性体	110	125	70 (18)	171	96	28	102	1.20

型号 Type	轮体材料 Wheel material	kg	mm	mm	mm	mm	mm	mm	kg
DL-200	橡胶 Rubber	120	200	28	255	40	M16	145	2

型号 Type	轮体材料 Wheel material	kg	mm	mm	mm	mm	mm	mm	mm	mm	kg
DZL80	橡胶、聚氨酯 Rubber TPUR	60	80	25	$\frac{118}{129}$	25	$\frac{10}{12}$	60×40	80×60	9	64	0.65
DZL100	橡胶、聚氨酯 Rubber TPUR	80	100	30	$\frac{144}{153}$	25	12	60×40	80×60	9	80	0.8
DZL125	橡胶、聚氨酯 Rubber TPUR	110	125	32	$\frac{178}{187}$	25	$\frac{12}{16}$	80×60	105×85	9	102	1.12

型号 Type	轮体材料 Wheel material	kg	mm	mm	mm	mm	mm	mm	mm	mm	kg
SZL100	PVC	60	100	50(16)	125	25	12	60×40	80×60	9	85	0.7
SZL125	PVC	80	125	60(18)	150	25	16	80×60	105×85	9	103	1.2

型号 Type	轮体材料 Wheel material	kg	mm	mm	mm	mm	mm	mm	mm	mm	kg
SZL100	PVC	60	100	50(16)	125	25	12	60×40	80×60	9	85	0.7
SZL125	PVC	60	125	60(18)	150	25	16	80×60	105×85	9	103	1.2

健身车

健身车在运动科学领域被称做"功率自行车",分为直立式、背靠式或卧式两种,因为采用了"骑车"的姿态而且是根据自行车运动的原理,通过克服飞轮与摩擦带之间产生的摩擦阻力,从而达到健身、强体、调节人体血液循环及活动下肢关节的目的,所以人们把它称为健身车。健身车的座具、扶手和脚蹬的"三角"关系与自行车完全相同,而飞轮箱则属于健身车的基本结构,也是不同款式变换设计所要把握的重要部分。

显示面板也是健身车的重要部分,要显示出时间、速度、距离、热量、心率,还可以选择一些内置骑行程序。比如减肥程序、健身程序、山地程序,不同的程序可以起到不同的健身效果和调整运动时的强度(功率)。因此,视觉界面的易读性和操作性设计显得重要。

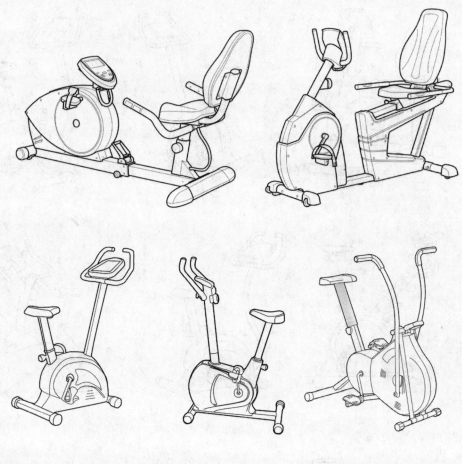

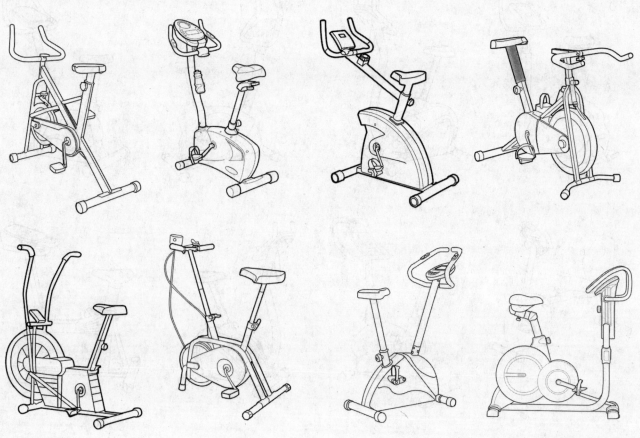

健身保健 [28] 健身车

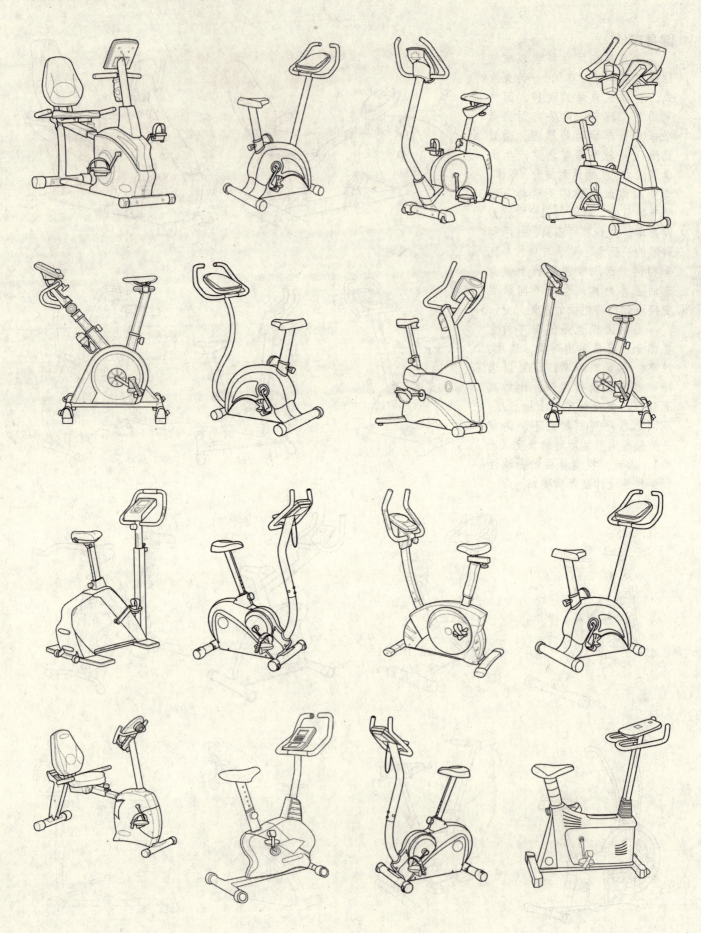

举重器材

举重器材可分为健身用和比赛用器材。健身用器材主要有杠铃和杠铃支架组成,比赛用器材主要由杠铃和举重台组成。为了达到对人体不同部位肌肉的训练目的,健身举重训练通常会采用坐、躺、卧等多种姿态的变换,所以杠铃支架必须要有可变换的坐面和靠背,而且还要进行灵活的调整。由于举重器材没有隐藏的部件,所以结构设计的合理性和可靠性至关重要。

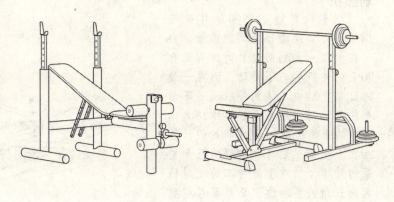

举重器材　[28] 健身保健

健身保健 [28]　划船机

划船机

　　划船机是通过划船动作来增强手臂力量及动作协调的锻炼。由于在做每一个划船动作时，大约有90%的伸肌参与了运动，而在一般的日常生活中人体的伸肌几乎不参与任何运动，最多是参与维持人体姿态的平衡运动。划船机的设计要点在于坐部、划杆和脚蹬的三角关系的处理，相对于健身车的相对稳定的三角关系，这里必须要考虑到划船动作时三点关系的交替变化的可调性。

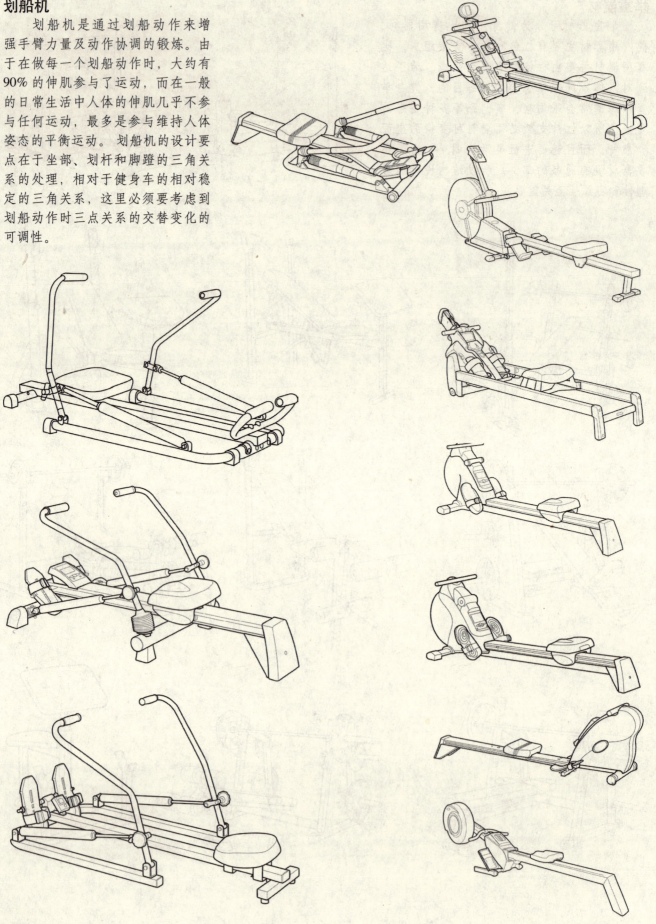

跑步机

跑步机的突出特点是健身不受环境限制，简单易学，男女老少皆宜，对人体肌肉、骨骼以及改善人的心脏血管机能等都有良好的效果。因此，对于人和环境的适应性是跑步机产品设计的要点。目前，电动跑步机正因其独有的优势成为市场的主流，电动跑步机的特点是通过电机带动跑带使人以不同的速度被动的跑步或走动，科学性和指导性比较强。所以，操作介面的合理性设计也是跑步机设计的另一项重要指标。

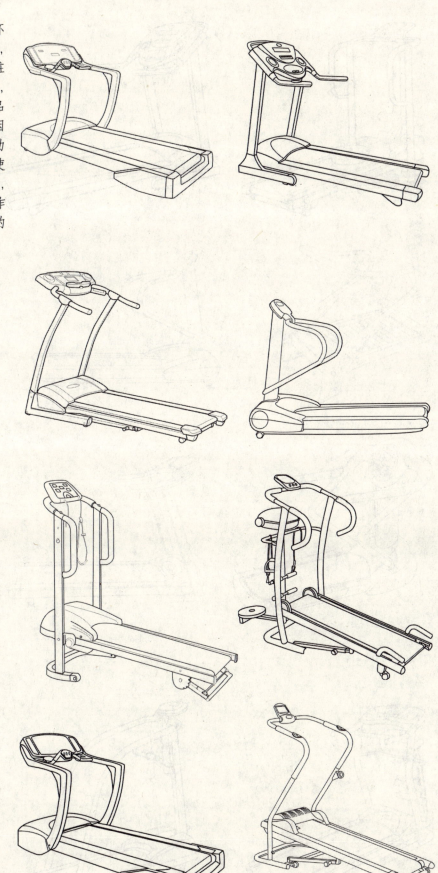

健身保健 [28] 跑步机

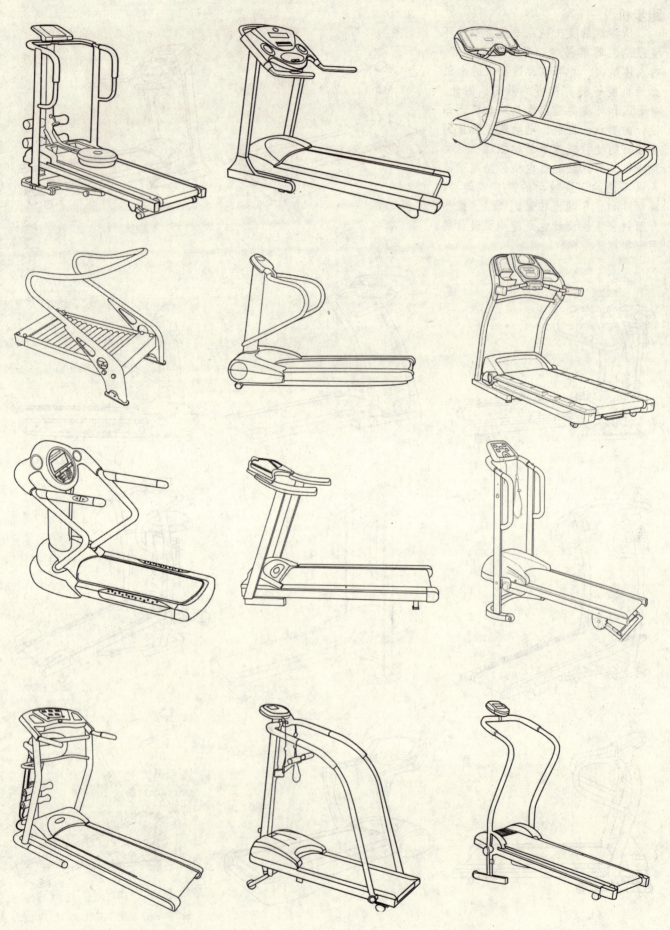

踏步机 [28] 健身保健

踏步机

踏步机

健身保健 [28] 椭圆机

椭圆机

　　椭圆机顾名思义就是脚掌在走路或跑步时，每一步经过的路线基本是一个椭圆形。椭圆仪有两个踏板，它们的动作轨迹也是椭圆的，运动时，感觉是在走或跑，但脚掌却不离开踏板。椭圆仪又分两种，一种只能做退步运动，另一种则要求你手脚并用，运动型态类似越野滑雪的动作，训练效果又与跑步机类似，是有效的有氧适能训练工具。

椭圆机 [28] 健身保健

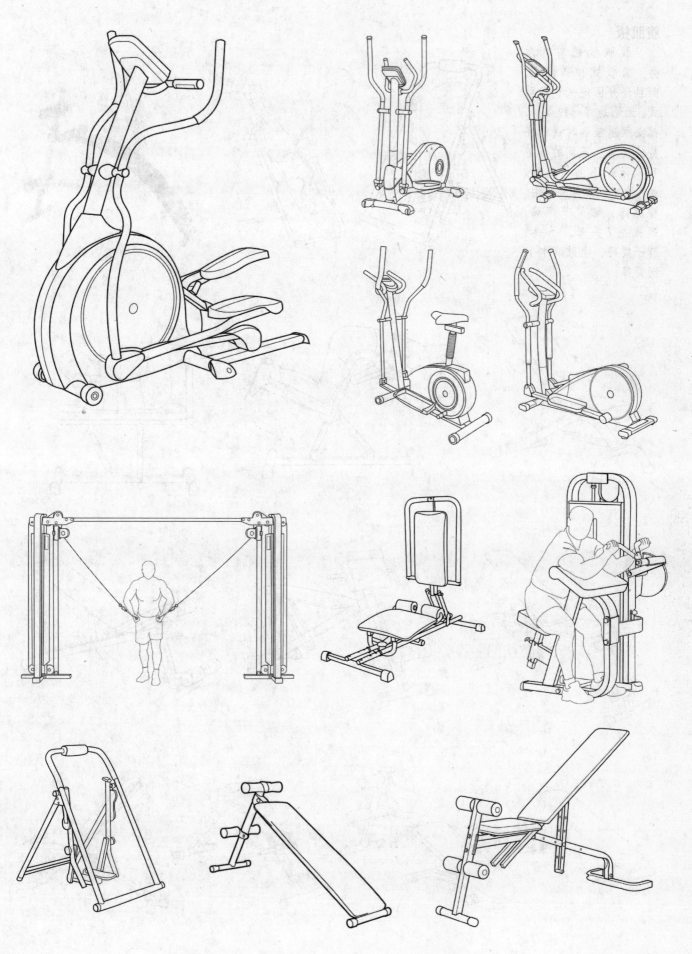

健身保健 [28] 腹肌板

腹肌板

腹肌板通常有两类：直板式和弧板式。而且还分固定式和活动式。无论是哪一种类型，都必须适应各种训练姿势的要求。不同的姿势可以治疗不同的疾病，如：治疗腰椎骨质增生、腰腿疼、膝关节疼痛、颈椎病（头晕、头疼、脖子发硬、上肢麻木）、圆背等。

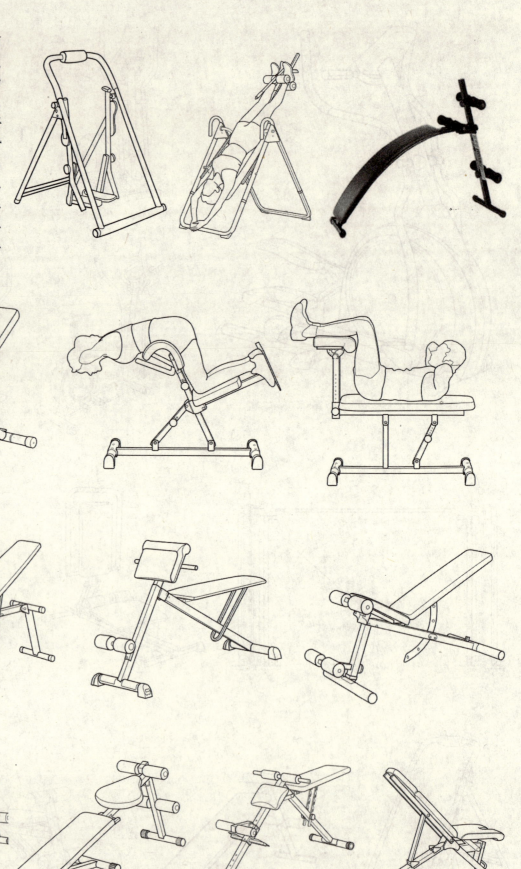

按摩椅　[28] 健身保健

按摩椅

　　按摩椅的原理就是利用机械的滚动力和机械力挤压来模仿人工按摩。按摩椅能根据人体曲线沿脊柱采用摇摆、指压、捏拿、推揉等多种按摩手法进行深层按摩。要达到以上按摩效果，椅子与人的服帖程度至关重要。因此，基于医学原理上的人体工学上方面的考虑以及对不同体型的适应变换性设计是关键。

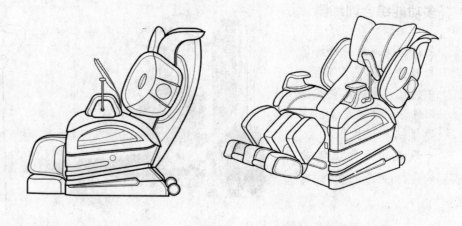

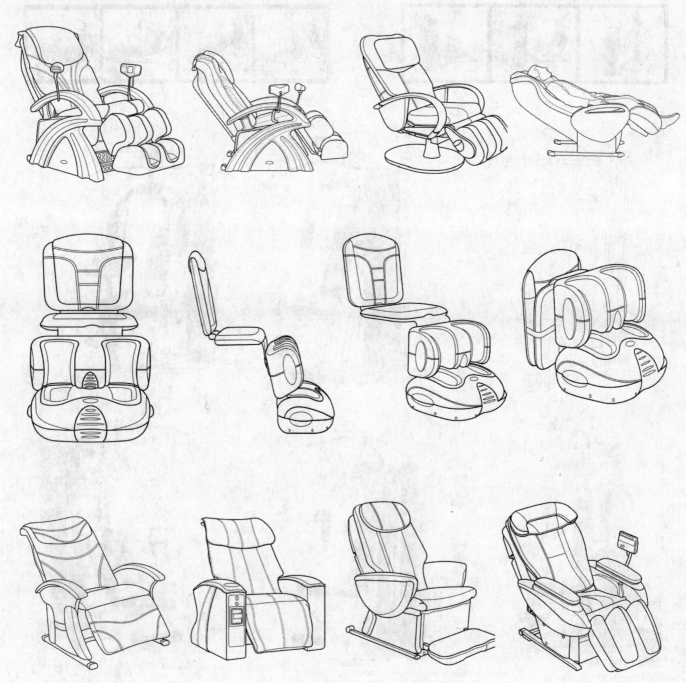

健身保健 [28] 多功能综合训练器

多功能综合训练器

多站联合训练器即多种健身器材的集约化和健身功能的复合化。结构设计上往往要考虑部件作用的通用性。这类器械占地面积较大，一般适用于大型健身房。

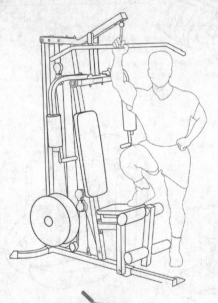 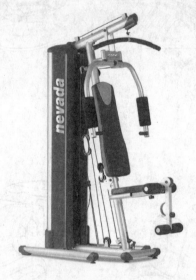 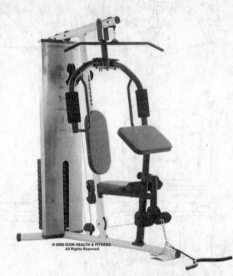

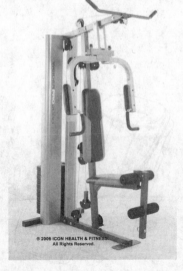 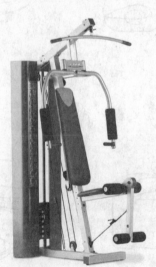 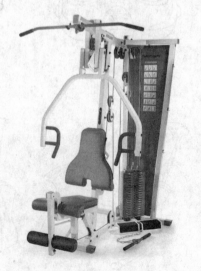

多功能综合训练器 [28] 健身保健

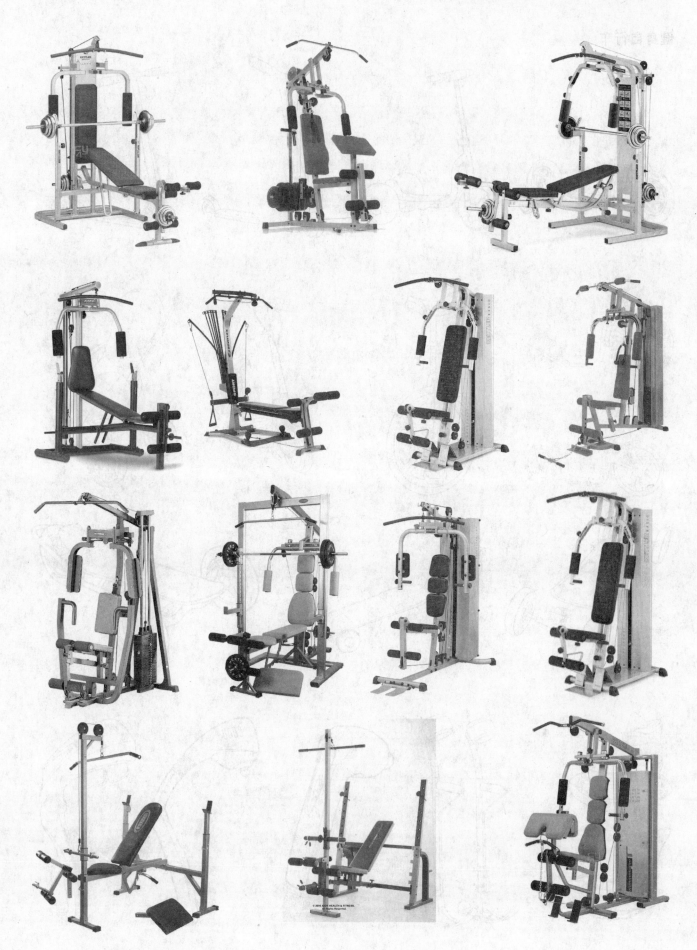

健身保健 [28]　健身自行车

健身自行车

其他设施 [28] 健身保健

其他设施

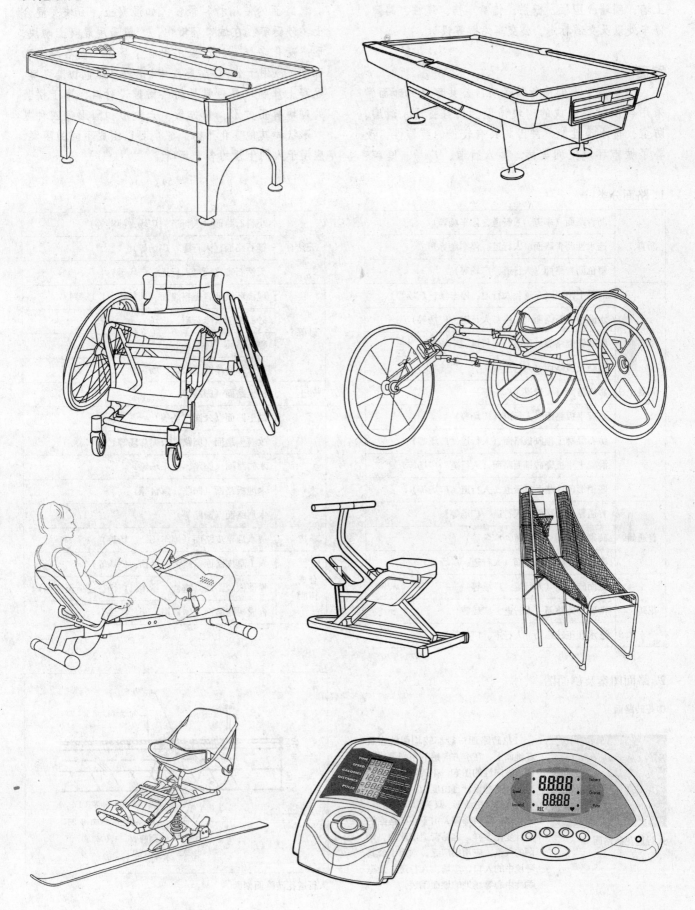

交通系统设施 [29]　路面

交通系统设施包括路面、边沟与地漏设计，挡土墙、围墙、围栏、栅栏、竹篱车挡、缆柱、路障、停车处以及交通标志、公交车站牌等设计。

路面

为了便于人们出行和活动，公共环境的地面常采用硬质材料制成的砌块铺设，具有防滑、耐磨、防尘、排水等性能，并因其具有较强的装饰性，改善了城市环境空间美感，如人行道、广场、庭院、公园等环境。

路面的使用材料很多，如混凝土、石块、混合土、砂砾等。在城市环境中，一般采用混凝土砌块，形态变化多样，广泛应用于各个场所，而石块、砂砾等可应用于公园内、庭院中，比较自然也和谐环境。混凝土预制块是最常见的路面铺设材料，用于拼装的砌块有正方形、长方形、六边形和圆形等四种基本形状和其他变化形态，它们可以组成不同的图案，应用于人们生活的各个场所。

1. 路面分类

沥青	沥青路面（车道、人行道、停车场等）
	透水性沥青路面（人行道、停车场等）
	彩色沥青路面（人行道、广场等）
混凝土	混凝土路面（车道、人行道、停车场、广场等）
	水洗小砾石路面（园路、人行道、广场等）
	卵石铺砌路面（园路、人行道、广场等）
	混凝土板路面（人行道等）
	彩板路面（人行道、广场等）
	水磨平板路面（人行道、广场等）
	仿石混凝土预制板路面（人行道、广场等）
	混凝土平板瓷砖铺面路面（人行道、广场等）
	嵌销形砌块路面（干道、人行道、广场等）
普通砖	普通黏土砖路面（人行道、广场等）
	砖砌块路面（人行道、广场等）
	澳大利亚砖砌块路面（人行道、广场等）
花砖	釉面砖路面（人行道、广场等）
	陶瓷锦砖路面（人行道、广场等）
	透水性花砖路面（人行道、广场等）

天然石	小料石路面（人行道、广场、池畔等）
	铺石路面（人行道、广场等）
	天然石砌路面（人行道、广场等）
砂砾	现浇环氧沥青塑料路面（人行道、广场等）
	砂石铺面（步行道、广场）
	碎石路面（停车场等）
	石灰岸粉路面（公园广场等）
砂土	砂土路面（园路等）
土	黏土路面（公园广场等）
	改善土路面（园路、公园广场等）
木	木砖路面（园路、游乐场等）
	木地板路面（园路、露台等）
	木屑路面（园路等）
草皮	透水性草皮路面（停车场、广场等）
合成树脂	人工草皮路面（露台、屋顶、广场等）
	弹性橡胶路面（露台、屋顶、广场、过街天桥等）
	合成树脂路面（体育用）

2. 路面图案及剖面图

①花砖路面

人行道花砖路面

花砖路面一般都较均衡地布置在地面上，在有方向感的空间组成有明显方向性的图案，花砖路面的色彩丰富、造型设计自由度大，常见形式有方块形、扭曲形、双头形、弯曲形、三棱形、斜块形等。由于花砖路面的设计变化多样，容易营造出欢快、华丽的气氛，应用很广泛。常用于公共环境中的入口、广场、人行道、大型购物中心等场地的地面铺装。

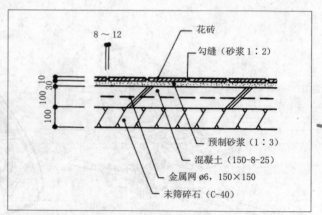

人行道花砖路面剖面

路面 [29] 交通系统设施

人行道的透水花砖路面

停车场路面

停车场路面

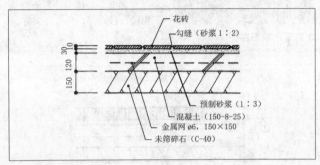
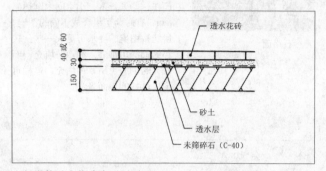

轿车用停车场、车道的花砖路面剖面图

人行道的透水花砖路面剖面图

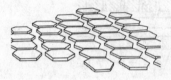

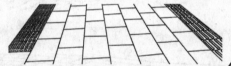

人行道花砖路面

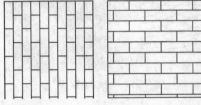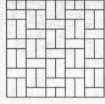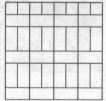

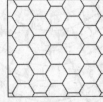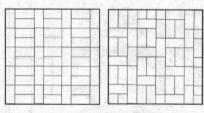

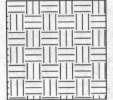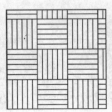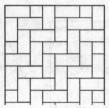

交通系统设施 [29] 路面

②天然石路面

天然石路面

材料拼接的图案是以砌块的形状和砌缝体现的,砌缝是表现块料的尺度、造型和整体地面景观的骨架。在一些广场、街区等大空间,采用砌块的铺地拼缝可达到3cm,而在一些人行道、小空间内则达到1cm,有时为了组合成不同的图案,拼缝按图案的要求可更大一些。较小的砌缝用细砂、细石灰填充,而较大的砌缝可用草泥填充,这样可形成良好的地面景观。

车道等小料石路面

小料石路面是环境设施中常用的路面铺装,如车道、广场、人行道等。由于所用石料成正方体的骰子状,因此又被称为"骰石路面"。

通常,花岗石小料石路面粗糙,接缝深,防滑效果好。

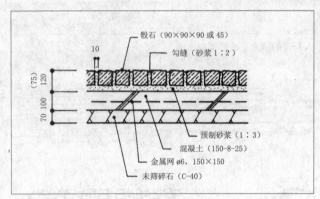
人行道、广场等的小料石路面剖面图

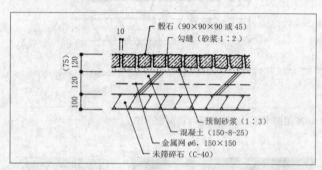
车道等小料石路面剖面图

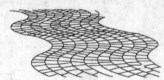

广场料石路面

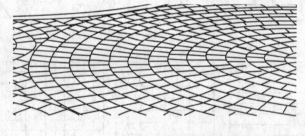

小料石路面

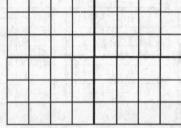
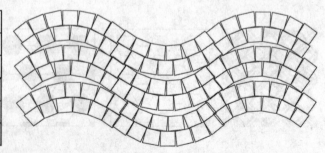

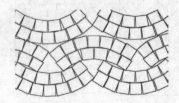
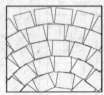
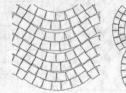
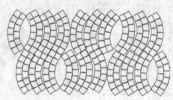
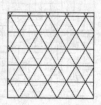

路面 [29] 交通系统设施

③嵌锁形预制砌块路面

嵌锁形预制砌块路面

此种路面具有防滑、步行舒适、施工简单、修整容易、价格低廉等优点，常被用作人行道、广场、车道等多种场所路面。

停车场砌块路面　　　停车场砌块路面

人行道、广场砌块路面的剖面图

停车场砌块路面剖面图

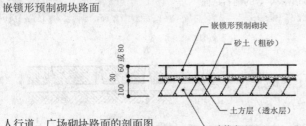
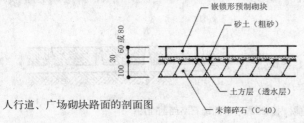
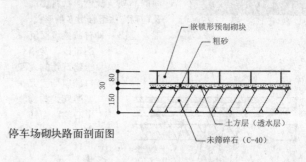
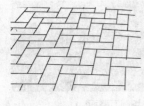
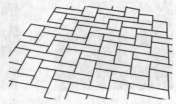
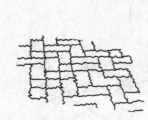
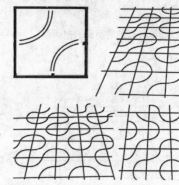
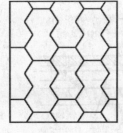

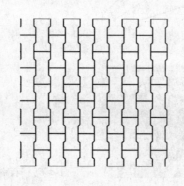

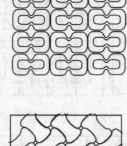
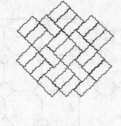
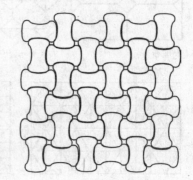
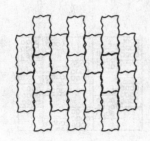

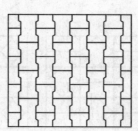

交通系统设施 [29] 路面

④料石路面

所谓的料石路面，指的是在混凝土垫层上再铺砌15～40mm厚的天然石料形成的路面，利用天然石的不同的品质、颜色、石料饰面及铺砌方法组合出多种形式。能营造出一种有质感、深沉的氛围，常用于建筑物的入口、广场、大型游廊式购物中心的路面铺砌。

铺石路面是指厚度在60mm以上的花岗石、安山石等天然石料、加工石料砌筑的路面。铺石路面质感好，带有沉稳的气质，常用于园路、广场的地面铺装。

园路或平台的铺石路面

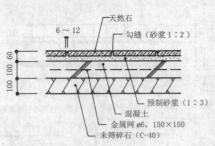

广场等料石铺装路面的剖面图

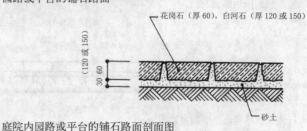

庭院内园路或平台的铺石路面剖面图

广场等铺石路面

停车场铺石路面

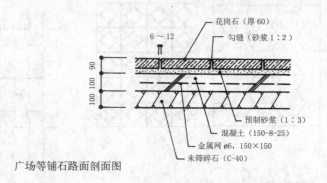

广场等铺石路面剖面图

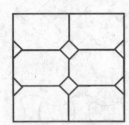
大理石

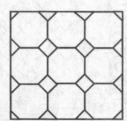
大理石

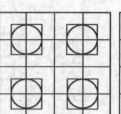

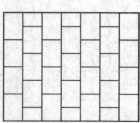

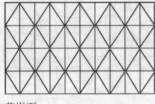
花岗石

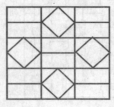
大理石

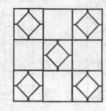

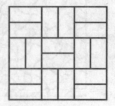
花岗石

⑤水洗小砾石路面

水洗小砾石路面

小砾石

水洗小砾石路面剖面图

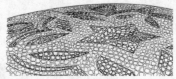
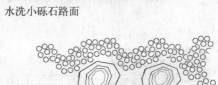

水洗小砾石路面

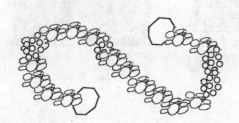
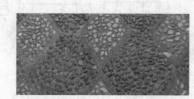
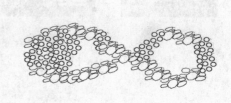

水洗小砾石路面

3. 路面图例

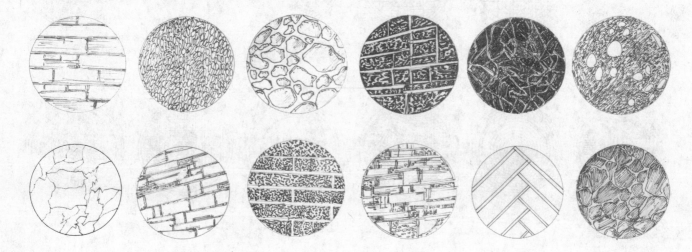

交通系统设施 [29]　边沟与地漏

边沟与地漏

　　边沟，是一种设置在地面上用于排放雨水的排水沟，形式多种多样，有铺设在道路上的L形边沟，有步、车道、分界道牙砖铺筑的街渠，铺设在停车场内园路的碟形边沟，以及铺设在分界地点、入口等场所的L形边沟。此外还有窄缝样的缝形边沟和与路面融为一体的加装饰的边沟等。

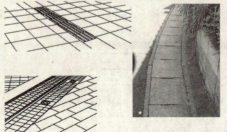

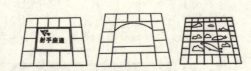

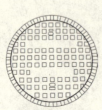

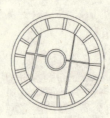

边沟与地漏 [29] 交通系统设施

交通系统设施 [29] 坡道

坡道

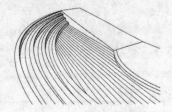
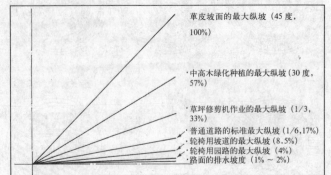

- 草皮坡面的最大纵坡（45度，100%）
- 中高木绿化种植的最大纵坡（30度，57%）
- 草坪修剪机作业的最大纵坡（1/3，33%）
- 普通道路的标准最大纵坡（1/6,17%）
- 轮椅用坡道的最大纵坡（8.5%）
- 轮椅用园路的最大纵坡（4%）
- 路面的排水坡度（1%～2%）

1. 设计师作品

实景照片

设计者
巴塞罗那城建理事会（1986）
简介：车行坡道是由花岗石铺砌而成，表面呈杂色麻面。

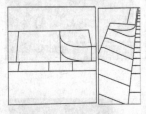

这种通道必须具有两个条件：其一，路面的最小宽度为260cm；其二，中间的几块要与路面与铺地齐平。

技术说明
石板末端暴露在外的部分与一个半径40mm的1/4圆形的路缘形成一个凹陷。

尺寸图

实景照片

设计者
巴塞罗那城建理事会（1990）
简介：人行坡道是由一排花岗石铺砌而成，表面呈杂色麻面。

2. 实例图

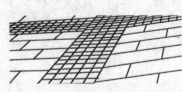
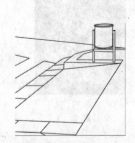

尺寸图

护栏 [29] 交通系统设施

护栏

护栏
设计者
Montes Periel(1993)

简介：这是一种最简洁、最具有代表性的人行道栅栏形式。它可以连续安装，且不易被破坏。

护栏
设计者
La Nave(1991)

简介：这是一种形式单纯简洁的城市护栏。它是按照一定模数制成的。由于其恰当的设计，它可以适应于任何环境。

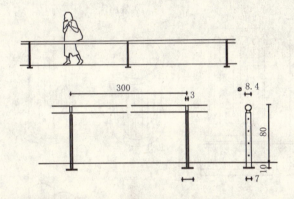

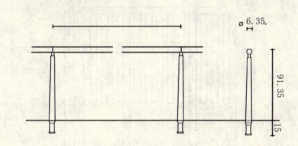

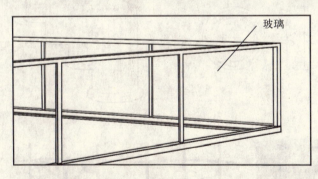

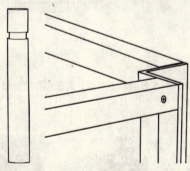

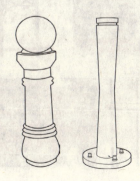

交通系统设施 [29] 围栏、护柱

围栏、护柱

围栏
设计者
Eias Torres(1993)

简介:围栏由矩形混凝土构件组成。通过一系列垂直方向的统长的狭缝使其显得轻盈且非常通透。

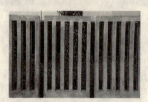

实景照片

护柱
设计者
Josep Ma Julia(1983)

简介:圆筒形的城市护柱,其新古典的外形散发出一种永恒的魅力,所以它适用于任何场所。

实景照片

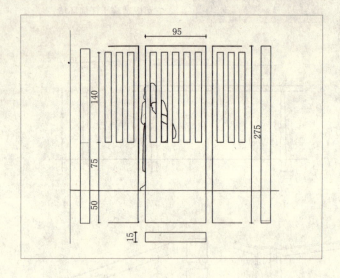

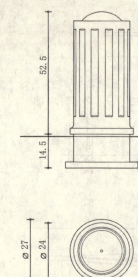

技术说明
围栏由灰色混凝土制成,表面经打磨处理。

202

护柱　[29] 交通系统设施

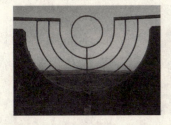   

护柱
设计者
巴塞罗那城建理事会城市元素部（1986）

简介：城市护柱为圆柱形。其得体的设计意味着它可以用于任何城市空间。

实景照片

护柱
设计者
La Nave(1990)

简介：有简单优美的特点，截面为椭圆形，观看角度不同给人不同印象。

实景照片

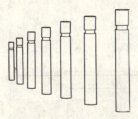

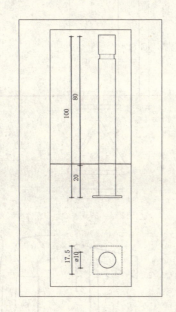

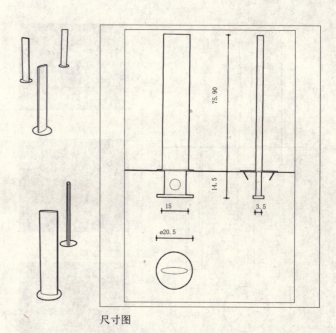

尺寸图

交通系统设施 [29] 护柱

护柱

护柱
设计者
Pedro Feduchi(1991)

简介：
城市护柱的断面为不连续的圆筒形，它有个特别的功能，即可以沉入地下。在车流或人流很大的时候，它便可以发挥此作用。

实景照片

护柱
设计者
Joan Gasper(1992)

简介：实心铸铁制成的护柱，其平截面为三角形，边缘为优美平滑的曲线形。

实景照片

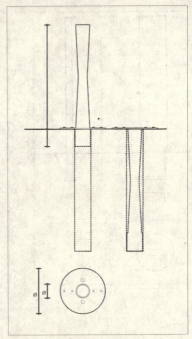

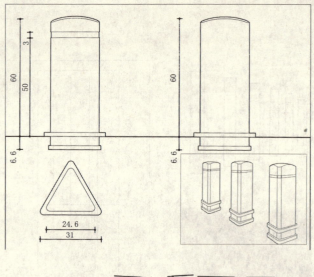
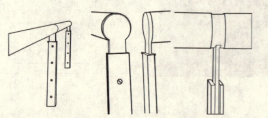

示意图

路障　[29] 交通系统设施

路障

设计者
Helio Pinon(1988)

简介：该路障犹如克服重力从地面冒出来、似猫背形状的混凝土构件。这种路障的小尺度恰好满足其在功能上的要求。

实景照片

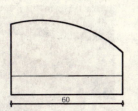

尺寸图

技术说明
花岗石砌块是经机械切割而成，其外露表面呈杂色麻面。开头的块石采用了弧形，它是半径135cm 圆周的一段。其余的块石的一侧也是经过切割的，这样它们才能更好地叠加在一起，不断重复形成一排。

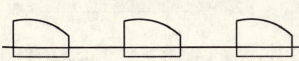

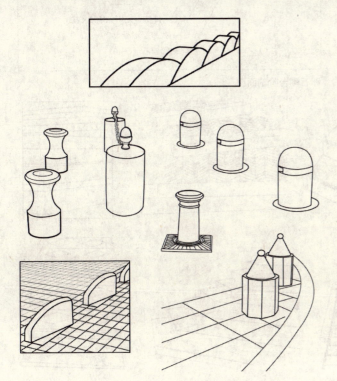

装饰性路障

设计者
Josep Antoni (1991)

简介：这是一段由花岗石制成的风格及其简洁雅致的路障，它由两种不同砌块重叠而成数段。

实景照片

尺寸图

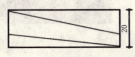

205

交通系统设施 [29] 台阶

台阶

1. 室外台阶设计时，通常会降低踢板高度，加宽踏板，提高行走的舒适性。
2. 踢板的高度与踏板宽度的关系应当合理，协调板的高度太低，行人上下台阶容易磕绊，比较危险。
3. 踏面应作防滑饰面，天然石台阶不要做细磨饰面。
4. 踏板应设置1%左右的排水坡度。
5. 如果台阶总高度超过3m，或是需要改变攀登方向，为安全，应在中间设置一个休息平台。
6. 落差大的台阶，为避免降雨时雨水自台阶上瀑布般跌落，应在台阶两端设置排水沟。

花岗石台阶

大理石台阶

花砖台阶

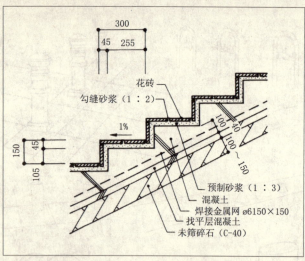
花砖砌台阶剖面图

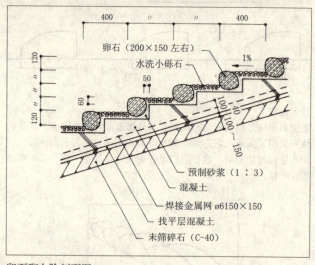
卵石砌台阶剖面图

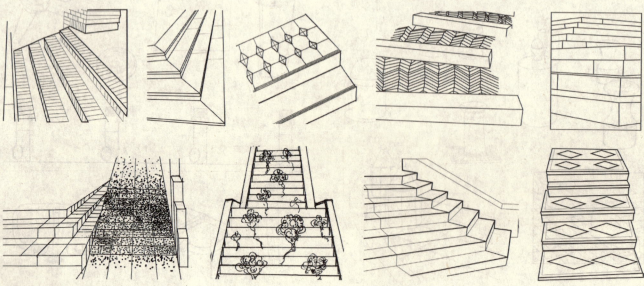

自行车停放场　[29] 交通系统设施

自行车停放场

1. 自行车停放场

停放场是停放自行车的场所，是公共住宅及居住区必不可少的配套设施。通常情况下，车位的设置标准应达100%以上。

2. 停放方式

自行车停放除普通的垂直式、倾斜式和利用自行车架提高停放场容纳能力的错位式和双层式外，还有自行车运动中心里常见的钢丝悬挂停放方式。此外，对配带动力的自行车，可设置自走式停车场，以及类似立体停车楼的机械式停车场。

自行车停放场

自行车停放场

自行车停放场

设计者
Pep Bonet(1987)

简介：由钢板支撑的自行车架可以用来停放自行车，无论你是用前轮，还是用后轮都可以。

实景照片

设计者
Alfredo Tasca(1990)

简介：呈管状结构的自行车架悬挂在两个混凝土基座之间。在架子上焊接了格状的钢管。架子的长度有三种：一种可放5辆自行车，一种可放7辆，还有一种可以放9辆。

实景照片

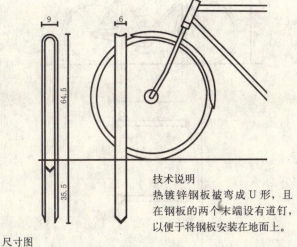

技术说明
热镀锌钢板被弯成U形，且在钢板的两个末端设有道钉，以便于将钢板安装在地面上。

尺寸图

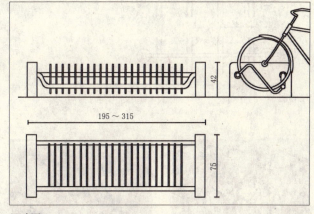
尺寸图

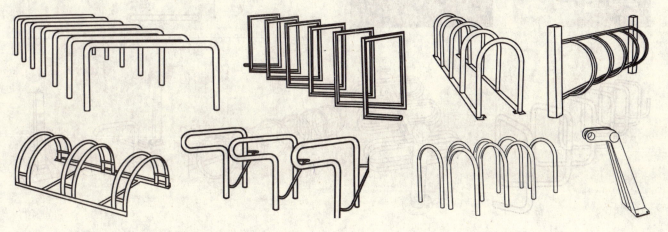

交通系统设施 [29]　自行车停放场

自行车架
设计者
Alfredo Tasca(1992)

简介：这种车架依单、双面的不同，分别可以停放四辆或八辆自行车。

自行车架
设计者
Estrella (1992)

简介：这种自行车架由曲管制成。自行车可以斜靠在曲管上停放。

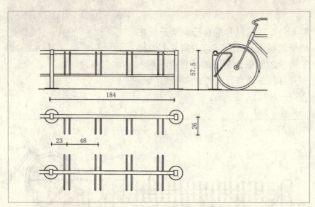

尺寸图

尺寸图

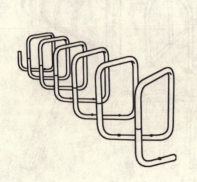

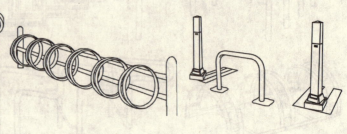

候车亭与车站牌　[29] 交通系统设施

候车亭与车站牌

传统的车站牌只提供车站名称，以及线路站点。电子车站牌能提供实时公交信息，比如下一部车何时到达此站，弥补了传统指示牌的不足。在满足提供公交信息的同时，一些电子车站牌还有视频、娱乐等多媒体功能，可以为候车的人群带来一些咨讯或者是新闻娱乐报道，功能更强大的还有查询功能，体现更多的对乘客的关怀，不仅可以帮助乘客了解更多的换乘信息，而且还能查询地图和行走路线。

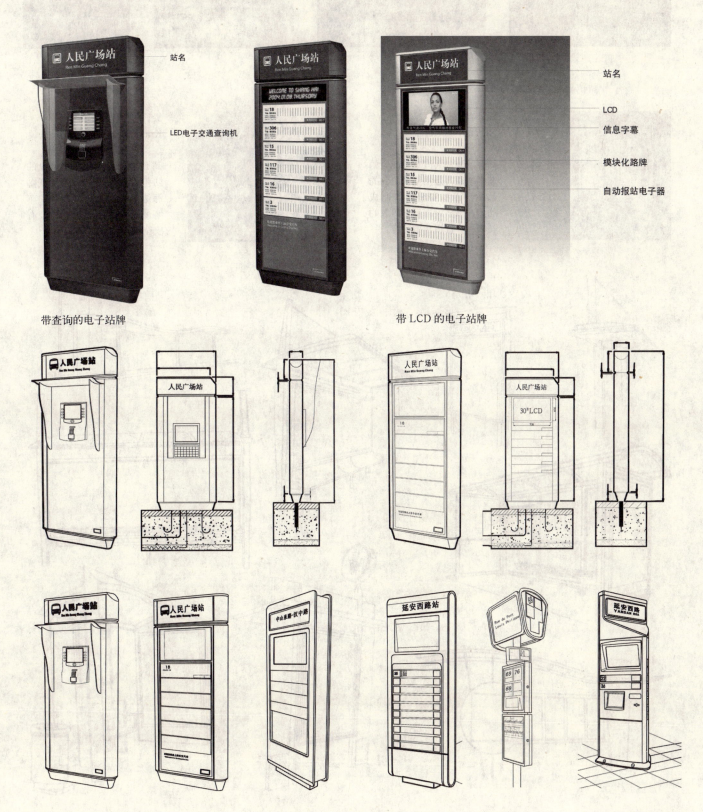

交通系统设施 [29]　候车亭与车站牌

设计者
Norman Foster(1991)

简介：为公共汽车站而设的遮雨亭通常是用金属灰色的釉钢、铝和安全玻璃制成的。遮雨亭设有可坐四人的长椅、广告箱和指示牌。

设计者
Knud Holscher(1989)

简介：为公共汽车站增设的防护性遮雨棚可以用来抵御海边的潮湿气候，这种候车亭是用电镀钢制成，还装有安全玻璃，另外设有座椅。

诱导标志 　[29] 交通系统设施

诱导标志

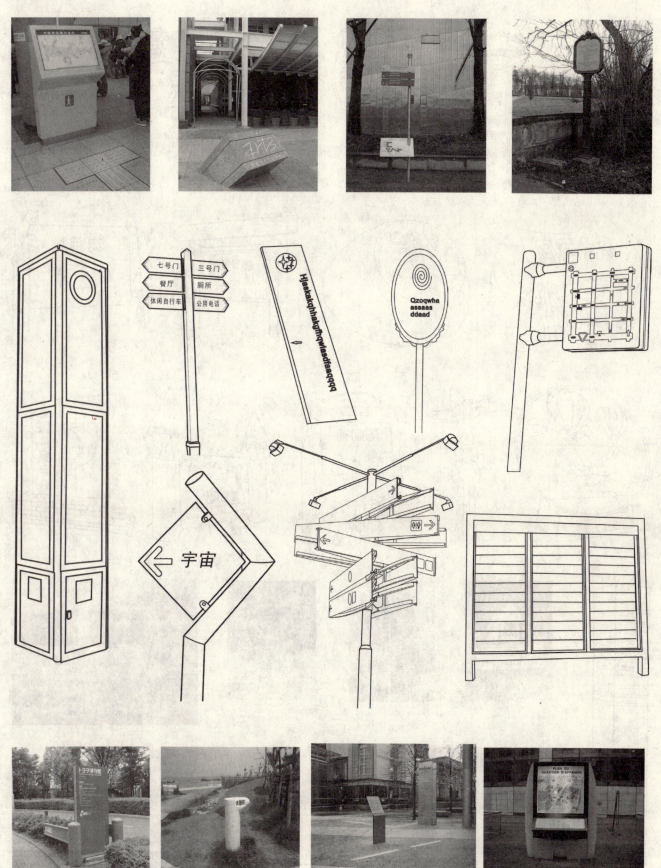

211

交通系统设施 [29] 诱导标志

212

公共交通指示设计、警告标志　[29] 交通系统设施

公共交通指示设计

交通标志分为主标志和辅助标志两大类。
主标志
警告标志：警告车辆、行人注意危险地方的标志。
禁令标志：禁止或限制车辆、行人交通行为的标志。
指示标志：指示车辆、行人前进的方向。
指路标志：传递道路方向、地点、距离信息的标志。
旅游区标志：提供旅游景点方向、距离的标志。
道路施工安全标志：通告道路施工区通行的标志。
辅助标志
附在主标志下，起辅助说明作用的标志。

警告标志

(a) 距铁路道口 50m　(b) 距铁路道口 100m　(c) 距铁路道口 150m

交通系统设施 [29] 禁令标志

禁令标志

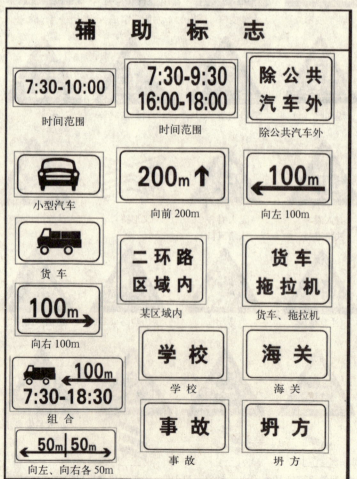

指示标志　[29] 交通系统设施

指示标志

立交直行和左转弯行驶　立交直行和右转弯行驶　直行　向左转弯　直行和向右转弯　向左和向右转弯

步行　鸣喇叭　最低限速　向右转弯　直行和向左转弯　靠右侧道路行驶　靠左侧道路行驶

环岛行驶　单行路（向左或向右）　单行路（直行）　右转车道　直行车道　公交线路专用车道　机动车行驶

干路先行　会车先行　人行横道　直行和右转合用车道　分向行驶车道　机动车车道　非机动车行驶

  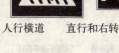
左道封闭　左道封闭　向左改道　向右改道　非机动车车道　允许掉头

中间封闭　中间封闭

  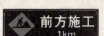
中间封闭　车辆慢行　前方施工　前方施工

   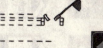 
向左行驶　向右行驶　移动性施工标志例　道路施工　道路封闭

道路封闭　道路封闭

右道封闭　右道封闭

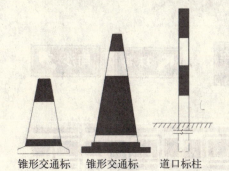  
锥形交通标　锥形交通标　道口标柱　路栏　路栏

右道封闭　左道封闭

交通系统设施 [29] 指路标志、一般道路指路标志

指路标志

一般道路指路标志

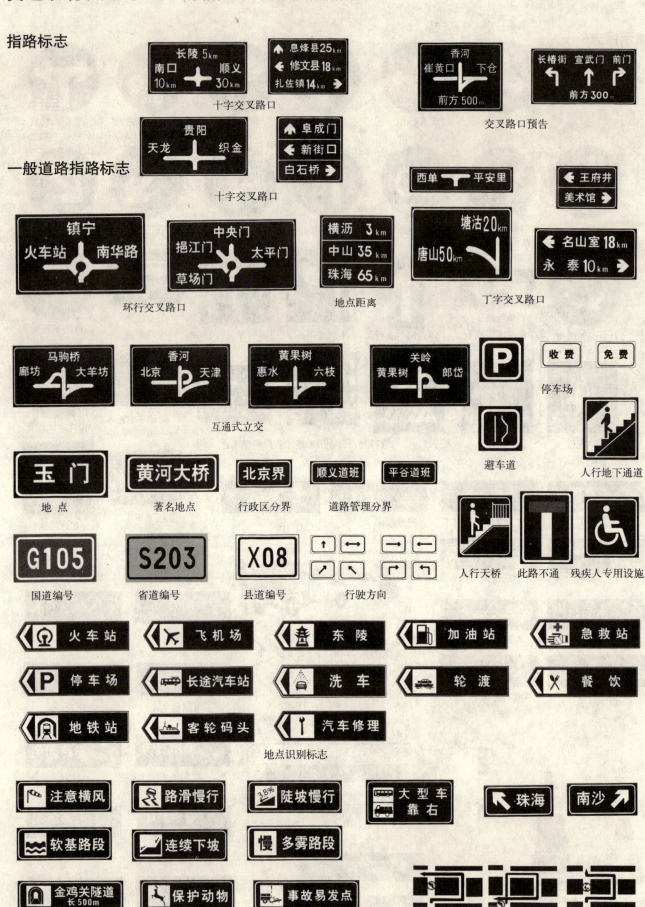

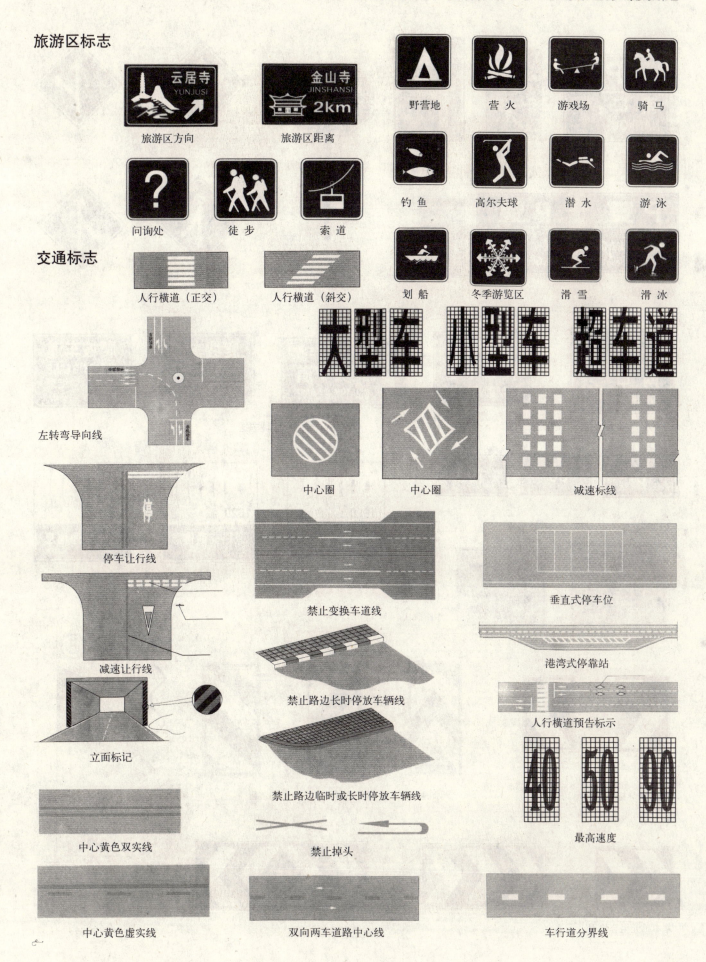

交通系统设施 [29] 交通标志

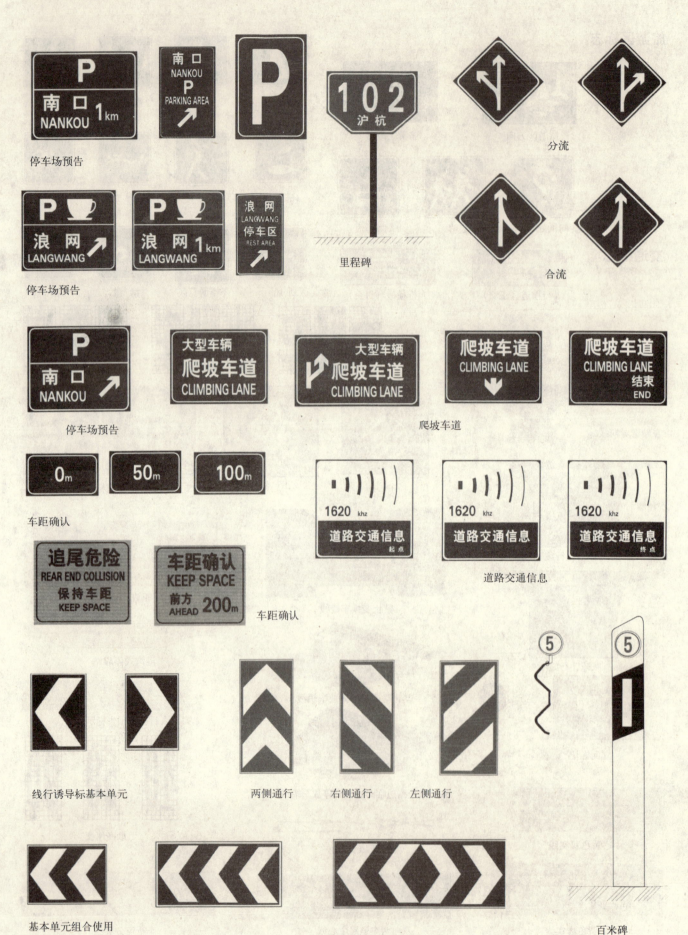

公共查询设施　[30] 信息系统与自助设施

环境设施中信息系统包括非电子的交通指示牌（如路牌）和信息发布牌（如灯箱广告牌）等。设立交通指示牌与建设道路同样重要，如同绘制地图那样细致，为地段陌生的人服务识别及指引方向。灯箱广告牌的应用更加广泛，如百货公司、连锁店、超级市场、车站、机场、银行、宾馆、医院、各类展览会、博物馆、楼盘展示、重大工程标识等等。

信息系统也包括公共电话亭，并且有着公共上网、收发邮件、公共查询等功能，另外也有着与灯箱广告等信息发布功能相结合设计的设施。

公共查询类	公共自助交流类	导引类	信息发布类与公告类	综合类
城市地理信息查询 医院导医系统查询 税务查询 图书馆信息查询车 博物馆信息查询 美术馆信息查询 展会信息查询	银行 ATM 机 站票务与查询 邮电自助与查询 邮筒 其他自助 公共电话设施	路牌 路标 导购牌	银行利率显示系统 股票证券信息发布系统 药名药价显示系统 路况及停车位提示系统 政府公告显示系统 广告、灯箱显示系统	城市中心广场大屏幕系统

公共查询设施

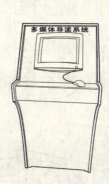
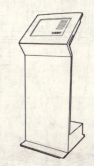

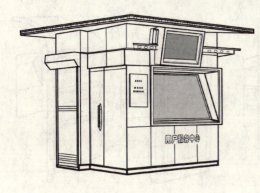
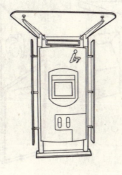
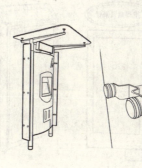
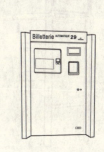

信息系统与自助设施 [30]　自助与交流设施

自助与交流设施

1. 自助银行系统

自助银行也叫银行自助服务区,该设施一般是嵌入银行建筑的墙壁中,也有嵌入在繁华区域的建筑大厦的墙壁中。自助银行设施,可以向用户提供银行营业所里的基本服务项目。客户所需的服务完全由客户自己通过操作相应的自助服务设备来完成;自助银行可以向客户提供全天24小时的服务。客户可以自由地操作存款、取款、查询、转账、存折登补等事宜。

自助与交流设施　[30] 信息系统与自助设施

2. 自助售检票系统

自助售票机是一种为人们提供在无人职守情况下快速、自助、舒适、方便购票的设备。售票机直接同票务中心数据库联网，购票结果与现有人工售票相同。大大缩短了人们的平均购票时间，减轻了售票人员的负担，提高了工作效率。

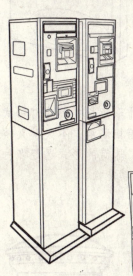
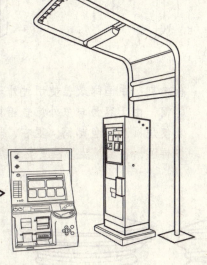

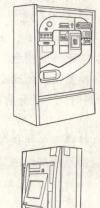

信息系统与自助设施 [30] 自助与交流设施

3. 邮电自助与查询系统

①自助与查询系统

②邮筒

中国的邮筒从1906年开始正式设立。

世界上第一个邮筒的样式是一只靴子的造型，有关邮筒的最早记录是在1853年法国巴黎的文件上，1852年英国在泽西岛圣赫而设置了首批邮筒，至今仍在使用可以说是世界上最古老的邮筒。

邮筒的颜色：世界各地是选用不同颜色做邮政标志的，美国用灰色，英国用红色，法国用黄色。新中国成立以后1949年12月10日，第一次全国邮政会议决定我国邮政以绿色为专用色，因为绿色象征着和平、青春、昌盛和繁荣。邮政工作人员则被称为"绿衣天使"，直到今天，邮局的门面、邮车、邮筒仍以绿色为主。

邮筒的材质：国内邮筒大多用铸铁、铁板或水泥等材料制成，外形以圆形居多，在20世纪90年代末期，中国邮政曾使用过外形为长方形的灯箱式邮筒，由于容易与户外广告箱相混淆，不久就又恢复使用圆形绿色邮筒。现在，邮筒的形式已经多种多样了，甚至，装饰性更多于功能性。

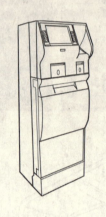 

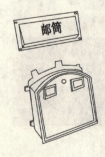

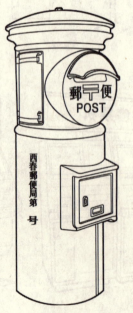
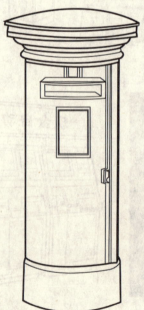
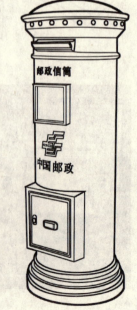

自助与交流设施　[30] 信息系统与自助设施

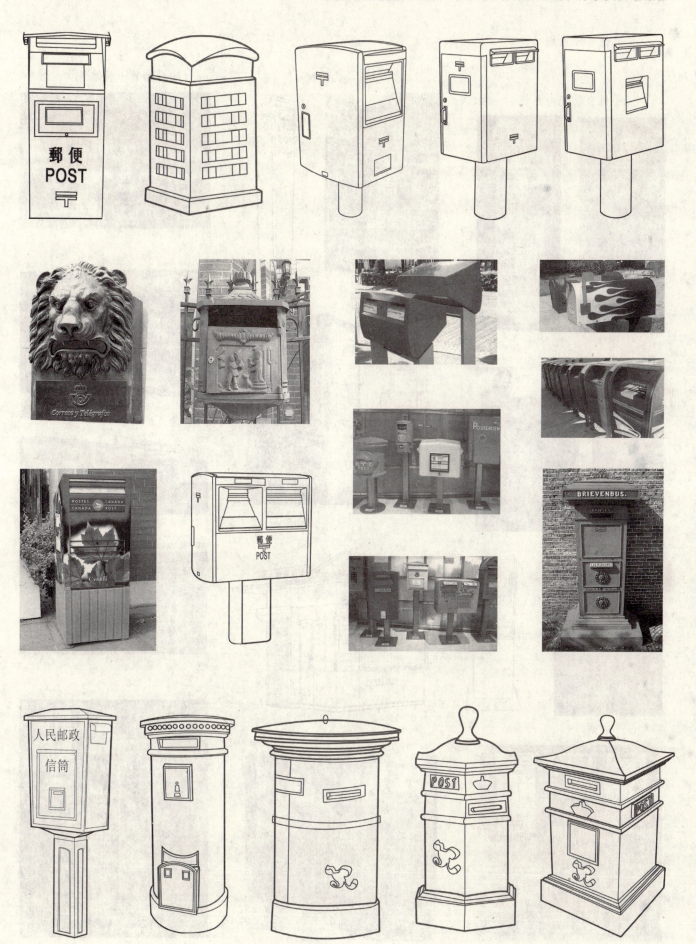

223

信息系统与自助设施 [30]　自助与交流设施

4. 其他自助系统

①手机自助充电系统

②自助售票机系统

③自助售卡机系统

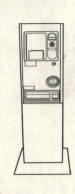

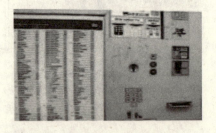

自助与交流设施 ［30］信息系统与自助设施

5. 公共电话设施系统

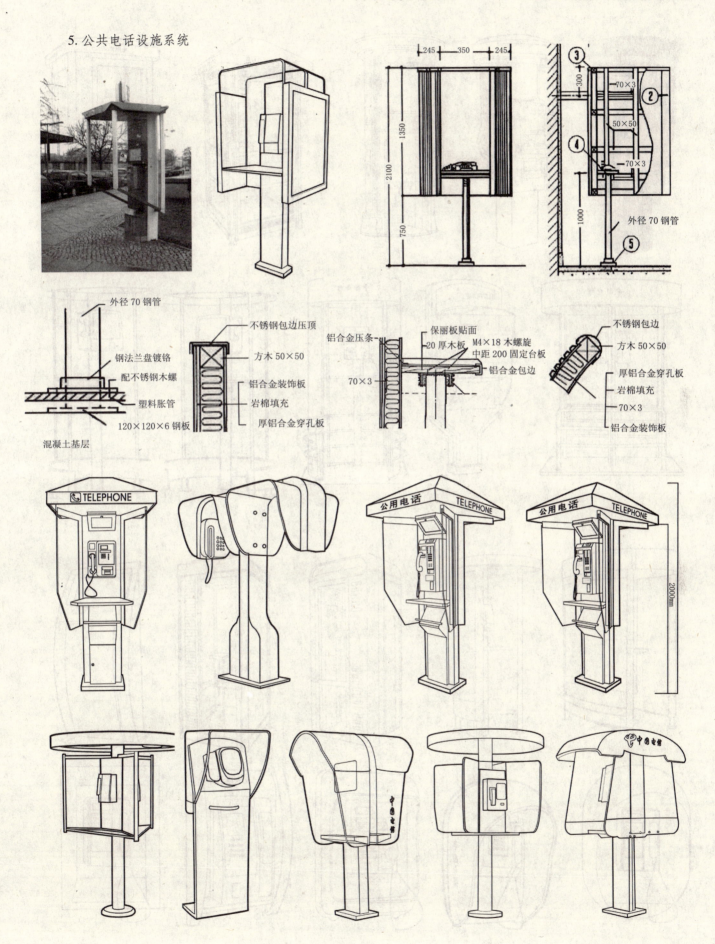

信息系统与自助设施 [30]　自助与交流设施

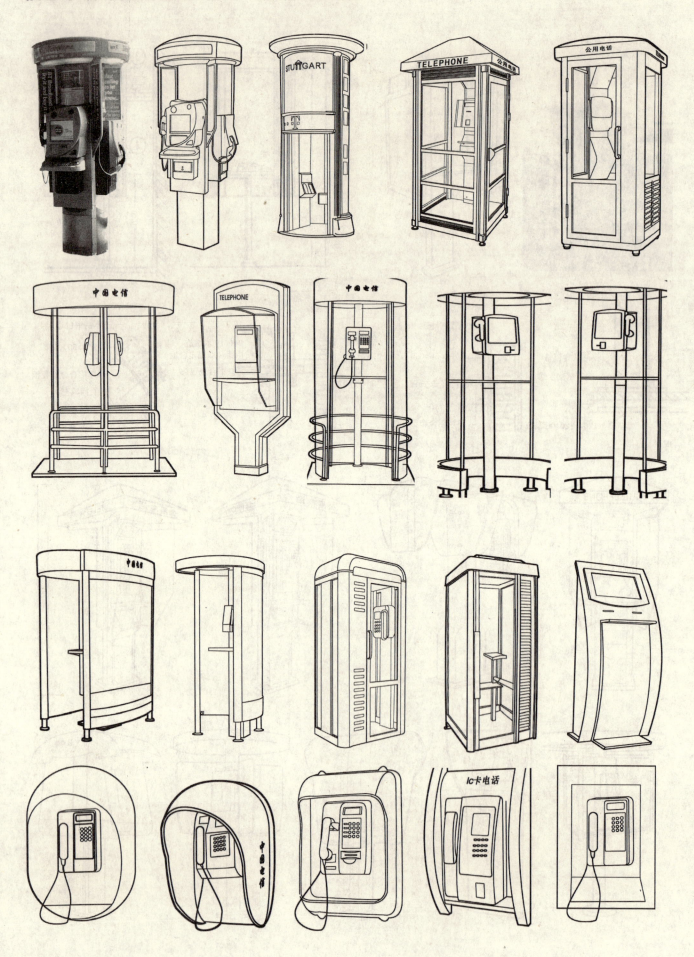

自助与交流设施 [30] 信息系统与自助设施

227

信息系统与自助设施 [30]　自助与交流设施、信息发布类与广告类

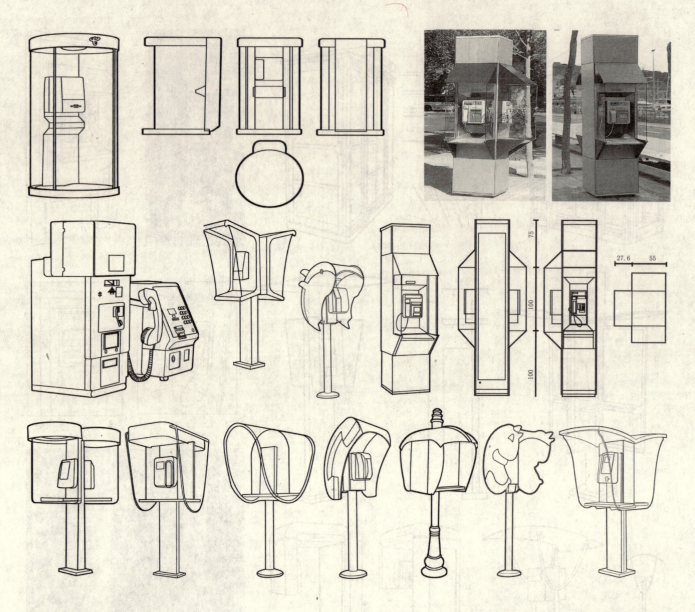

信息发布类与广告类

1. 信息发布

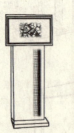

2. 广告类大屏幕

壁灯 [31] 照明设施

现代的城市环境离不开现代化的环境照明，环境照明不仅有利于提高交通运输效率，保证车辆、驾驶员和行人安全，而且在美化城市环境中起着重要作用。近年来随着大规模城市环境的开发，环境照明作为专门性的设计领域也获得了很大发展。

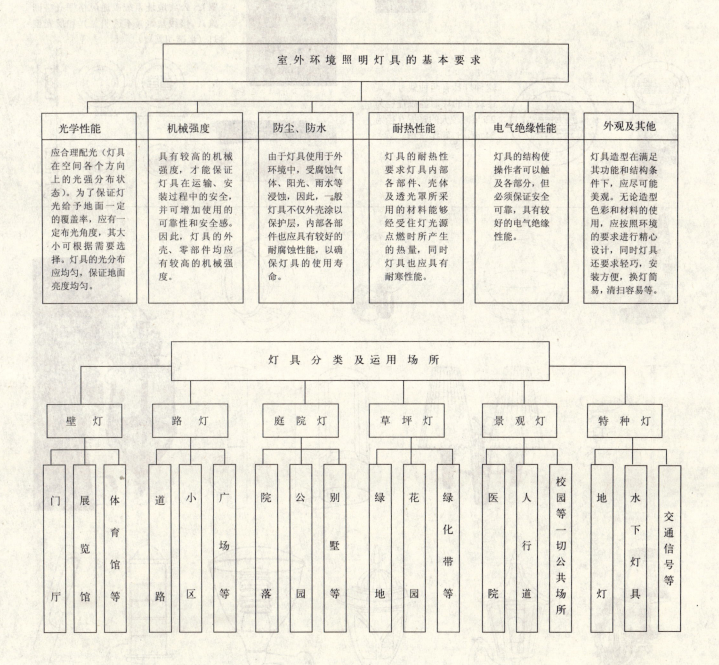

壁灯

壁灯一般用在卧室、门厅、浴室、厨房或更衣室、办公室、会议室，也用在工厂车间、饮食店、影剧院、展览馆和体育馆等公共场所。公共场所与卧室的壁灯，对亮度的要求不太高，而对造型美观与装饰效果的要求较高，户外壁灯用在建筑物入口墙上，或者院墙上、院门柱座上，作为夜间照明。

户外壁灯的尺寸，一般来说，多数比室内壁灯大一些，少数也有将室内用的壁灯用在室外。户外壁灯的光源功率，用40W或60W的灯泡就可以了，有的还可用功率更小的灯泡。重要的场所，户外壁灯的用材与加工工艺要讲究，装饰可以华丽一些。次要的地方，制作用材与装饰上，都应该简朴些。

照明设施 [31] 壁灯

设计者
Ma.Lluisa Aguado-Josep Ma. Julia(1986)
制造者
SANTA & COLE, S.A. Divison Urbana.

简介
　　这是一种可以抵御破坏的圆盘形嵌墙式的灯具，由喷射铸造铝制成。它可以满足各种用途：城市立标灯（城市灯罩）、公共地址系统或通风格栅（格栅盖）、接线盒盖（不透明盖）和反光壁灯（半透明盖）。

尺寸
这种灯具有两种型号，其中较小的环形盖板直径为22cm，较大的盖板直径为34cm，灯箱深9cm。

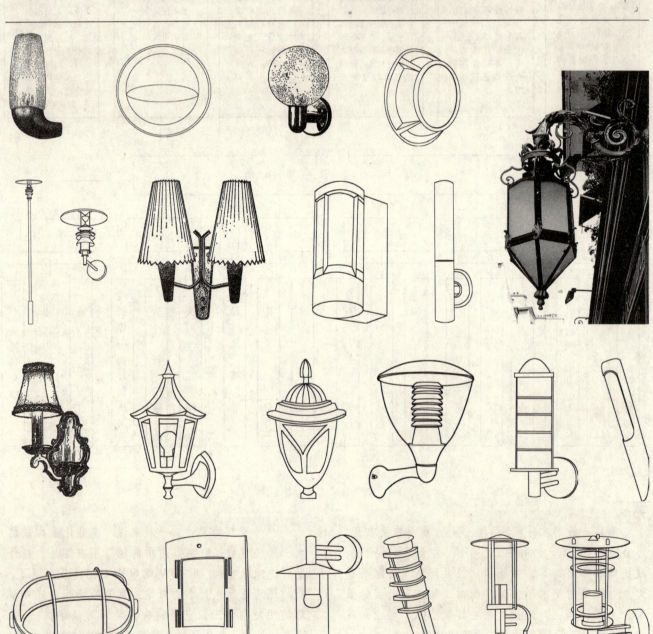

壁灯 [31] 照明设施

照明设施 [31] 壁灯

路灯

道路照明是室外环境照明的重要一环。决定道路照明质量有以下因素：路面平均亮度、亮度均匀性、眩光、诱导性照明的排列指示。

道路照明灯具的分类

1. 柱杆照明行道灯

一般沿道路设置灯杆。柱杆照明与路面的关系较密切，一般有以下几种情况：照明灯配置在 10～15m 高度为宜，安装过高，不仅增加柱杆成本，而且降低光的总效率；照明灯外伸部分一般为 1～1.5m，应以水平安装为宜，倾斜角一般应 <5°。柱杆照明方式应按照道路要求安排，还应与道路各种设施的高度相适应。

各种悬臂式柱杆路灯照明高度与间距之间的关系（道路宽度为 W）

灯具型	安装高度 h	灯具间距 D
非截光式	h > 1.2w	D > 4h
半截光式	h > 1.2w	D > 3.5h
截光式	h ≥ 1.2w	D > 3h

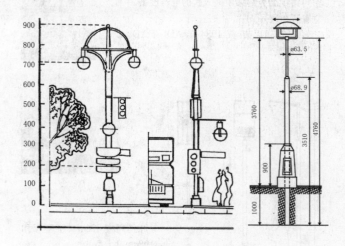

设计者
Pedro Barragan (1991)
制造者
LUXTEC, S.L.

这种灯柱的设计概念极其简洁，但其销量却相当高。

简介
这种圆形截面的钢制灯柱顶端设有三条嵌入 U 形轨道，它是用以安装聚光灯的，每个轨道中最多可设 5 盏灯。

这种灯柱的设计概念极其简洁，但其销量却相当高。

尺寸
灯柱高度　　1200cm、1400cm、1600cm
灯柱直径　　22cm(1200)
　　　　　　24.4cm（1400 或 1600）
轨道长度　　360cm(1200cm)
　　　　　　418cm(1400cm)
　　　　　　480cm(1600cm)

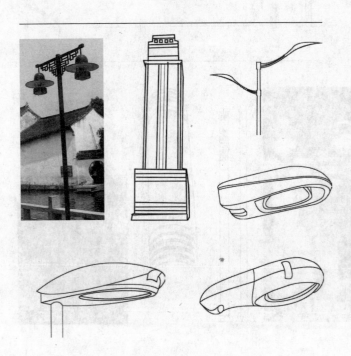

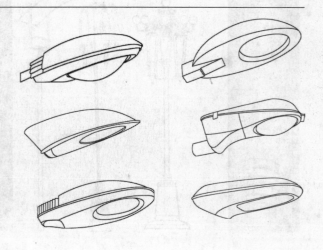

照明设施 [31] 路灯

设计者
Beth Gali – Marius Quintana
制造者
SANTA & COLE,S.A.Division Urbana.

简介
　　这种灯具不但可以通过反射形成灯光投影，而且还能保护灯具免受破坏。密封铸铝聚光灯采用嵌入式的电器设备，它有两种型号。
　　此设计荣获1984年ADI-FAD Delta银奖。

设计者
Jose A. Martinez Lapena – Elias Torres (1986)
制造者
SANTA & COLE.S.A. Division Urbana

简介
　　这种大型灯柱由三或六个装有反射罩的聚光灯组成。反射罩的安装呈螺旋上升的趋势。
　　这种雕塑般的灯具最适合设置在特殊场所。

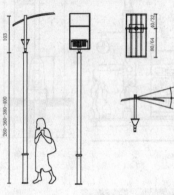

尺寸
灯具高度82cm（小型）和98cm（大型）
灯具宽度45.5cm（小型）和56.7cm（大型）
灯具长度96cm（小型）和120cm（大型）

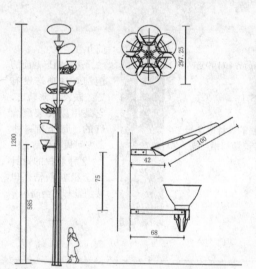

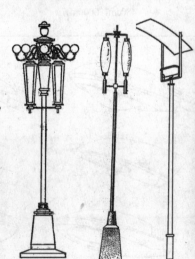

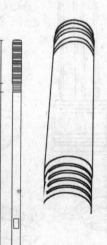

234

路灯 [31] 照明设施

设计者
Vico Magistretti (1977)
制造者
OLUCE, S.R.L.

简介
    这种外观简洁的灯柱或壁灯已经成为城市设施的一个经典之作，它是由金属结构和透明灯罩组成的。

设计者
Jean-Michel Wilmotte (1990)
制造者
JCDECAUX, S.A.Mobilier Urbain.

简介
    这是为法国 Champs-Elysees 地区的重建而设计的极为简洁而朴素的灯具，它用现代的手法保持了与环境和原有家具的和谐。
    双臂的灯柱由几段截面逐渐减小的截体圆锥形柱身构成，柱身上设有悬挂旗帜的支架。

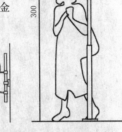

尺寸
球形灯罩直径 40cm
球形灯罩高度 300cm（灯柱），70cm（壁灯）
组合直径 90cm（灯柱）
悬臂长度 50cm

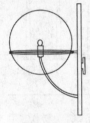

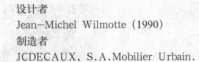

尺寸
总高度 1200cm（光源的高度）
基座高度 360cm
基座直径 35cm

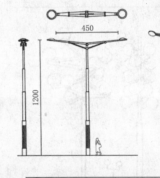
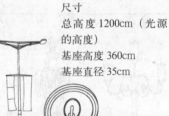

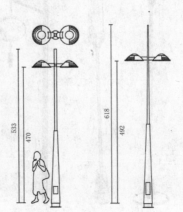

照明设施 [31] 路灯

设计者
Jorge Pensi(1990)
制造者
SANTA & COLE,S.A.Division Urbana.

简介
　　这是一种不透明塑料制成的灯具，有肋形灯罩，穹形顶帽和下部的铝制柱颈，匀称得体的外观表现它可以用于任何空间。
　　此设计入选1991年 ADI-FAD Delta 奖。

尺寸
最大处直径46cm
总高度67cm

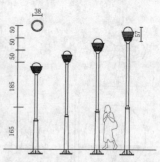

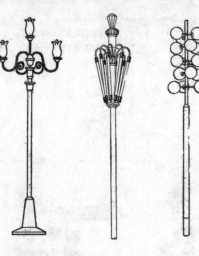 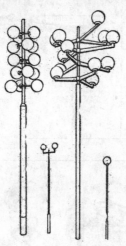 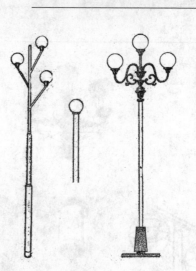 

 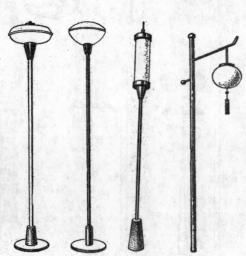

路灯运用场景图

路灯 [31] 照明设施

2. 高柱杆道路照明方式

此类照明器安装高度以距地面 7m 以上为宜，分为悬臂式和灯塔式两种。悬臂式又分为单叉、双叉、多叉式。灯具内配置高压汞灯、高压钠灯和金属卤化物灯等光源。发光效率高，光色也能被人们所接受。

设计者
Pedro Barragan-Bernnardo de Sola
(1988)
制造者
CALDERERIA DELGADO, S.A.

简介
这种套筒式灯柱设有各种具不同高度和直径的部件。它的顶端有一支或两支用来照明的悬臂，而其中一支悬臂可设置适当的高度，用于人行道的照明。

尺寸
灯柱高度　900cm、1200cm、1400cm
部件直径　16.8/11.5cm(900cm 高)
　　　　　21.9/16.8/11.5cm(1200/1400cm 高)
宽度（不计照明灯）一支悬臂 180cm
　　　　　　　　　两支悬臂 350cm

道路照明灯具配置方式

配置方式		道路宽度（m）
一侧排列	● ● ● ●	12
道中心上方一列	● ● ● ●	18
道两边交错列		24
道两边对称列		48
中央分离带分列		24
中央两侧交错列		48
道路上方交错列		36
道路上方并列		60
道两侧中央并例		80

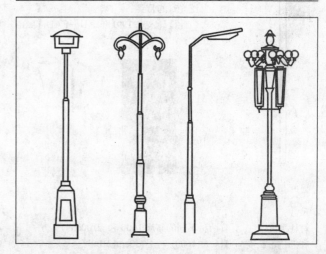

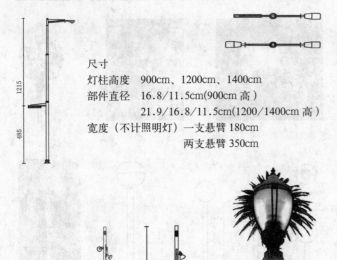

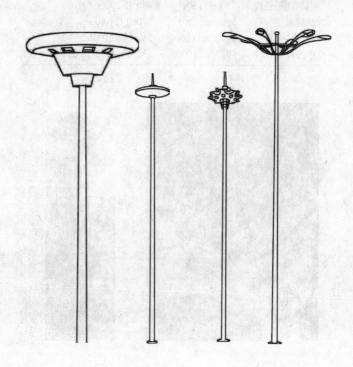

照明设施 [31] 路灯

设计者
Jaume Arbona–Antoni Balague–Eduard Bru (1991)
制造者
LUXTEC,S.L.

设计者
Philippe Starck (1991)
制造者
JCDECAUX,S.A.Mobilier Urbain

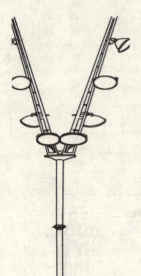

简介
　　这是一种用于大面积公共场所照明的大型钢制灯具，它最初是为了改进机场周围区域的照明灯具而设计的。
　　灯具由三部分组成：一个固定支座，一个电动机驱动的可旋转支柱（装配减速电动机装置）和两至三支V形承托泛光灯的悬臂。
　　此设计入选1991年ADI-FAD Delta奖。

简介
　　这是一种用于城市空间的灯柱，它的主要特点在于其具有用于照明的可旋转悬臂，这种悬臂在白天的时候是垂直的，好似灯柱的延伸部分，而夜晚时，通过机械设备的驱动，使它变为倾斜状态，与竖直方向成约70°的夹角。

尺寸
白天灯柱总高度	1132cm
夜晚灯柱总高度	923cm
光源总高度	900cm
夜晚灯柱跨度	308cm

尺寸

灯柱高度	有两种不同的高度 1600 和 2100cm	
底部柱子长度	515cm(1600)	750cm(2100)
中部柱子长度	550cm(1600)	460 和 290cm(2100)
悬臂长度	510cm(1600)	570cm(2100)
底部柱直径	27.3cm（1600）	35.6cm(2100)
中部柱直径	19.3cm(1600)	27.3 和 19.3cm(2100)

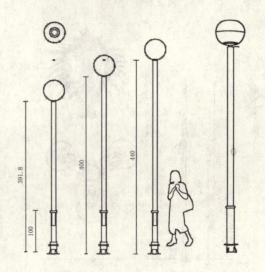

庭院灯 [31] 照明设施

庭院灯

庭院灯是一种用于门庭和院落之间以及园林之间的照明灯具，它要求美观、大方。

设计者
Josep Bosch (1993)
制造者
MB & Co. Producciones de diseno

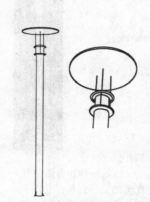

简介
这种灯柱是为照亮散步场所、人行区域、广场和城市花园而设计的。照明灯是被包容在柱身之内的，这样不仅可以抵御外部的侵扰，而且可通过内部圆盘的反射产生光线。这种灯柱易于保养。如果每隔17cm要求提供20勒克司的照明，则需要安装 HQL250W 的灯泡。此设计入选1993年 ADI-FAD Delta 奖。

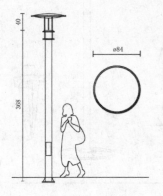

尺寸
柱身高度	366cm
总柱身高度	408cm
柱身直径	16cm
反射圆盘直径	83.7cm

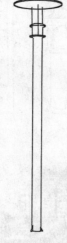

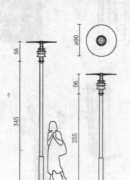

照明设施 [31] 庭院灯

设计者
Plero Castiglioni(1993)
制造者
SCHOPENHAUER Gruppo FontanaArte.

尺寸
灯具　直径　4.5cm
　　　高度　17cm
柱身　直径　3.5cm/4.5cm
　　　　　　5.3cm/6cm
　　　高度　210cm 和 280cm/
　　　　　　120cm 和 210cm/
　　　　　　50cm/120cm、210cm 和 280cm

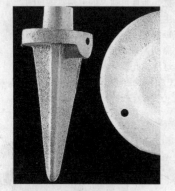

简介
这是一种非常简洁且优美的室外灯具，它用于那些人们熟悉的场所，而在哪里照明往往是不会被注意的。它是由各种不同高度的灯杆和不同直径的灯做成相同直径的灯具组成的。

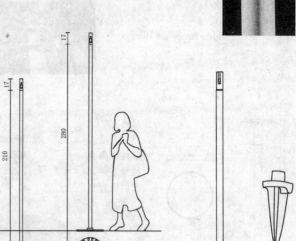

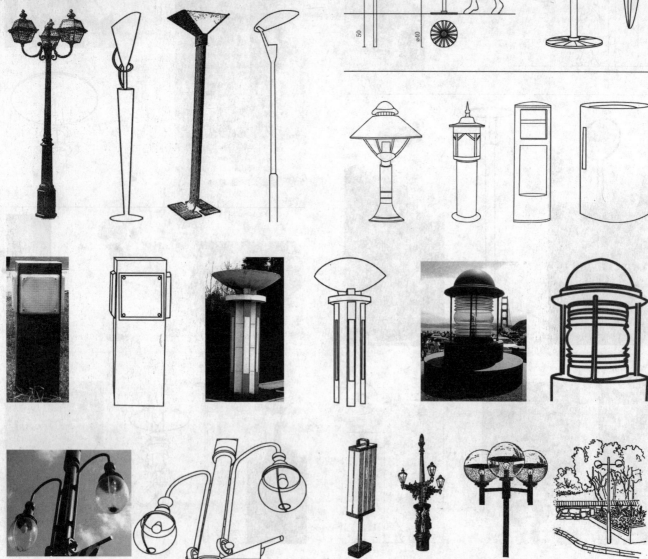

庭院灯　[31] 照明设施

设计者
Pierluigi Molinari(1993)
制造者
IGUZZINI Illuminazione, S.R.L.

简介
　　Lanterna 是一种用于室外的灯具，它由铸铝制的光学单元组成，其中包括辅助设备和由丙烯材料制成的圆柱形灯罩和铝制反射系统。

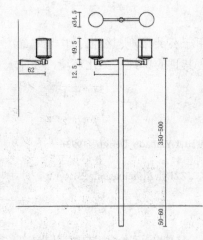

尺寸
灯具　　　　　　直径 34.5cm
　　　　　　　　高度 52.5cm
柱身　　　　　　高度 350cm 和 500cm
壁灯悬臂长度　　62cm
柱式灯悬臂长度　59cm

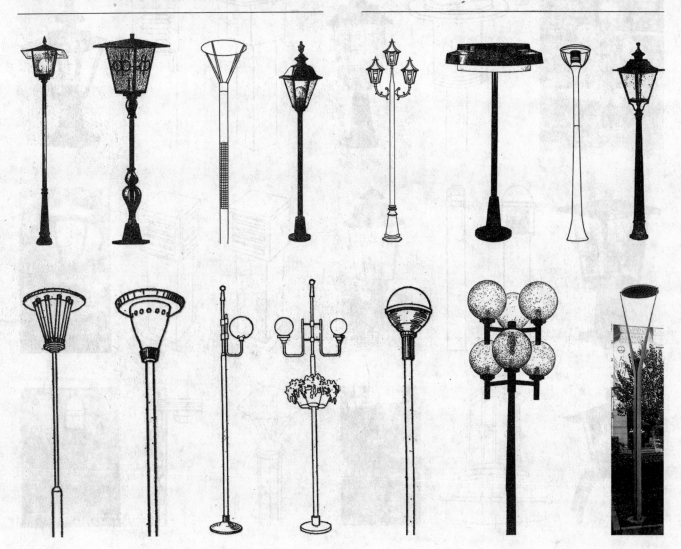

241

照明设施 [31] 草坪灯

草坪灯

草坪灯是一种用于公共绿地、公园、广场等绿化项目的休闲用灯，其目的单纯，美化环境，要求造型美观。

设计者 Yamada Design (1992)
制造者
IGUZZINI Illuminazione, S.R.L.

简介
　　这种用于室外的标志性灯具是方形的，发出的光线不对称，它是用铝制成的，且装有磨砂玻璃灯罩。

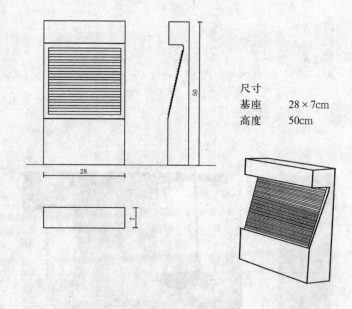

尺寸
基座　　28×7cm
高度　　50cm

草坪灯 [31] 照明设施

243

照明设施 [31]　景观灯

景观灯

　　景观灯具有户外广告的功能性和兼具重大节庆活动的意义。不同城市的景观照明，还要体现城市差别感。每个地方有自己最值得通过夜间照明体现的景观，每个城市有自己的城市文化和历史传统。

　　此外，每个城市人们的审美情趣也不一样，这就导致各地的普通市民对于景观灯风格的要求不一样。景观灯的灯光要实现"文化的、人性的、个性的"等的特点，使景观灯"景为人造，意达心灵"。

设计者
Oriol Bohigas–David Mackay –Josep Ma.Martoreu –Albert Puigdomenech (1992)
制造者
DAE Diseno Aborro Energetico, S.A.

尺寸
总高度	照明灯具	955cm
	通风井	187cm
	每个组件标准尺寸	100cm×100cm×100cm
重量	照明灯柱	4625kg
	通风井	2166kg

简介
　　这种灯柱的平面为方形，它的重量很大。他的设计是为了两个方面的需求：照亮界标或者大面积开放空间中显著的特色事物，或将地下停车场的通风口与城市公共空间的照明相结合。

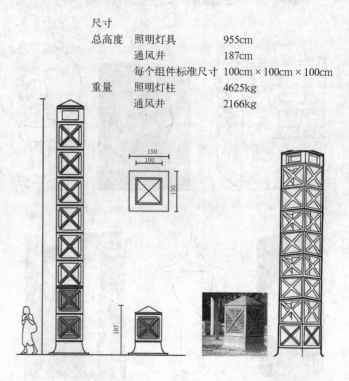

景观灯　[31] 照明设施

照明具有装饰空间的作用。一方面创造环境空间的形和色，并使之融为一体，借助于各种光效应而产生美的韵律；另一方面，通过灯具的造型及排列、配置，对空间起着点缀和强化艺术效果的作用，体现了光的装饰表现力。

借助于不同光的照明，可显示物体的特征（材料、质感和色彩等）。因此，现代照明设计是促进环境现代化，满足人们物质和精神需求的重要手段。

照明设施 [31] 特种灯

特种灯

特种灯包括地灯、交通信号灯、座灯、射灯及水下灯具等一系列户外公共场所用灯。它的功能性大于它的装饰性。

设计者
Jordi Henrich – Olga Tarraso(1991)
制造者
ABB Metron,S.A.

简介
圆柱形立标灯的尺度比较大，它也有为周围区域照明的功用。它是为大型港口设计的。

尺寸
地面以上的高度　　190cm
框架直径　　　　　46cm
照明设备直径　　　27cm

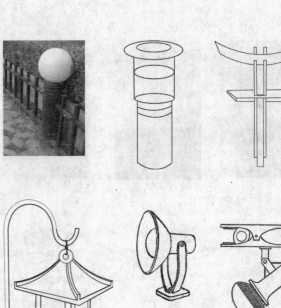
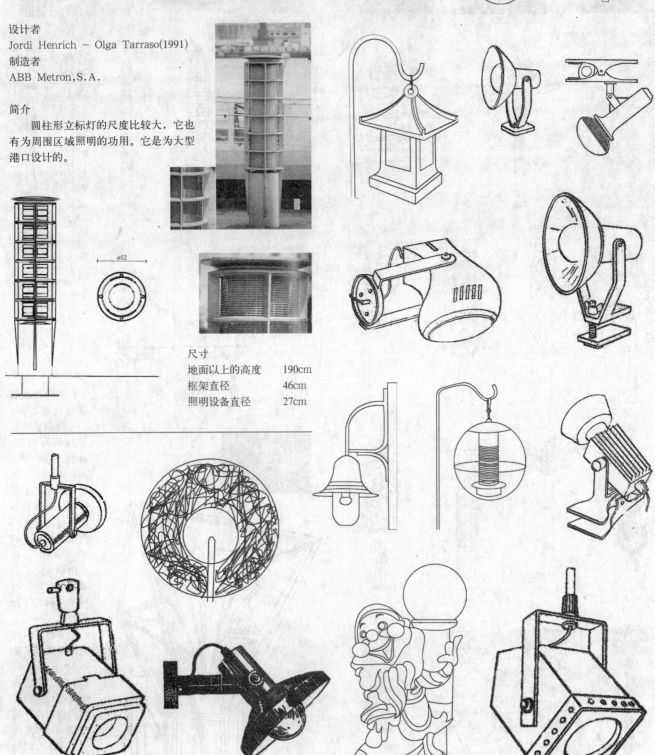

特种灯 [31] 照明设施

设计者
Joan Auge – Albert Ferrer – Antonio Viscasillas (1992)
制造者
DAE Diseno Ahorro Energetico, S.A.

简介
　　这种半圆形无盖嵌入式灯具是用于室外场所的，它可以安装在水平或垂直面上，主要用作标志或指向牌。灯柱的保护罩可以脱掉。

尺寸
有罩高度　　15.5cm
照明表面直径　28cm
总表面直径　　41cm

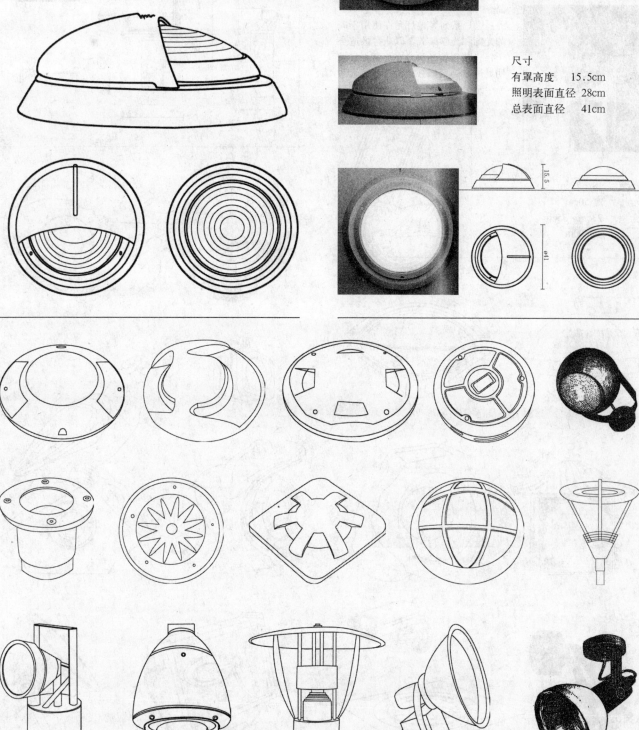

照明设施 [31] 特种灯

设计者
Renzo Piano(1993)
制造者
IGUZZINI Illuminazione,S.R.L.

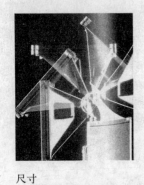

简介
　　这一系列聚光灯允许使用不同的光源和光学装置，以获得最适合于每一装置的光线分布，聚光灯被明显地分为两部分——可调装置和光学元件。

尺寸
小型　　18×27cm
　　　　高 50cm
大型　　23cm×35cm
　　　　高 60cm

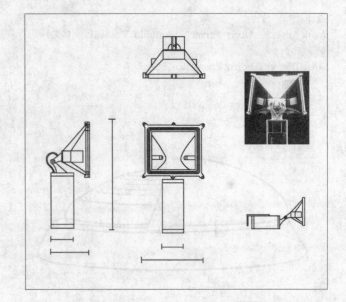
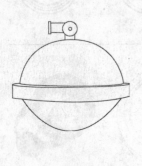
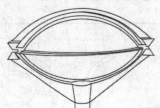
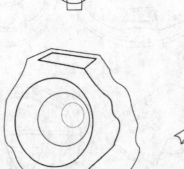
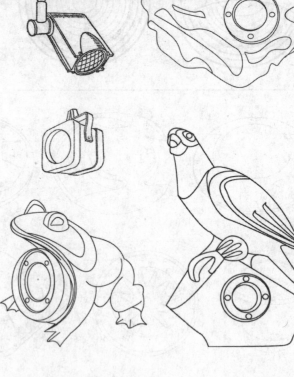
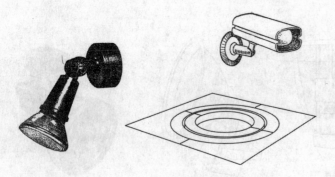
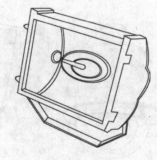

特种灯　[31] 照明设施

设计者
Iguzzini Design (1994)
制造者
IGUZZINI Illuminazione, S.R.L.

简介
　　这是一个可装配于路面和铺面上的灯具系列。它由各种不同的配件或可调节光学元件组成，分为两种不同的类型。由于其主要构件是由不锈钢制成的，所以可确保灯具能抵御外界的破坏。

尺寸
小型　顶部直径　14cm
　　　底部直径　10.3cm
　　　总高度　　17.7cm
大型　顶部直径　22cm
　　　底部直径　18cm
　　　底高度　　24.9cm

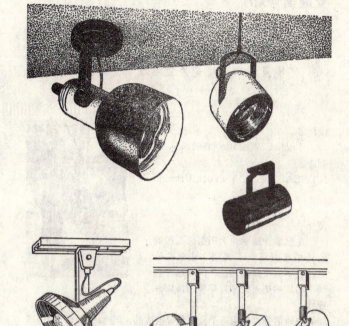
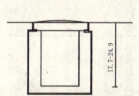

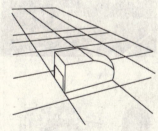

照明设施 [31] 交通信号灯

交通信号灯

　　交通信号灯是管理交通秩序，保障交通工具和行人安全的一类灯具的统称。

　　环境设施交通灯是为管理城市交通工具和行人的动向，传达一种命令而设置的一类固定不动的灯具。交通信号包括用光的颜色、闪烁和排列组合成的灯光信号和能显示发光文字、符号的灯光标志两种。

设计者
Jean Michel Wilmotte (1990)
制造者
JCDECAUX.S.A.Mobilier Urbain

简介
　　在巴黎香榭丽舍大街整修工程的设计中充分反映了其简古庄重的特点。它不但很具现代感，同时也考虑到了与周围街道设施及环境的协调一致性。

　　交通信号灯是由三个投摄装置组成的，同时，在灯杆的顶端及中心装有三盏彩色信号灯。另外，在灯杆向上的地方还装有行人通信指示灯。

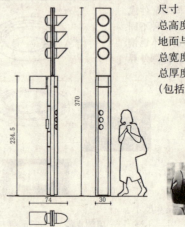

尺寸
总高度　　　　　　　　　370cm
地面与通信指示灯距离　　235cm
总宽度　　　　　　　　　30cm
总厚度　　　　　　　　　74cm
（包括遮阳板和行人信号灯）

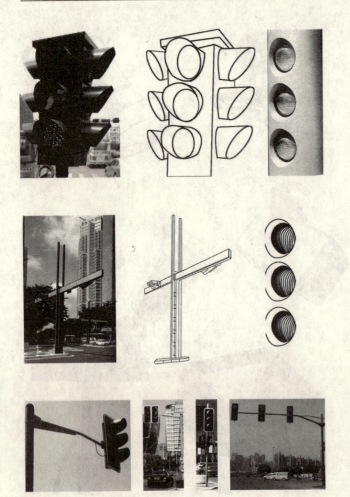

喷水水景　　[32] 水景设施

在城市环境中，水景设施是一道独特的人文景观之一，可以缓冲、软化城市中"凝固的建筑物"和硬质的地面，以增加城市环境的生机，有益身心健康并能满足视觉艺术的需要。随着科学技术的发展进步，各种喷泉的花样层出不穷，几乎达到了人们随心所欲创造各种绚丽多姿动态水景的程度。城市的喷泉设备也已经十分先进，各种普通喷泉、音乐喷泉、程控喷泉、旱地喷泉、跑动喷泉、光亮喷泉、趣味喷泉、激光水幕电影、超高喷泉及瀑布、叠水、水帘、溢流、溪流、壁泉等已经千姿百态，变化多端，引人入胜。

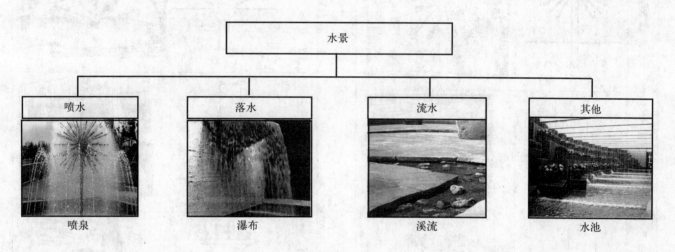

喷水水景

喷水造型的水形灵活多变，喷射出的水形可以形成水柱、水流、水珠或水雾等多种形态。常见的有：喷泉、涌泉、壁泉等。

1. 喷泉是一种将水或其他液体经过一定压力通过喷头喷洒出来具有特定形状的组合体，提供水压的一般为水泵，经过多年的发展，现在已经逐步发展为几大类：音乐喷泉、程控喷泉、旱地喷泉、跑动喷泉、光亮喷泉、趣味喷泉、激光水幕电影、超高喷泉等。加上特定的灯光、控制系统，起到净化空气、美化环境、改善城市面貌和增进居民身心健康的作用。

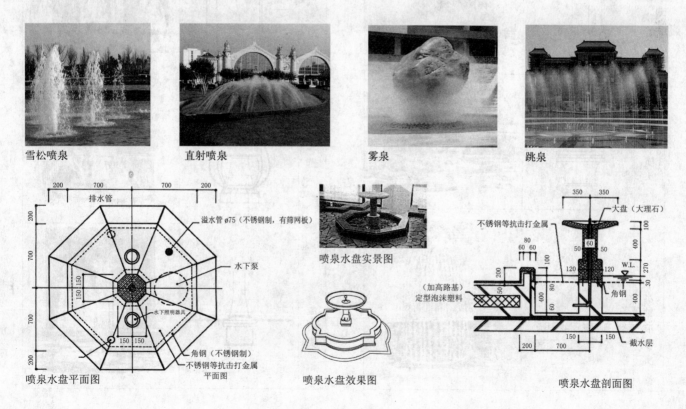

水景设施 [32] 喷水水景

喷头与水态

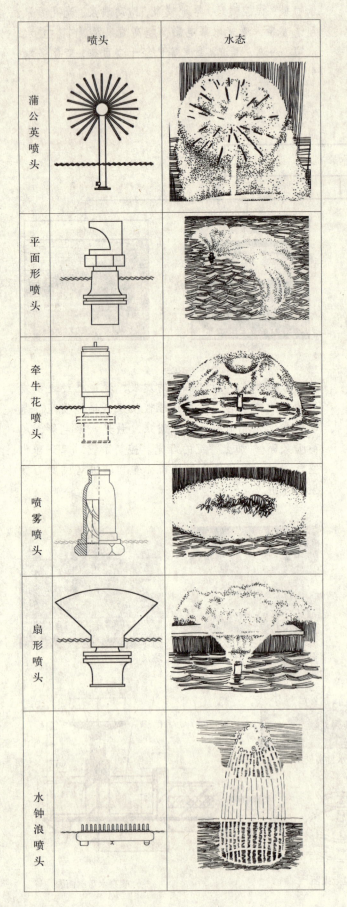

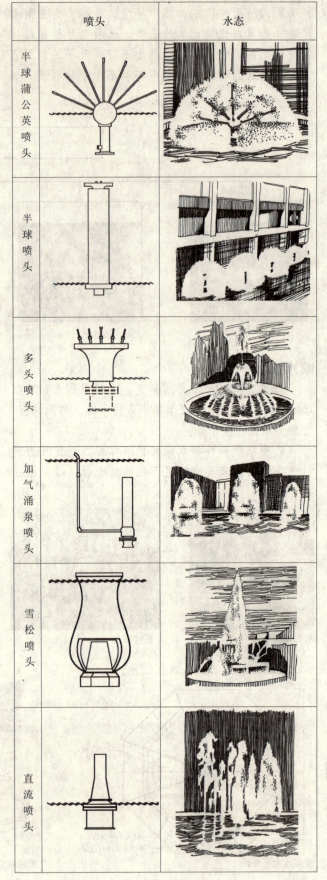

喷水水景　[32] 水景设施

水景设施 [32]　喷水水景

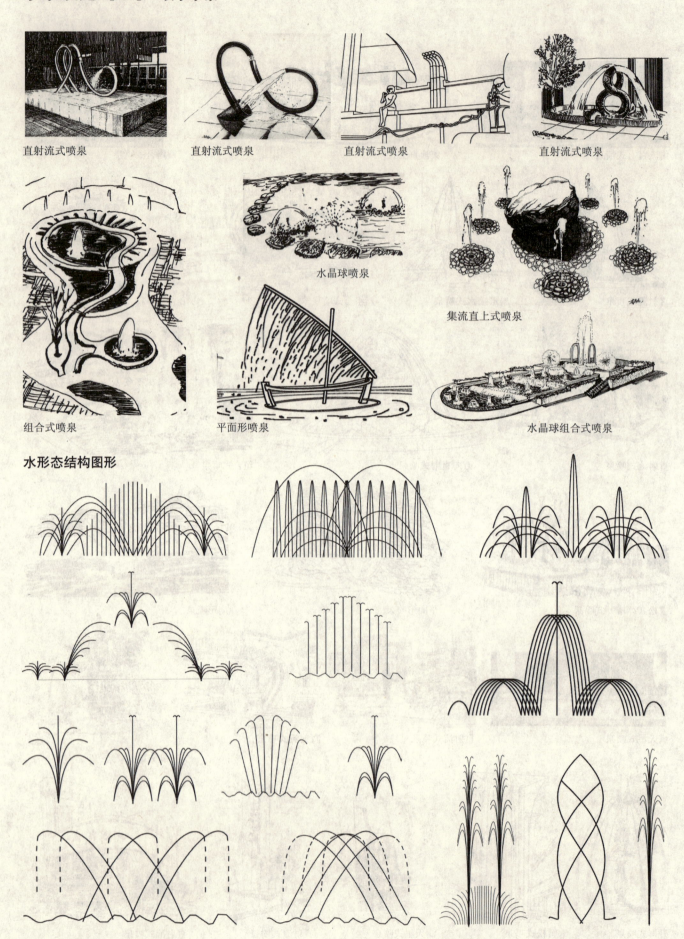

直射流式喷泉　　直射流式喷泉　　直射流式喷泉　　直射流式喷泉

组合式喷泉　　水晶球喷泉　　集流直上式喷泉

平面形喷泉　　水晶球组合式喷泉

水形态结构图形

喷水水景　[32] 水景设施

2. 涌泉是由下向上冒出，不作高喷，称之为涌泉。涌泉有自然涌泉和人工设计的涌泉。如果设计中用不同压力及图形的水头，亦可产生不同形态、高低错落等等的涌泉。现今流行的时钟喷泉、标语喷泉，都是以小小的水头组成字幕，利用电脑控制时间、涌出泉水而成。

涌泉

涌泉

涌泉

涌泉

涌泉图例

涌泉

涌泉

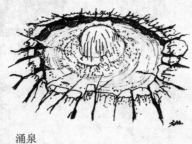
涌泉

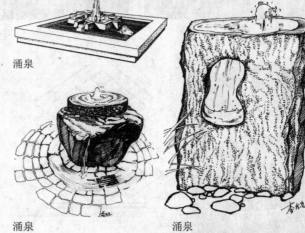
涌泉

涌泉

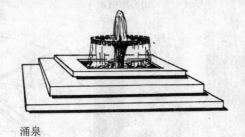
涌泉

涌泉

涌泉

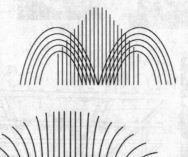
涌泉

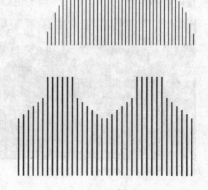
雾泉

水形态结构图形

255

水景设施 [32] 喷水水景

3. 壁泉是水从墙壁上顺流而下形成壁泉，大体上也有3种类型：

①墙壁型 在人工建筑的墙面，不论其凹凸与否，都可形成壁泉，而其水流也不一定都是一律从上而下，可设计成具多种石砌缝隙的墙面，水由墙面的各个缝隙中流出，产生涓涓细流的水景。

②山石型 人工堆叠的假山或自然形成的陡坡壁面上有水流过形成壁泉。以人工几何形的造型，表现出大自然的寓意。

③植物型 多数是流水与植物形成整体的泉水。在中国园林中，常用垂吊植物如吊兰、络石、藤蔓植物等在根块中塞入若干细土，悬挂于墙壁水管处，以水随时滋润或滴滴嗒嗒发出叮叮响声音，或沿墙角设置"三叠泉"等等，属于此类型。

墙壁型壁泉　　墙壁型壁泉　　山石型壁泉　　植物型壁泉

墙壁型壁泉　　山石型壁泉　　山石型壁泉　　植物型壁泉　　山石型壁泉

墙壁型壁泉　　墙壁型壁泉　　墙壁型壁泉　　墙壁型壁泉

植物型壁泉　　植物型壁泉　　山石型壁泉

落水水景　[32] 水景设施

落水水景

落水的造型较为随意丰富，气势磅礴，常见于城市环境及园林中应用，也用于街头墙角、楼梯侧边、广场中心、屋檐下、电梯旁、屋角等环境中。常见的有：瀑布、水帘、叠水等。

1. 瀑布是水从悬岩或陡坡直泻而下称为瀑布，大的瀑布可产生巨大的声响，瀑布形态也十分丰富。瀑布有线状、帘状、分流、叠落等形式，主要在于峭壁、水口和递落叠石等形态的设计。现用于人造瀑布较多。

叠落瀑布

帘状瀑布

线状瀑布

分流瀑布

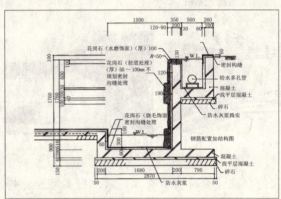
瀑布工程结构剖面图

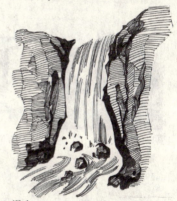
瀑布

线状瀑布

瀑布

帘状瀑布

叠落瀑布

叠落瀑布

帘状瀑布

帘状瀑布

帘状瀑布

叠落瀑布

分流瀑布

水景设施 [32] 落水水景

2. 水帘是水由高处直泻下来，由于水孔较细小、单薄，流下时仿若水的帘幕。这种水态在古代亦用于亭子的降温，水从亭顶向四周流下如帘，如今这种水帘亭常见于园林中。

直泻式水帘　　直泻式水帘　　溢流式水帘　　直泻式水帘　　直泻式水帘

直泻式水帘　　喷泉式水帘　　直泻式水帘　　溢流式水帘　　直泻式水帘

溢流式水帘　　　　喷泉式水帘　　　　直泻式水帘　　　　溢流式水帘

3. 叠水是水分层连续流出，或呈台阶状流出称为叠水。中国传统园林及风景中，常有三叠泉、五叠泉的形式，外国园林便是普遍利用山坡地，造成阶梯式的叠式。台阶有高有低，层次有多有少，构筑物的形式有规则式、自然式及其他形式，故产生形式不同、水量不同、水声各异的丰富多采的叠水。

喷泉式叠水　　　泻流式叠水　　　瀑布式叠水　　　瀑布式叠水

溢流式叠水

泻流式叠水　　　　溪流式叠水　　　　溢流式叠水

落水水景 [32] 水景设施

喷泉式叠水

溪流式叠水

泻流式叠水

溪流式叠水

泻流式叠水

溪流式叠水

泻流式叠水

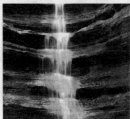
瀑布式叠水

瀑布式叠水

溪流式叠水

瀑布式叠水

溪流式叠水

溪流式叠水

溪流式叠水

溪流式叠水

溪流式叠水

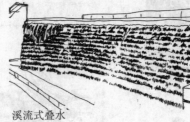
溪流式叠水

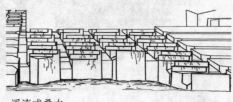
溪流式叠水

溪流式叠水

溪流式叠水

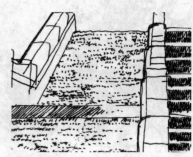
溪流式叠水

水景设施 [32] 流水水景

流水水景

流水是自然山涧中低压气体流动的一种水流形式。将这种形式用人造的方法运用到公园、广场等环境中，将那种断断续续、细细小小、涓涓而流的流动水称之为溪流、管流、溢流及泻流等。

1. 溪流是在园林中小河两岸砌石嶙峋，河中少水并纵横交织，疏密有致置大小石块，小流激石，缓缓而流，在两岸土石之间，栽植一些耐水湿的蔓木和花草，构成极其自然野趣的水景而称之为溪流。

自然界溪流

仿自然形态溪流

人造形态溪流

人造形态溪流

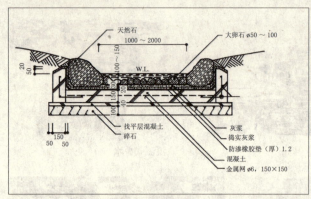
溪流工程剖面图

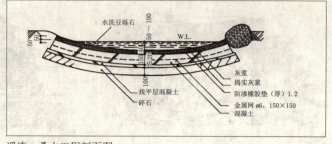
溪流、叠水工程剖面图

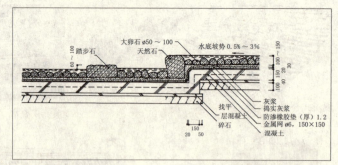
溪流工程剖面图

自然界溪流

自然界溪流

仿自然形态溪流

仿自然形态溪流

仿自然形态溪流

仿自然形态溪流

流水水景 [32] 水景设施

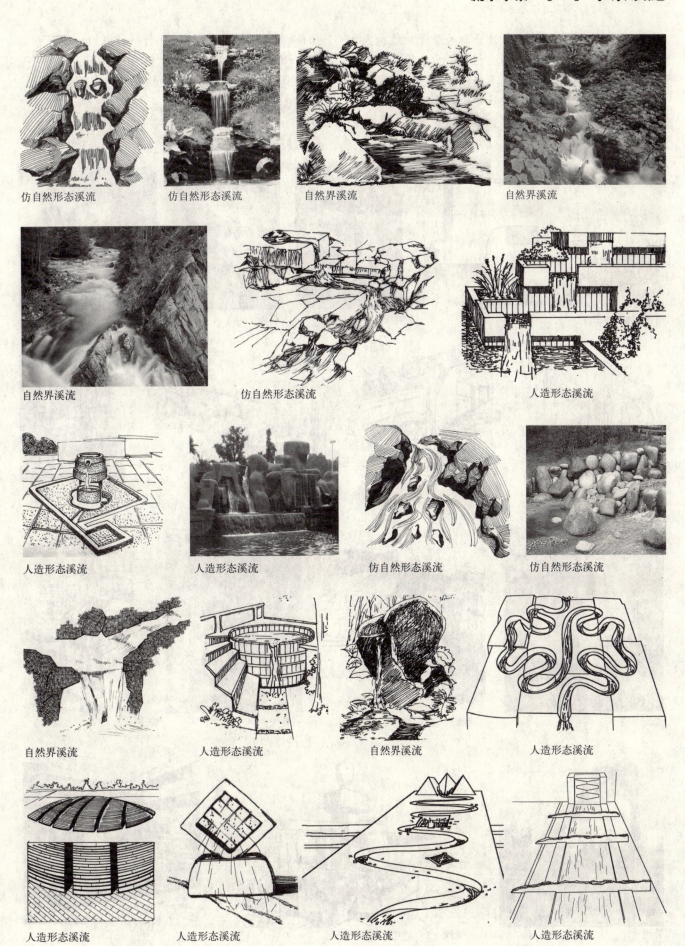

水景设施 [32]　流水水景

2. 管流是水从管状物中流出称为管流。这种人工水态主要构思于自然乡野的村落，常以挖空中心的竹杆，引山泉之水，常年不断地流入缸中，以作为生活用水的形式。近代园林中则以水泥管道，大者如槽，小者如管，组成丰富多样的管流水景。回归自然已成为当前园林设计的一种思潮，因而在借用农村管流形式的同时，也将农村的水车形式引入园林，甚至在仅有1m多宽在橱窗中也设计这种水体，极大地丰富了城市环境的水景。

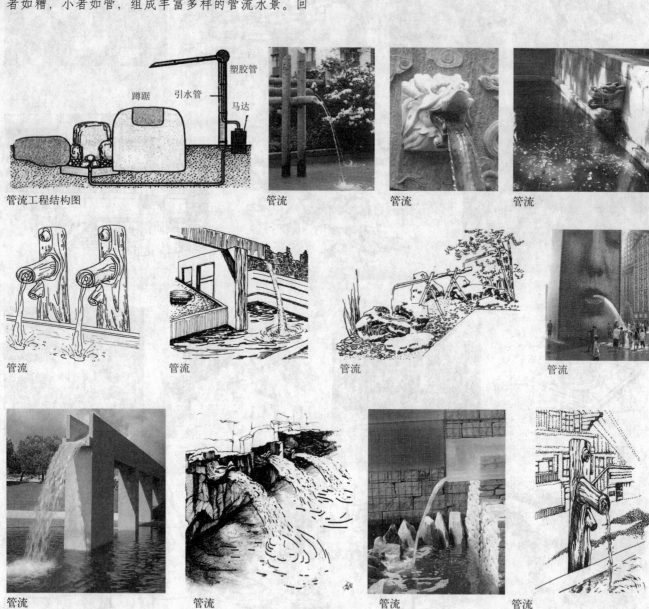

管流

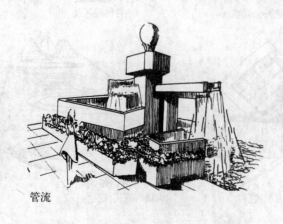
管流

管流

流水水景　[32] 水景设施

3. 水满往外流谓之溢流。自然界的溢流相似流淌的溪流水景，人工设计的溢流形态是取决于池的面积大小及形态层次，如直落而下则成瀑布风格，沿台阶面流淌则成叠水风格，或以杯状物如满盈般渗漏，亦有类似水帘形态风格。

4. 泻流是借助构筑物的设计形态点点滴滴地泻下水流，它的形成主要是降低水压，使水依附建筑物的形态由高往低稀稀拉拉地泻流。

一般多设置于较安静的角落，也有结合雕塑物或建筑物设计的泻流水景。

叠水式溢流

溢流

泻流

溢流

瀑布式溢流

叠水式溢流

叠水式溢流

泻流

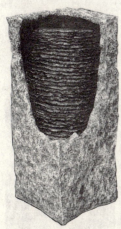
泻流

泻流

涌泉式溢流

泻流

叠水式溢流

叠水式溢流

瀑布式溢流

瀑布式溢流

涌泉式溢流

喷泉式溢流

泻流

涌泉式溢流

泻流

水景设施 [32]　其他水景

其他水景

其他水景是指近几年出现的各种新概念设计的水景及静态的塘与池等等。

1. 音乐喷泉水景：是由电脑控制声、光及喷孔组合而产生不同形状、不同色彩、配合音乐节奏而构成的综合水景。

2. 间歇喷泉水景：是岩浆活动的一种次生现象。它不定期地喷射出混杂有蒸气的热水。这种间歇是由通过大小管道汇聚起来的地下水被天然气和火山蒸气加热形成的。当温度达到沸点时，水转化为强烈的喷射流冒出地面，有时形成高达数十米的水柱。经过这种"爆炸"后，水又恢复到汇聚阶段，从而开始了另一个喷射周期。多分布在火山活动区。现在，利用电脑控制，已将这种奇特的自然喷泉，引入到园林中来。

3. 水涛：是利用电动压力将水推动拍动岩岸而发出涛声、并产生水涛。这种水态多用于特种景观的需要。

4. 漩涡：是在一定的地域范围内，由于水的流量、流速、水域的坡度及承接水的周边关系，在其中一个固定的地点，产生一种漩涡。这种自然的水态，现在也被应用于人工再造的水环境中。

5. 静态水景：水体多以不同深浅的水池形成平静的水面。静态水可分为小面积水塘、宽阔湖泊、蜿蜒的水池等。

水池有多种，从园林中富有代表性的自然式池塘，到各种广场常用的用于倒映建筑物的几何形水池、观赏用水池，以及高尔夫球场中所见的美化景观用水池、养鱼池、儿童游乐场中的涉水池等等。

音乐跑泉　　变音乐频跑泉　　音乐摇摆泉　　音乐玻光泉　　音乐间歇喷泉

    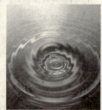 

间歇喷泉　　间歇喷泉　　间歇喷泉　　人造漩涡　　自然界漩涡　　人造漩涡

人造漩涡　　人造漩涡　　人造漩涡　　水涛乐声　　水涛乐声喷泉

人造水涛乐声　　水涛乐声　　水涛乐声　　人造水涛乐声　　人造水涛乐声

其他水景 [32] 水景设施

几何形水池

几何形水池

蜿蜒的水池

水塘

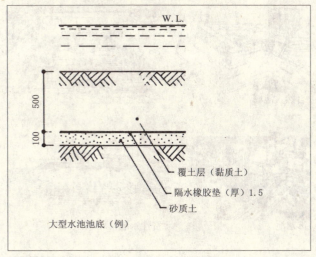

大型水池池底（例）

工程图

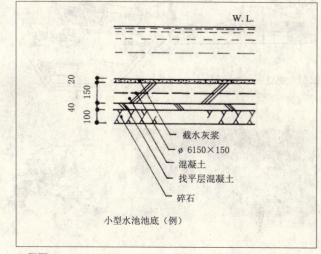

小型水池池底（例）

工程图

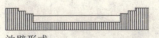
池壁形式

池壁形式

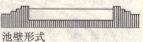
池壁形式

池壁形式

交通用河流

交通用河流

宽阔湖泊

观赏性水池

自然式池塘

自然式池塘

自然式池塘

自然式池塘

养鱼水池

自然式池塘

养鱼水池

观赏性水池

水景设施 [32] 其他水景

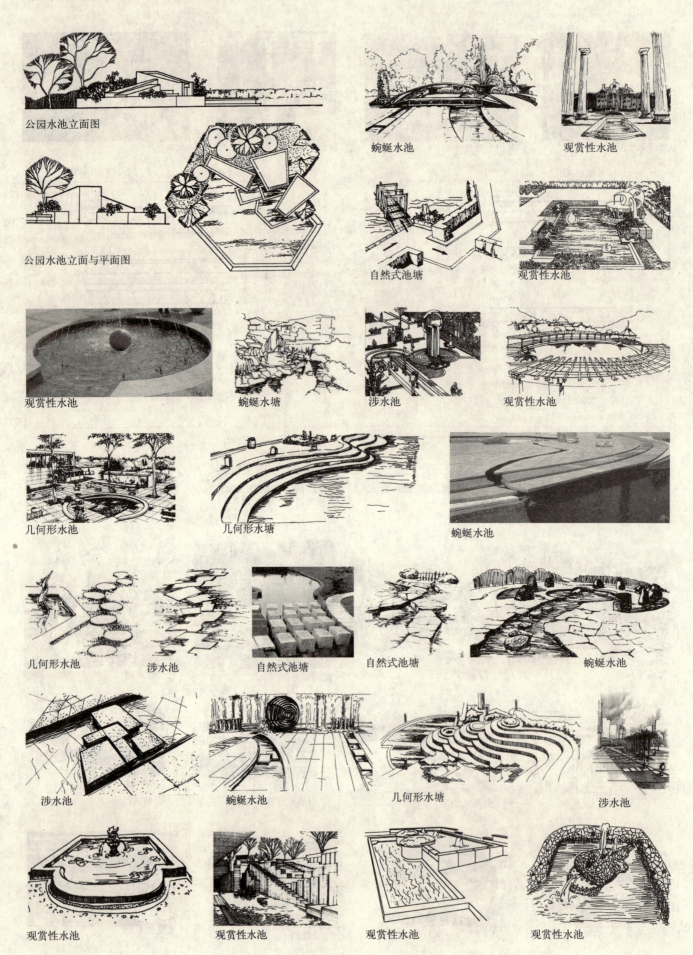

建筑装饰雕塑　[33] 公共艺术设施

公共艺术设施也称之为"城市雕塑"、"景观雕塑"、"环境雕塑"等概念，有着不同的侧重但又相通的含义。它主要包括设立在室外的、城市公共环境空间中的雕塑艺术作品，甚至涉及到建筑、园林、道路、广场等各环境空间因素。它的分类方法有多种，有从景观设计体裁上分类；有从表现手法和形式上分类；有从材质上分类；更多的是在功能上分类。

建筑装饰雕塑

景观设计体裁上分类；可分为建筑装饰雕塑、城市广场雕塑、街头小品雕塑、居住小区雕塑、公园景观雕塑、临水雕塑、陵园雕塑、纪念性雕塑、陈列雕塑、宗教雕塑、抽象艺术雕塑等等。

建筑装饰雕塑

建筑装饰雕塑

建筑装饰雕塑，是指存在于公共建筑的室内外，起到了装饰建筑及建筑环境、树立建筑形象和提升文化内涵作用的雕塑。

建筑装饰雕塑

建筑装饰雕塑

建筑装饰雕塑

建筑装饰雕塑

建筑装饰雕塑

建筑装饰雕塑

建筑装饰雕塑

公共艺术设施 [33] 城市广场雕塑

城市广场雕塑

　　城市广场雕塑是以城市的标志性为表现形式，以展示现代社会风貌、弘扬历史文化为主。中心广场雕塑一般体量较大，且具有丰富的内涵和较强的视觉冲击力，既要与环境互为融合又要表现一定的主题意义。

街头小品雕塑、居住小区雕塑　[33] 公共艺术设施

街头小品雕塑

街头雕塑是一种在街道上自由设立的雕塑形式，街头景观雕塑的造型、体量、色彩等因城市的不同、街头环境和历史风情而风格各异，题材较轻松自如，主要反映当地的历史风情。

居住小区雕塑

居住小区雕塑是以柔和、亲切、贴近生活、展示当地传统与历史风貌为表现形式。居住小区雕塑一般体量较小，设计尺度与人的可视尺度相接近。

公共艺术设施 [33]　公园景观雕塑、临水雕塑

公园景观雕塑

在公园特定环境中，雕塑是构成景观的重要元素，也是作为文化化身的视觉与心灵的美感载体，"景观雕塑"不仅诗化了空间，而且构成了环境的整体意义。

现代景观雕塑的种类多样，在形式上有具象与抽象之分，在材料使用上不外乎有石材、铸铁、不锈钢，而玻璃钢（学名：玻璃纤维增强塑料）材料则是近年来被广泛使用，因为其相关工艺更能应付复杂的形态，不仅能对其他材质进行仿真，而且相对廉价。

临水雕塑

临水雕塑是指在水环境中放置的雕塑，水景与雕塑相结合，利用景观雕塑组织水源，创造出美丽的多样的景观雕塑。

陵园雕塑、纪念性雕塑、宗教雕塑、陈列雕塑、抽象艺术雕塑　　[33] 公共艺术设施

陵园雕塑

陵园雕塑多指古代封建帝王、臣属陵墓地上的装饰雕刻。常以禽兽、仪卫等显示墓主身份地位。

纪念性雕塑

纪念性雕塑往往与某些重要的事件相关而具有鲜明的主题性。因此，这类雕塑往往被置于环境的视觉中心位置。相较于景观雕塑的环境和谐与审美，纪念性雕塑则更多追求精神内涵、宣示主题意义而具有相对的独立性。无论是历史题材的还是当代题材的纪念性雕塑往往具有具象性特征，即便是抽象性形态，也会是意涵鲜明的符号，因为意义的可读性是其存在的基础。

纪念性雕塑　　纪念性雕塑　　（黄河母亲）纪念性雕塑　　八女投江纪念群雕塑

宗教雕塑

宗教雕塑：以不同时期服务的对象不同。古希腊时期的作品（尤其是古典时期）多反映希腊众神和英雄形象，表达了人们对尊神的敬仰之意，后又服务于宫廷，为王权作纪念雕塑、肖像雕塑、装饰雕塑等，中世纪时服务于基督教。

陈列雕塑

抽象艺术雕塑

公共艺术设施 [33]　圆雕

雕塑按表现手法和形式分有三种基本形式：圆雕、浮雕和透雕

圆雕：指非压缩的，可以多方位、多角度欣赏的三维立体雕塑。

浮雕：雕塑与绘画结合的产物，用压缩的办法来处理对象，靠透视等因素来表现三维空间，并只供一面或两面观看。

透雕：没有底板而通透方式的雕刻则称透雕，也称镂空雕。

圆雕

浮雕　[33] 公共艺术设施

浮雕

公共艺术设施 [33] 透雕

透雕

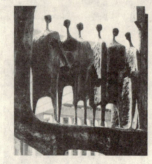

金属材料雕塑、石料雕塑、水泥材料雕塑 　[33] 公共艺术设施

雕塑按材质分类可分为：金属、石料、水泥、玻璃钢（树脂）、砂岩石、陶瓷等及一次性或季节性特有的一种艺术表现的雕塑材料如：冰雕、雪塑、沙雕等等。另外，还有用于室内雕塑的其他材料，如：木雕、骨雕、漆雕、贝雕、根雕、泥塑、面塑、石膏等。石雕一般采用大理石、花岗石、惠安石、青田石、寿山石、贵翠石等作材料。花岗石、大理石适宜雕刻大型雕像；青田石、寿山石的颜色丰富，更适宜于小型石雕。

金属材料雕塑

以各种金属为原材料，使用一般砂模铸造或各种精密铸造制成铜、铁、不锈钢、铝合金等雕塑作品的总称。

石料雕塑

石料雕塑具有永恒性。作为天然材质，总能与环境相协调。无论是光洁如镜还是刀凿斧痕，都具有无可替代的表现力。由于石材的取之有限和耐候性强的特征，石材的使用多见于纪念性雕塑。

水泥材料雕塑

系用钢筋混凝土浇注成一种半永久性的雕塑。多用于室外，表面吸湿性较强，易被大气中的尘埃污染，故材质感稍差，色泽暗淡，没有大理石那样引人注目的光采。但是一种较经济的石雕代用材料。

公共艺术设施 [33]　玻璃钢(树脂)、砂岩石、菱镁水泥、陶瓷

玻璃钢（树脂）

是合成树脂和玻璃纤维加工成一种新型的雕塑。特点是材料质轻而坚硬，富于现代化和装饰感，成型快速方便，可制作构图动势大而支撑面小的雕塑品。又因树脂无色透明，可制出透明度很高的玻璃体，或加供树脂用的各种色浆可获得表面饱和度很高的各种鲜艳色彩的雕塑品。

砂岩石、菱镁水泥

砂岩石、菱镁水泥：是人造石材料，在世界上各种天然石材料中，唯独砂岩石较少且显尊贵，但具有对人体有害的放射性物质，不宜多用。人造砂岩石、菱镁水泥材料有仿天然石纹脉、质感、层次微透、逼真、坚硬、更能防水，防污、防老化及能更进一步丰富色彩等，无毒无味、无放射性危害，可改善性能及品质，丰富艺术造型。

陶瓷

陶瓷雕塑：是雕塑艺术的一个类别，用陶土或瓷土烧成的硬质材料的雕塑总称。

冰雕、雪塑、沙雕、其他材料雕塑　[33] 公共艺术设施

冰雕

雪塑

沙雕

其他材料雕塑

其他材料雕塑即指用非主流材料制作的雕塑。如：木雕、沙雕、冰雕以及因地制宜地运用废弃品制作雕塑，如塑料、绳子、纸材、废金属等，这类雕塑往往具有装置感，或者就是装置艺术作品，其形式大于概念，形态晦涩多变。

木材　　　　　　　　　　　　　漆雕　　特种蜡塑　　玻璃　　　　　　　塑料线

木材　　　　　　　　　草雕塑　　　　　纤维线　　　　　　塑料管

公共艺术设施 [33] 纪念性雕塑

雕塑按其功能可分为：纪念性雕塑、主题性雕塑、装饰性雕塑、功能性雕塑以及陈列性雕塑五种。

纪念性雕塑

纪念性雕塑，是以历史上或现实生活中的人或事件为主题，也可以是某种共同观念的永久纪念。用于纪念重要的人物和重大历史事件。包括与碑体相配置的雕塑，或纪念碑雕塑。

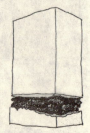

纪念性雕塑　[33] 公共艺术设施

279

公共艺术设施 [33] 纪念性雕塑

纪念性雕塑 [33] 公共艺术设施

公共艺术设施 [33]　主题性雕塑

主题性雕塑

主题性雕塑，它是某个特定地点、环境、建筑的主题说明，它必须与这些环境有机地结合起来，并点明主题，甚至升华主题，使观众明显地感到这一环境的特性。它可具有纪念、教育、美化、说明等意义。主题性雕塑揭示了城市建筑和建筑环境的主题。

主题性雕塑 [33] 公共艺术设施

公共艺术设施 [33] 主题性雕塑

装饰性雕塑 [33] 公共艺术设施

装饰性雕塑

　　装饰性雕塑是城市雕塑中数量比较多的一个类型。这一类雕塑表现为较轻松、欢快、美化环境，给人以美的享受。也有被称之为雕塑小品。它的主要目的就是美化生活空间，创造舒适而美丽的环境。

　　装饰性雕塑所表现的内容极广，表现形式也多姿多彩。从居住小区、街头环境到园林景观都能够体现到装饰性雕塑作品的艺术魅力。

285

公共艺术设施 [33] 装饰性雕塑

装饰性雕塑 [33] 公共艺术设施

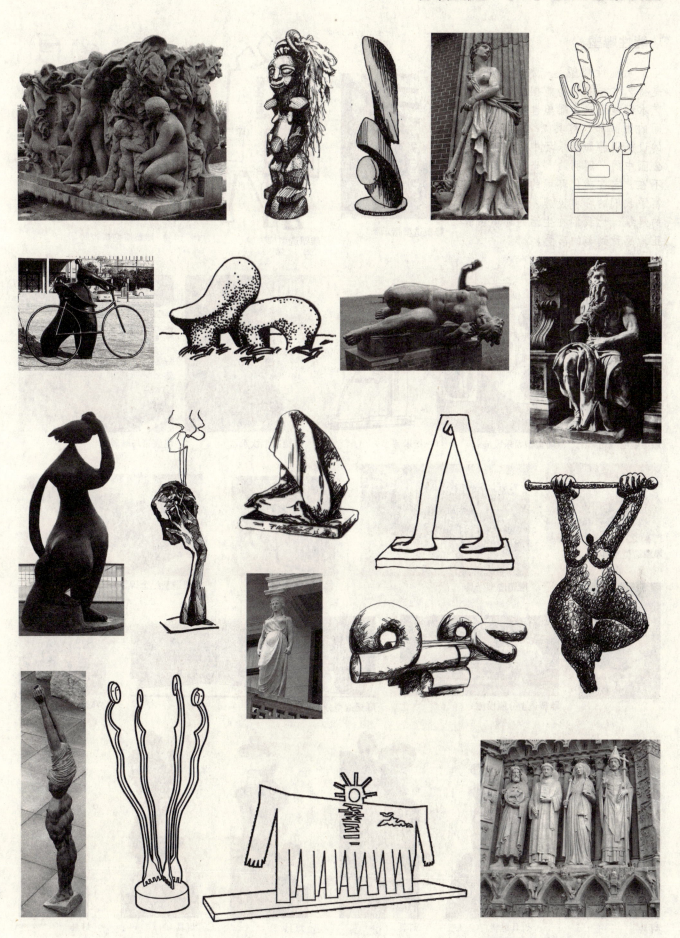

287

公共艺术设施 [33] 功能性雕塑

功能性雕塑

功能性雕塑是一种实用雕塑，是将艺术与使用功能相结合的一种艺术设施，这类雕塑也是从个人空间的用品如"灯具"，到公共空间的设施用品如游乐场中的"游具"、公园中的"照明"、"坐具"等无所不在。它在美化环境的同时，也丰富了我们的环境设施，启迪了我们的思维，让我们在生活的环境中真正地感受到美的享受。

雕塑造型指示牌

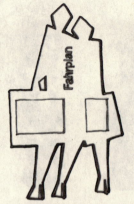
雕塑造型广告牌

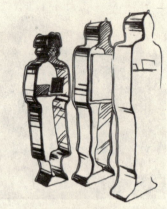
雕塑造型广告牌

雕塑型电线箱

雕塑型娱乐设施

指示牌

雕塑造型饮水器

电线箱与雕塑

雕塑造型坐具

雕塑造型坐具

雕塑造型垃圾箱

雕塑造型纪念碑

雕塑造型分隔设施

雕塑造型分隔设施

分隔设施

灯具

灯具雕塑

灯具

灯具

灯具

灯具

功能性雕塑　[33] 公共艺术设施

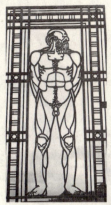
分隔设施

雕塑造型休息与分隔设施

雕塑造型隔离设施

雕塑造型水景设施

雕塑造型水景设施

雕塑造型灯具

雕塑造型指示牌

指示牌

雕塑造型指示牌

雕塑造型水景设施

雕塑造型饮水器

雕塑造型滑梯

雕塑造型休息与分隔设施

雕塑造型排气塔

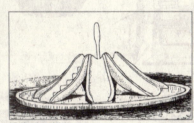
雕塑造型滑梯

雕塑造型信箱

雕塑造型信箱

动态雕塑

雕塑造型坐具

雕塑造型娱乐设施

公共艺术设施 [33]　　陈列性雕塑

陈列性雕塑

　　陈列性雕塑又称之为"架上雕塑",尺寸一般不大。它有室内与室外之分,是以雕塑为主体充分表现作者自己的想法和感受、风格和个性,甚至是某种新理论、新想法的试验品。它的形式手法更是让人眼花缭乱,内容题材更为广泛,材质应用也更是新型材料的种种体验。

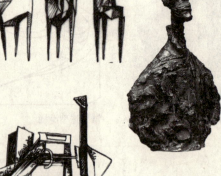
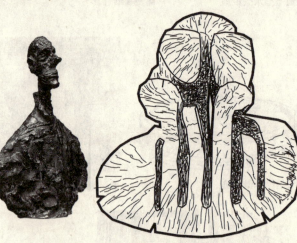

陈列性雕塑　[33] 公共艺术设施

291

公共艺术设施 [33] 陈列性雕塑

292

绿地、绿地样式 [34] 景观设施

绿地

绿地是一个很广义的概念，它既可以是一块种植有单一植被的地块，同时也可以点缀一点灌木和稀树高草。但是，在种植时一定要注意把绿地作为一个整体来进行规划设计，无论是在绿地空间的纵深延展上，还是在绿地植被的相互搭配上，都要做到相得益彰。而绿地的整体造型是建立在与周围环境的合理匹配上的，这样在进行绿地植被的具体选择上，特别是对于草类植物的选择上，就不能只考虑它们的造型，更要考虑它们的生长周期、防寒抗病虫害等生理特征。绿地一般要占据一定面积的地面空间，这种占据方式可以是周围环境主动避让出一定的地块，当然也可以由绿地本身的样式造型来决定它所延展的范围。

绿地样式

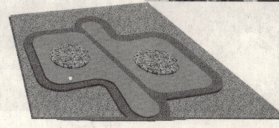

具有田园风味的庭院绿化

景观设施 [34]　绿地、绿地样式

绿地布局　[34] 景观设施

绿地布局

a 周边围合布局

b 中心式布局

c 对称式布局

d 边侧式布局

e 全面式布局

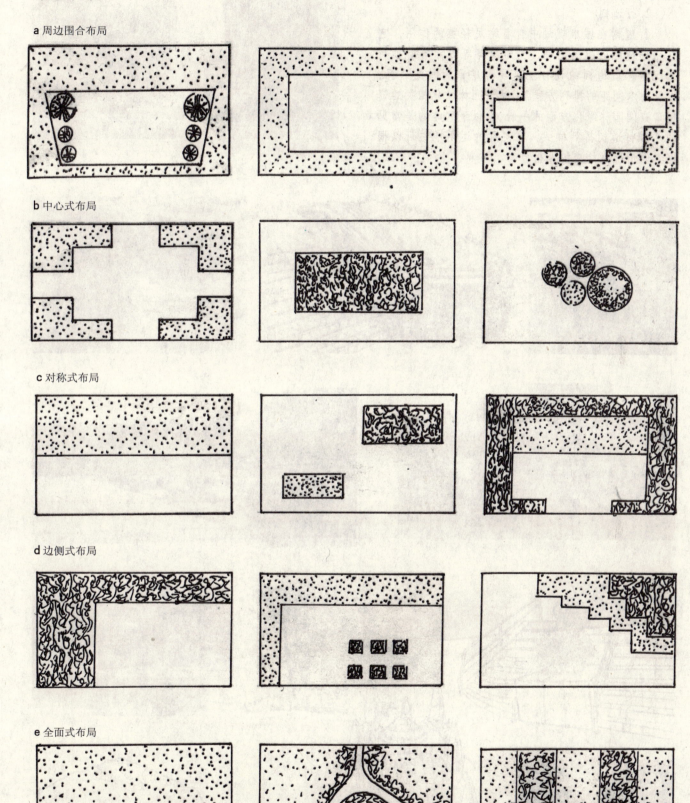

绿地布局

景观设施 [34] 庭院绿化

庭院绿化

1. 行道树

行道树在城市规划中有着举足轻重的作用，它在划分道路，阻隔空间，构建屏障等方面有着独特的优势。行道树的设计主要要考虑到树种的选择，以及树木间距的排列方式，（关于园林绿化相关的资料请查阅园林绿化方面的手册）。以下列举的是常见的几种行道树排列样式，在实际的运用中，可以根据具体情况做相应的调整。

庭院绿化 [34] 景观设施

297

景观设施 [34] 庭院绿化

2. 常见种植式样参考

名称	类型	实景
连续式种植		
中心突出遮挡式种植		
夹景明亮式种植		
三角侧重式种植		
组合式种植		

庭院绿化 [34] 景观设施

3. 庭院绿化样式

景观设施 [34]　花坛

花坛

花坛作为城市绿化系统中的重要组成部分起着特殊的作用，它作为一种在有限空间里展现绿色之美的环境设施，除了可以美化环境还具有分割道路空间、明细空间环境功能等作用，在对花坛设计时，与周围环境的搭配方式显得极为重要，同时也要考虑到花坛内种植的植物互生关系。花坛的造型在考虑到其建造材料的同时，要尽可能的体现出内部种植植物的生长特征、造型特点和色彩样式。相关的绿化手册有专门的花坛设计规定，这些规定只是一些硬性的参考指标，具有一定的样式指导作用，却无法替代在实际操作过程中设计师智慧的火花。

1. 花坛局部造型式样

2. 花坛立体式样

景观设施 [34] 花坛

3. 花坛整体图形

4. 平面几何图样花坛

种植器 [34] 景观设施

种植器

作为装载景观植物的容器，称之为种植器，其外型特征多数相似大型"花盆"，也有与地面连接在一起的绿地式种植器，这种种植器常常与周围的景观绿地形成整体。种植器的形状、大小与植物的品种也有关系。植物不但要考虑色彩、种类、外形，同时还要考虑植物的生长特性，存活周期等因素。在设计种植器时，材料的合理运用是至关重要的，在考虑到美观经济的同时，是否具有环保性质也是重要的考虑方面。

1. 种植器样式

景观设施 [34] 种植器

种植器 [34] 景观设施

景观设施 [34] 种植器

2. 组合式种植器样式

景观设施 [34] 种植器

3. 种植器尺度

种植器 [34] 景观设施

309

景观设施 [34] 树池箅

树池箅

用于固定树木根部泥土,起到透水、防尘的作用。造型以方形、圆形为主,四块或两块组合的形式构成,通过铰链、螺栓或铆钉来连接固定。

树高	树池尺寸(m)		树池箅直径尺寸(m)
	直径	深度	
3m左右	0.6	0.5	0.75
4~5m	0.8	0.6	1.2
6m左右	1.2	0.9	1.5
7m左右	1.5	1.0	1.8
8~10m	1.8	1.2	2.0

1. 树池箅样式

树池箅 [34] 景观设施

2. 树池箅尺度

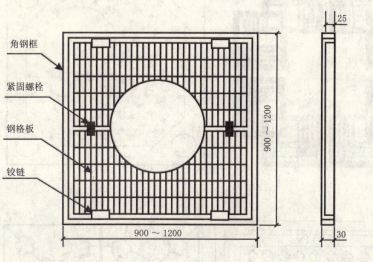

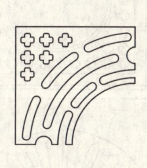
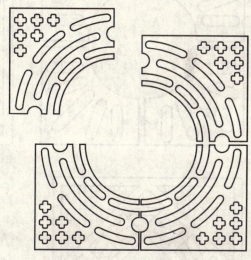

景观设施 [34] 树池箅

广告牌 [35] 商业设施

商业设施主要分为广告牌、售货亭、书报亭等。其中广告牌又分单体广告牌和复式广告牌，售货亭分为人工售货亭和自助售货机。

广告牌

广告牌即用于宣传广告的装置，称为广告牌。主要设置在商业区、主要街道、码头、车站、广场、机场、体育场等公共场所，以绘制图象、文字的广告牌为主，还包括广告柱、广告商亭、公路上的拱门形广告牌等。

广告牌可根据放置方式、使用材料和造型形式进行分类。

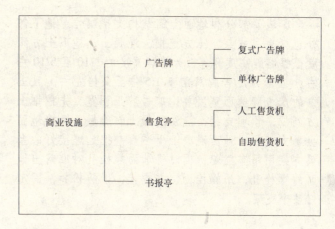
商业设施分类表

分类依据	广告牌位置	广告牌材料	广告版造型形式
种类	壁面广告牌、横向广告牌、直式广告牌、独立支住广告牌（广告柱）活动广告牌	木制广告牌、金属广告牌、合成板广告牌、有机玻璃广告牌、玻璃广告牌、帆布布幔广告牌、自然材料广告牌、FRP广告牌、CUK广告牌、传真显影广告牌	独体式广告牌和复合式广告牌。 独体式：横式、立式单体广告牌；复合式：车站、商亭、柱式（广告柱）广告牌等。

广告牌分类表

1. 路牌广告

① 路牌广告制作

a 地面基础部分的工艺结构

基础部分材料：钢筋、角铁、钢板、混凝土、焊条等材料。

支架和框架制作。支架和框架是为了防风力影响，起支撑作用，所以大都采用钢骨架结构，制作人员按图纸下好钢及钢板材料，利用焊接工艺，把支架及框架结构用电焊连接一体，也可用螺栓连接的方法。

路牌广告

广告牌的设计要求
广告牌的设计要求突出广告形象，画面面积大，易于更换，坚固耐用，对环境无危害。

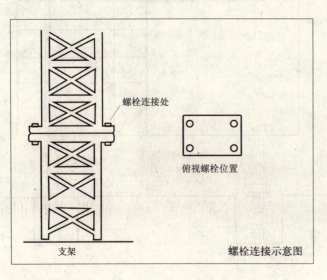
支架　　螺栓连接示意图

三面路牌广告

商业设施 [35] 广告牌

b 地下部分和地面上钢结构支架制作。地下部分包括金属支架、土方挖掘、混凝土。地下土方深度根据路牌高度测算，为路牌高度的 3/10 至 5/10 左右，重量为广告牌总重量1.5倍至2倍左右。且土方的广告牌侧面宽度要比广告牌正面宽。先挖掘土方到位，预埋支架，浇注混凝土。随后，焊接地面金属支架。当地面混凝土干透后，把已焊接好的金属支架用吊车立起，同时将地面螺栓孔对准露出地面的螺栓孔，用螺栓固定并焊接，以防松扣，固定好整个支架。

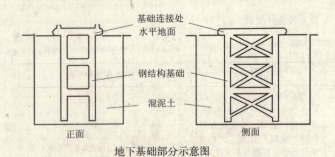

地下基础部分示意图

②高空楼顶基础部分的工艺

使用材料包括钢板或角铁、焊接材料、各种型号的螺栓等。

选点与施工。高空楼顶基础部分包括楼顶面、楼顶的承重墙（指支撑楼体重量的主体墙）、框架部分。高空楼顶基础部分的工艺要求严谨，而基础位置的选择尤为细致。由于施工安全系数要求非常高，所以选择承重墙为最佳的基础位置，也是最安全的施工位置。施工时，基础结构支架应透过防水层与承重墙连接，利用螺栓和焊接将结构支架固定在承重墙上，使广告与房屋成为一体。

③路牌广告牌面框架制作要求

路牌广告牌面制作大多采用钢材料焊接成网状结构框架（有采用灯箱广告牌的；大屏幕或电动翻板路牌广告牌等）。

楼顶路牌广告

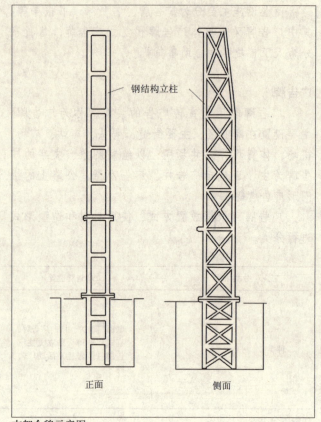

支架全貌示意图

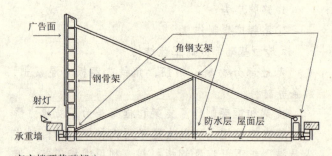

高空楼顶基础部分

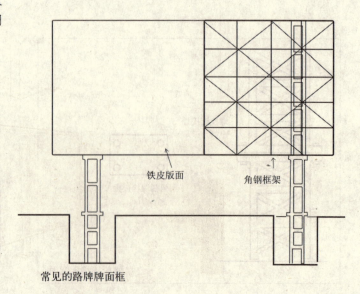

常见的路牌牌面框

314

广告牌 [35] 商业设施

④灯架安装工艺

广告牌的灯光运用，可以增强广告宣传效果。无论是外置灯光还是内置灯光，除白天发挥宣传作用，在夜晚，仍可以借灯光宣传。它大多安装在油漆广告牌、彩色喷绘广告牌、电动翻板广告牌、立体装饰广告牌的外部，通常布光均匀，便于人们夜间识记。路牌广告牌灯光架通常采用向上或向下两种安装方式。如果牌面较长，灯架数量也要相应增加。一般安装在一侧，以免光束混乱。灯光尽量避免直射人眼睛，角度尽量朝牌面中部，以达到最佳效果。

2. 广告栏

广告栏是比较简单的单体广告牌，通常只有一面，可以作为广告发布的平台，也可以发布其他的信息。

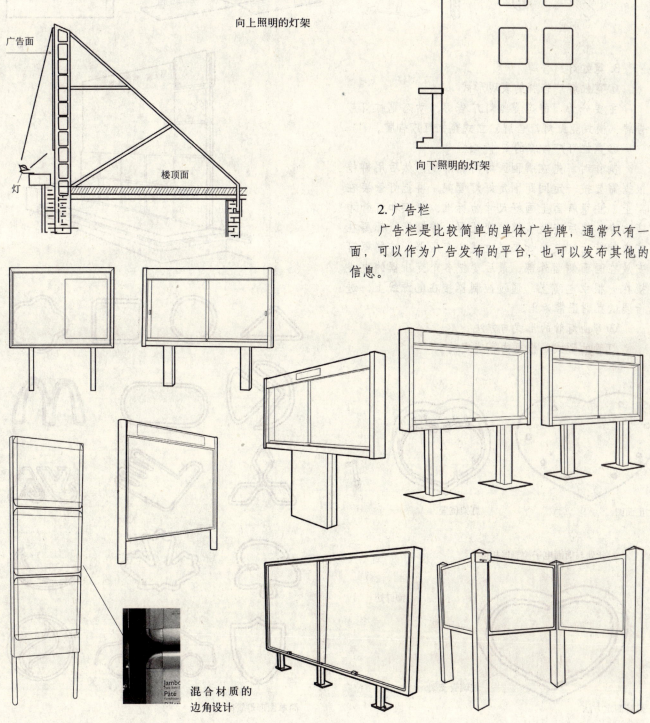

向上照明的灯架

向下照明的灯架

混合材质的边角设计

商业设施 [35] 广告牌

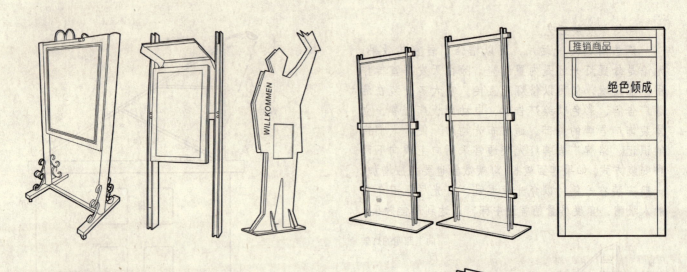

3. 霓虹灯广告牌

① 霓虹灯广告牌的表现形式

主要分为：静态霓虹灯广告牌、动态霓虹灯广告牌、横式霓虹灯广告牌、立式霓虹灯广告牌。

② 霓虹灯广告牌的制作方法

制作时，先在牌面画好内轮廓线，然后用铆枪根据需要按一定间距固定好灯管架，再把灯管装在架上。注意牌面上画好尺寸为标准，管架和灯管才能吻合。然后安装线路、变压器、控制器，都要在广告牌背面安装。如果是立式，变压器、控制器可安放在画面侧面外部。最后要把各个变压器的电线接在一根主电缆上，通过控制器接在电源线上，进行调试直到正常为止。

③ 弯曲灯管的形式与方法

灯管的形式是根据内容确定的。

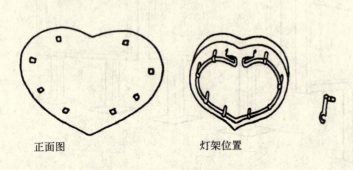

正面图　　　　　　　灯架位置

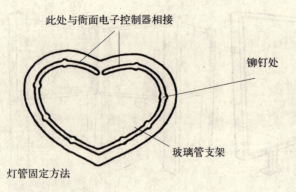

灯管固定方法

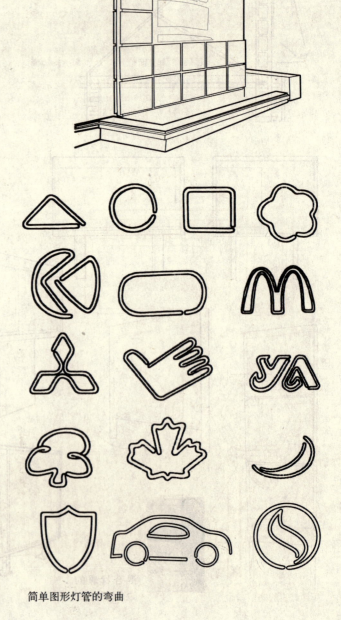

简单图形灯管的弯曲

4. 灯箱广告

①灯箱广告的制作工艺

灯箱造型应根据环境设计形状。框架材料一般为木制或金属材料。制作灯箱先要制作框架，并安置灯架，制作好后裁剪箱体面（称为灯箱片）。制作时将灯箱置于平地上，按尺寸裁剪灯箱片并钻孔固定于框架上，然后四边选择适宜的金属装饰条压上，整个灯箱箱体就制作完成。

②灯具选择与安装

主要是根据外观造型，来确定灯具造型、规格、品牌、数量。长方形灯箱一般选择日光灯直管为光源，圆形灯箱一般选择日光灯环形灯管为光源，如果圆形灯箱较大，也可以用直管日光灯，这样效果较理想。如制作2平方米左右的灯箱，灯管数量以6～8根为宜，采用横向排或纵向排，且间距要相等，目的是便于亮度一致、均匀饱和。

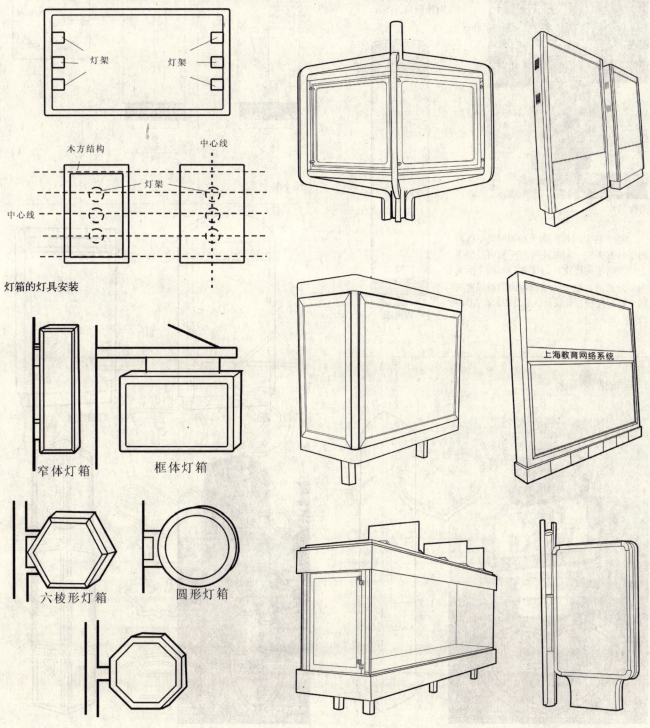

灯箱的灯具安装

几种灯箱的造型

商业设施 [35] 广告牌

设计者：Jordi Badia, Tonet Sunyer

该广告柱有自己的支撑结构和主体。主体由可用于发布广告信息的圆柱表面构成，柱子中心的墩状支撑构件由钢管制成。圆柱形的柱体由两片呈半圆形的铝板对接而成。

安装时，电镀钢制成的支撑体与底座中的钢板一同被固定于人行道上。

实物照片

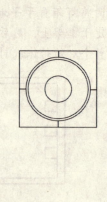

柱子的末端和顶端为铸铝网络，这种网络具有美感，同时还可用于照明。位于上部网络下的固定广告区直径与柱子的其他部分相同，这一区域有弯曲的高强度玻璃来进行保护。此设计入选 1992 年 ADI-FAD Delta 奖。

效果图

尺寸图

广告牌造型图例

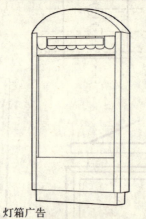
灯箱广告

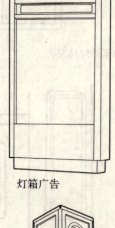
灯箱广告

灯箱广告

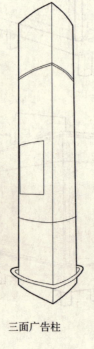
三面广告柱

长方广告柱

柱式灯箱广告

广告牌　[35]　商业设施

效果图

设计者：Norman Foster

该广告柱的底座由嵌入式座椅构成，在铁铸的底座上安装了一个轴承，它使得整个广告都可以围绕这个轴承旋转，以便于广告的展示。主体由三个信息发布版组成，且每个面都较高。占据圆柱表面三分之二的部分可以展示两则广告，第三则广告展示在一个椭圆柱体上，这部分可以旋转，因而形成了进入柱体的入口，这种构件为钢质结构，广告的防护门在顶端由铰链咬合。广告柱的展示面在夜间靠12盏58W的荧光灯提供照明。

顶部有一个突出的雨棚，有一个铝质结构，并且装有玻璃或塑料夹层，雨棚覆盖了整个圆柱体的三分之二，并与嵌入式座椅对应。安装时，整个广告柱被螺纹钢筋锚固定在一块钢筋混凝土板上。

实物照片

整个柱子呈金属光泽或暗灰色。柱子还可以在其椭圆形的构件中安装一个电子钟或温度计。

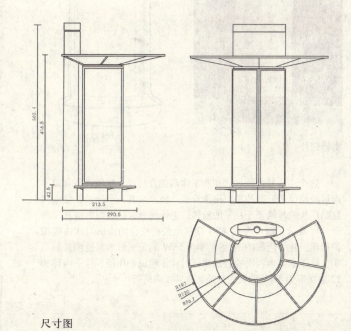

尺寸图

广告牌造型图例

广告牌

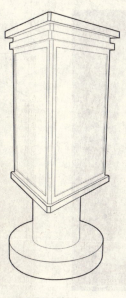

四面灯箱广告

广告牌

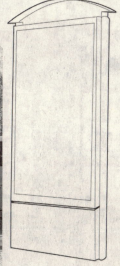

灯箱广告

商业设施 [35] 广告牌

设计者：Oscar Tusquets

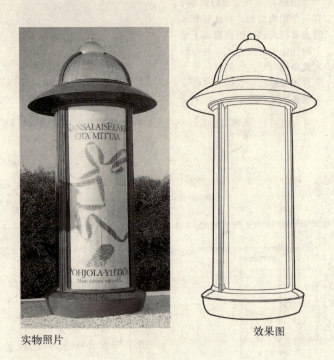

实物照片　　　　　　　　效果图

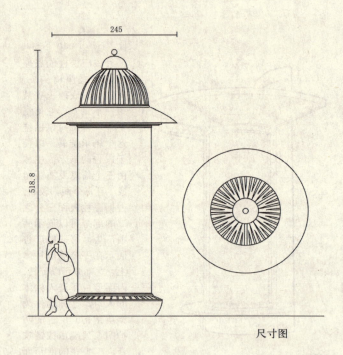

尺寸图

这个广告柱由铸铁底座和主体两部分构成。底座表面有镀锌涂层或经烘干处理的塑料泡沫涂层。底座装有一个轴承，使人在黏贴广告的时候便于柱子的旋转。主体部分包括圆形的信息发布面（可展示三则广告）。柱子顶部电铰链咬合的镶板对柱体起保护作用。柱子内部的12盏功率为58W的荧光灯为其提供夜间照明。柱子顶部电铰链咬合的镶板对柱体起保护作用。柱子内部的12盏功率为58W的荧光灯为其提供夜间照明。

在它的顶端还有一个由铸铁和染色的有机玻璃体构成的帽盖，帽盖周围还有一个形似帽檐的遮雨棚。在帽盖的内部有照明设备。安装时，广告柱的螺纹钢筋被锚固定在钢筋混凝土板上。

广告牌造型图例

六角顶广告柱

广告牌

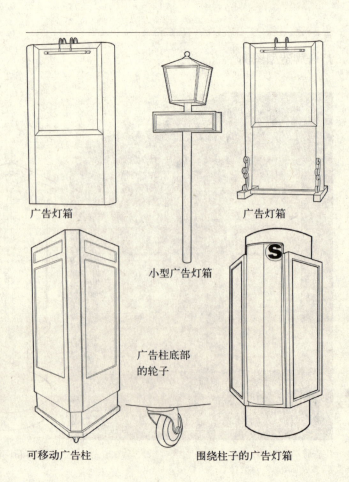

广告灯箱　　　　　　　　广告灯箱

小型广告灯箱

广告柱底部的轮子

可移动广告柱　　　　　围绕柱子的广告灯箱

广告牌 [35] 商业设施

设计者：Jean, Michel Wilmotte

这种广告柱由铸铁底座和主体部分构成。表面涂有经烘干处理的泡沫塑料的镀锌底座对铸铁板起保护作用。安装在底座上的轴承在黏贴广告时，可以起到便于旋转的作用。主体部分为圆形的信息发布面，有三个广告面，在顶部用铰链咬合的镶板对主体起保护作用。主体内部的12盏功率为58W的荧光灯可以为其提供夜间照明。安装在金属结构上的染色塑料夹层屋顶可以用来收集雨水。

柱子顶端还有一个由铸铝和塑料制成的夹层帽盖，可以遮雨也具有装饰作用。整个柱子呈暗灰金属色。安装时，整个柱子由螺纹钢筋固定在一块钢筋混凝土板上。

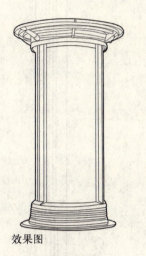

效果图

实物照片

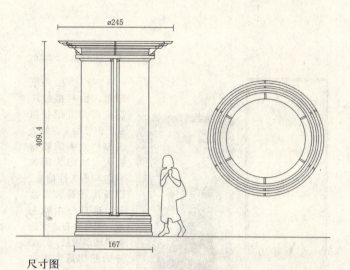

尺寸图

广告牌造型图例

弧面广告灯箱

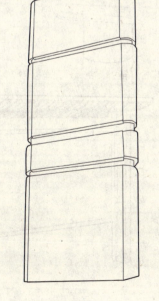

灯箱广告

灯箱广告

灯箱广告

广告柱

钢结构广告柱

圆柱形灯箱广告

商业设施 [35] 广告牌

设计者：Norman Foster

该广告栏为椭圆形，由两根经防腐处理的直钢管组成。钢管由支撑整个发布栏立面的螺栓固定。底部为团体标志和永久性信息，以及电子钟和温度计。这部分由铝制成，而且装有透明的有机玻璃镶板。这部分的照明是由来自于其内部的16盏功率为13W的荧光灯管提供的。上部为大版面的可视信息，是铝质结构，也有用有机玻璃镶板的。广告形象经喷墨手法印在一块经抗紫外线处理的塑料布上。这块布又被以聚碳酸酯为主要成分的扩散盒所支撑。这种盒子的固定系统可以使广告布报纸呈紧绷状态。这部分的照明是通过16盏功率为58W的荧光灯管来实现的。它们发出的灯光恰好可以穿过广告布。整个广告栏被12根螺纹锚固定在一块混凝土板上。

效果图　实物照片

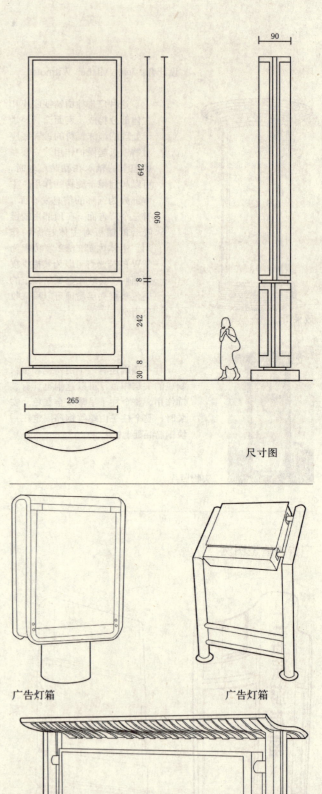

尺寸图

广告牌造型图例

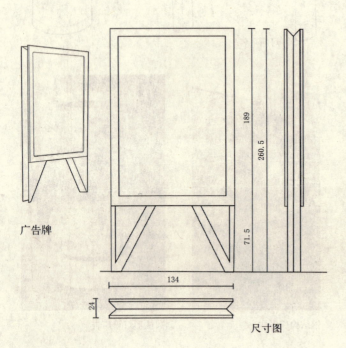

广告牌　尺寸图　广告灯箱　广告灯箱　公交车站广告牌

广告牌 [35] 商业设施

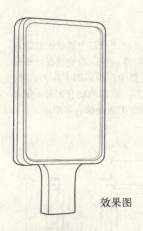

效果图

设计者：J.C.Decaux

这个广告牌外表简单，人们在它的两个面都可以看到广告。整个广告牌由电镀钢管制成，在其底部有一块钢板用于固定。其他两块钢板被固定在广告板的底部，对广告牌的主体结构起保护作用。固定在主体结构上的镶板由镀铬铝框、3盏功率为58W的荧光灯管以及两块有机玻璃板组成。有机玻璃板上还有可移动的广告支撑体和由镀铬铝框构成的门。这种铝框具有密封系统和安全玻璃嵌板。镶板的颜色为铝的本色。整个广告牌由四个与钢板相连的螺纹钢筋固定在钢筋混凝土板上。

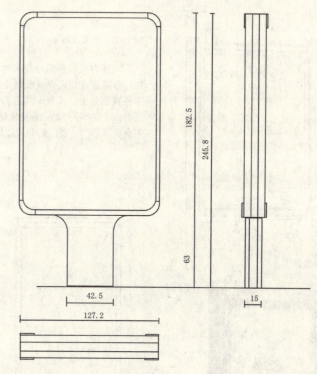

尺寸图

实物照片

广告牌造型图例

钢框架广告牌

广告灯箱

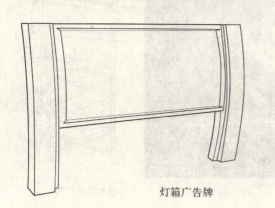

灯箱广告牌

路牌广告

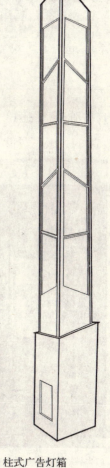

柱式广告灯箱

商业设施 [35] 广告牌

设计者：J.C.Decaux

它还有底板和两个交叉构件。广告牌就装在这两个交叉构件上。安装时，用四个螺纹钢筋就可将广告牌固定在高强度混凝土板上。这个广告牌可以作为公路上的交通指南，可以被安装在一根圆形的直钢管上，或者一块长方体的深灰色花岗岩上。展示板有两个面，整个广告牌的主体为铝制，还有三个功率为58W的荧光灯管，两块具有可移动广告支撑体的有机玻璃，以及两扇有密封系统和安全玻璃的门。在门的四周边缘还有灰色的搪瓷箍作为装饰。圆形镀锌钢管的表面涂有聚酯漆。

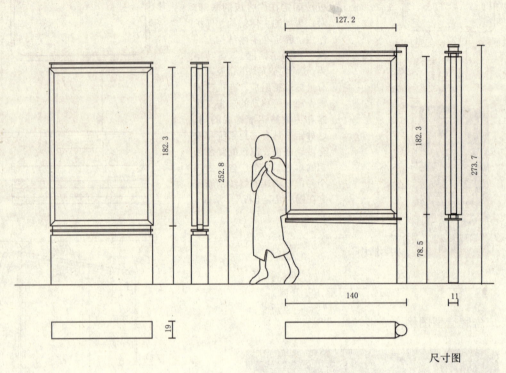

效果图

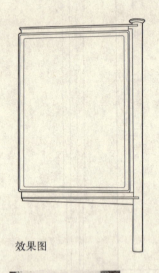

实物照片

尺寸图

广告牌造型图例

广告牌

广告灯箱

多层路牌广告

广告牌　[35] 商业设施

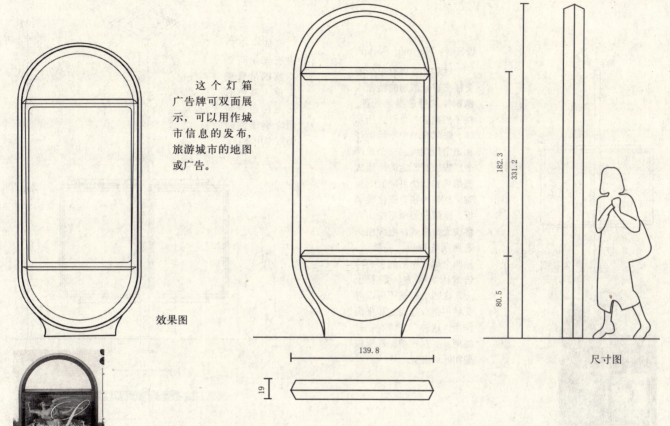

这个灯箱广告牌可双面展示，可以用作城市信息的发布，旅游城市的地图或广告。

效果图

尺寸图

实物照片

设计者：Norman Foster

广告牌为铸铁结构，表面有经烘干处理的泡沫塑料涂层，呈灰金属色。附加的广告牌被固定在铝结构上，这种广告牌两面都可以使用。广告牌的主体由铝制成，并装有三盏功率为58W的荧光灯管、两块可移动广告牌支撑体的有机玻璃板以及两扇有密封系统和钢化玻璃的门。较低的部分可以安装一个装废电池的容器或废纸箱。安装时，用四个螺纹钢筋就可将广告牌固定在高强度混凝土板上。

广告牌造型图例

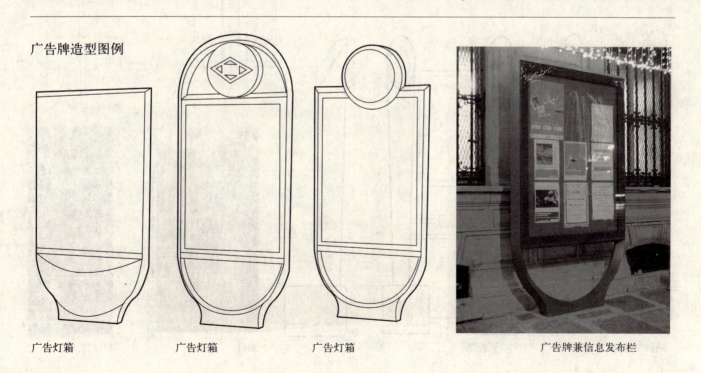

广告灯箱　　　广告灯箱　　　广告灯箱　　　广告牌兼信息发布栏

商业设施 [35] 广告牌

设计者：Norman Foster

这种广告牌有单个的支柱支撑，圆形的精密不锈钢柱都经过抛光处理。柱子顶端有一个灯饰指示牌，底部有一个不锈钢环和固定用钢板。一个或两个广告板有固定的冲压成型结构和两个可降低的框架。框架内镶有强化玻璃板。框架的照明系统由六盏荧光灯组成。电源由街道照明来提供。安装时，用四个螺纹钢筋就可将广告牌固定在方块混凝土上，这四个钢筋还可以对安装用钢板起固定和平衡作用。这种广告牌有三种类型：高双板型、低双板型和低单板型。

每一个广告板都由两个不锈钢吊臂来支撑。黑色的尼龙起密封作用，不锈钢起固定作用。

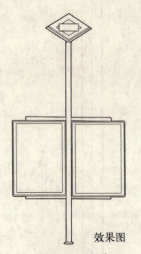

效果图

实物照片

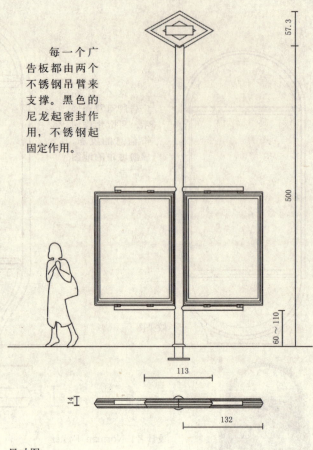

尺寸图

广告牌造型图例

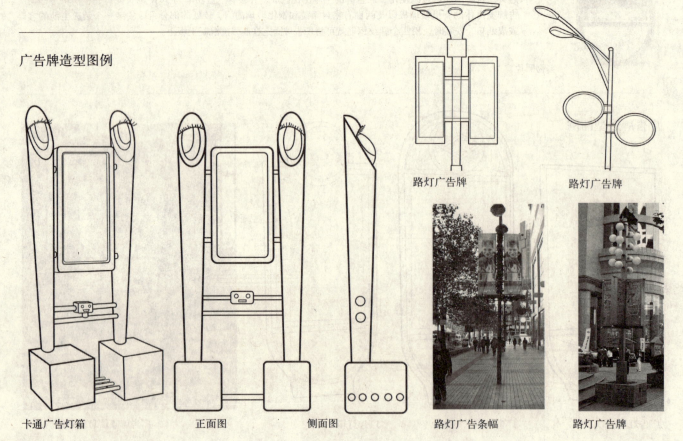

卡通广告灯箱　　正面图　　侧面图　　路灯广告条幅　　路灯广告牌

路灯广告牌　　路灯广告牌

售货机 [35] 商业设施

售货机

售货机也叫自动售货机,是一种自动销售商品的机械装置,通过插入硬币或纸币购买兑换所需商品,自动快洁,免去传统的人与人的商品交换。

售货机按销售商品的不同可分为食品自动售货机、饮料自动售货机和生活用品自动售货机。

面板简洁易于识别与操作,可直视商品,且坚固防盗。

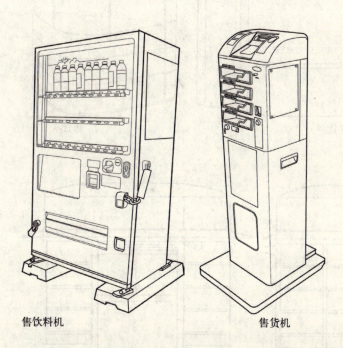

售饮料机　　　　　　售货机

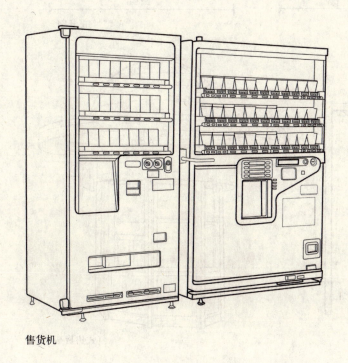

售货机

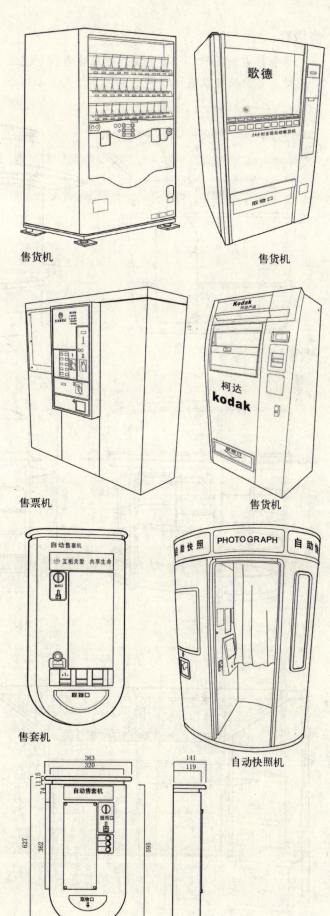

售货机　　售货机

售票机　　售货机

售套机　　自动快照机

售套机尺寸图

商业设施 [35] 售货亭

售货亭

售货亭占地面积小，设计时就要求合理利用空间，有足够的储藏及展示空间，销售者与购买者的交流空间。商亭的展示要有延伸的能力，还需要有安全防盗、坚固和耐候性。

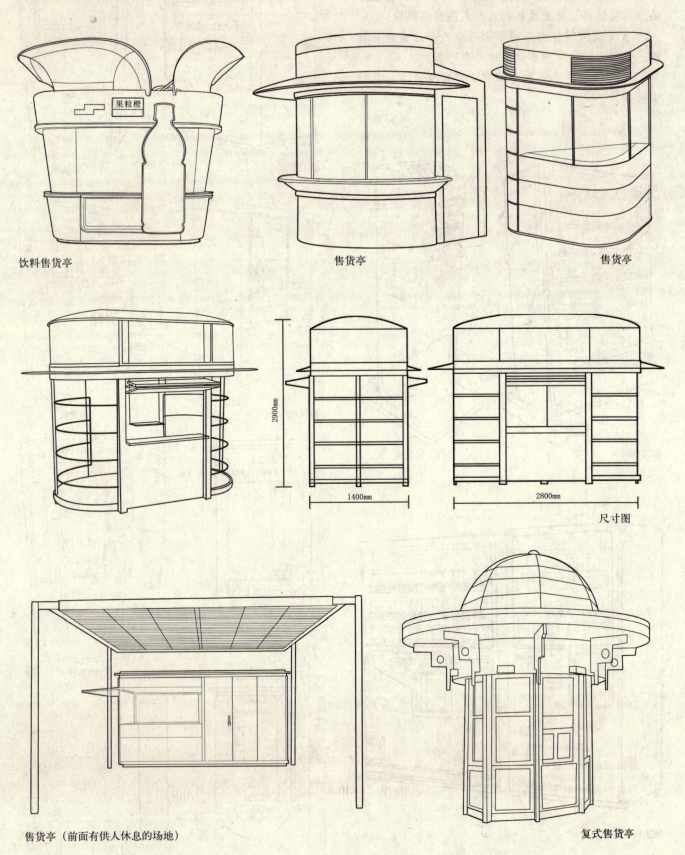

饮料售货亭　　　　　售货亭　　　　　售货亭

尺寸图

售货亭（前面有供人休息的场地）　　　　　复式售货亭

售货亭 [35] 商业设施

设计者：Antoni Rosello

这个亭子是售票用的。主体为钢结构，零部件为不锈钢。在亭子的钢结构中有双重玻璃纤维化塑料夹层。售票柜台由经甲酸处理的木头制成。它有两个敞口：一个是背面的入口；一个是正面的售票窗。入口的门配有安全锁。

在入口处的门与内层门之间还装有曲线形的衣架。售票窗由防爆玻璃制成，可以作为推拉式的窗户，也可以作为一种保护性的凉棚。遮阳凉棚是利用水硬性原理，用手工方法制成的。屋顶呈半圆形，内部装有一部空调。安装时，只需简单的将售票亭的四个可调节平衡支腿置于地面即可。

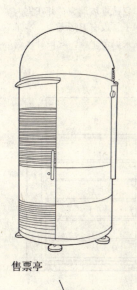
售票亭

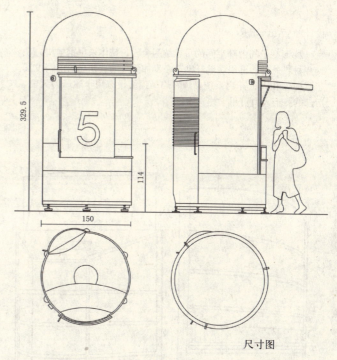
尺寸图

售票窗由防爆玻璃制成，可以作为推拉式的窗户，也可以作为一种保护性的凉棚。

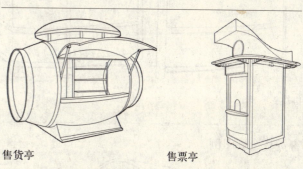
售货亭　　售票亭

售货亭造型图例

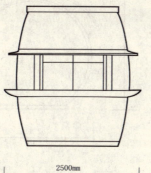
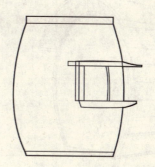

尺寸图

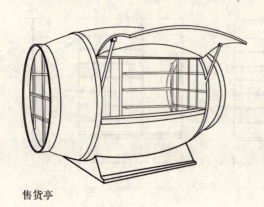
售货亭

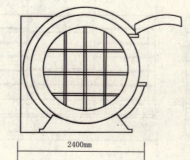
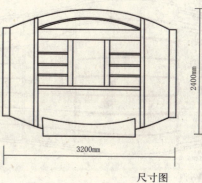
尺寸图

329

商业设施 [35] 售货亭

设计者：Antoni Rosello

梯形亭子的内部空间约可容纳两个人，整体采用钢结构，在聚酯材料外部，再用玻璃纤维进一步加固。垂直开启的前门设置了平衡物和人工开启系统。倾斜的屋顶上设有用于通风的天窗。后部的弧形入口可用来挂衣物。

这种亭子有两种形式，一种设有彩色抗震玻璃窗，并在室内设有窗帘；另一种为不透明玻璃纤维亭子，设有圆形天窗。亭子可直接放置于铺面上，并依靠其四条腿来调节平衡。此设计入选1991年ADI-FAD Delta奖。

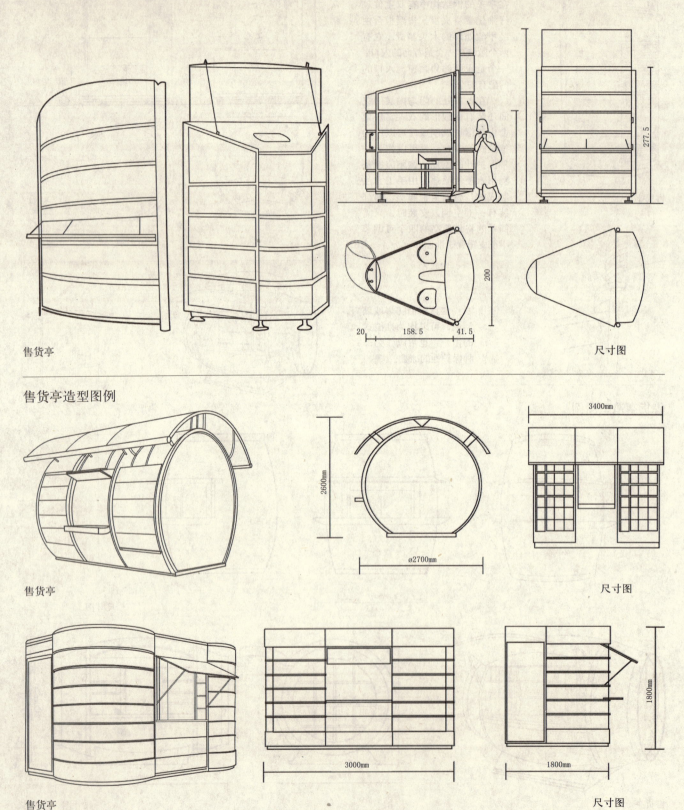

售货亭造型图例

售货亭　　　　　　　　　　　　　　　　　　　　　　　尺寸图

售货亭　[35] 商业设施

设计者：Antoni Rosello

这个亭子十分小巧、放置随意和使用方便。亭子顶部的三个面打开后可变成遮阳的凉亭。亭子的结构构件用冲压成型的铝板制成。墙板是用含有玻璃纤维的塑料制成，其中还含有阻燃树脂，夹在两层镶板之间。双层玻璃中间的空隙为空气层。在亭子的顶部还装有一个双层的强化塑料屋顶，它是用来安装空调冷凝器的。亭子内部的地板是用防滑橡胶制成的。安装亭子时，用螺栓就可将其固定在地板上，而底座是预先固定在地面上的。

售货亭

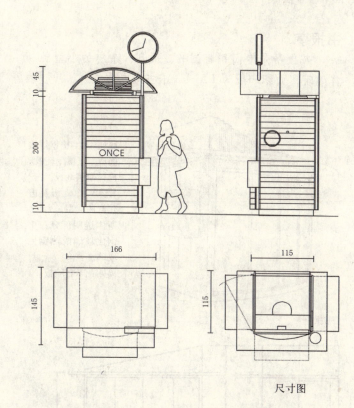

尺寸图

售货亭造型图例

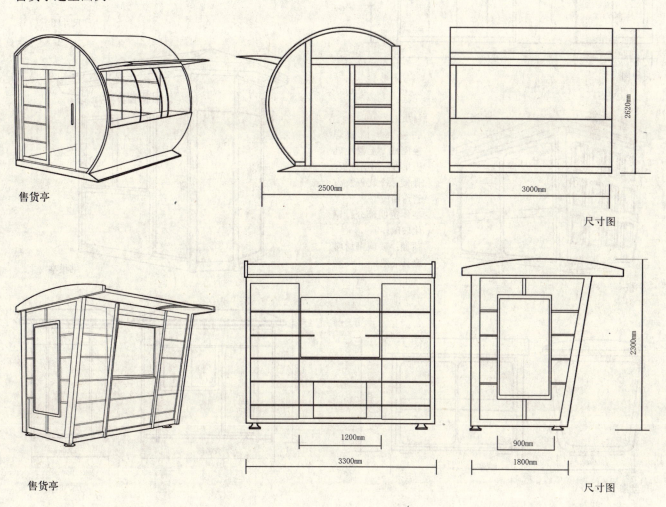

售货亭

尺寸图

331

商业设施 [35] 书报亭

书报亭

书报亭是专门销售图书、报刊、杂志的小型独体建筑，面积一般为 1.5～3 平方米左右。

书报亭

材质工艺
底座：8# 槽钢焊接而成，上覆冷轧板，再衬耐磨地板。
骨架：冷轧板及方管弯曲成型。
亭体透明部分：平钢化玻璃或热钢化玻璃。
顶棚：卡普隆板。

书报亭

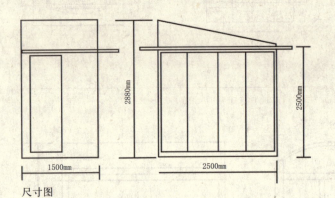
尺寸图

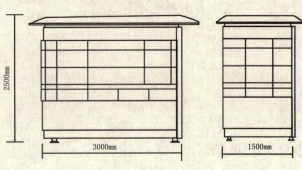
尺寸图

书报亭

材质工艺
底座：8# 槽钢焊接而成，上覆冷轧板，再衬耐磨地板。
骨架：冷轧板及方管弯曲成型。
亭体透明部分：钢化玻璃。
顶棚：玻璃钢材料磨具成型。

书报亭

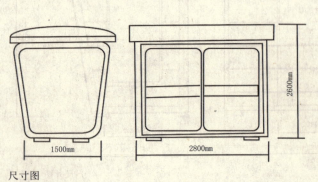
尺寸图

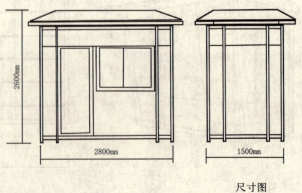
尺寸图

书报亭 [35] 商业设施

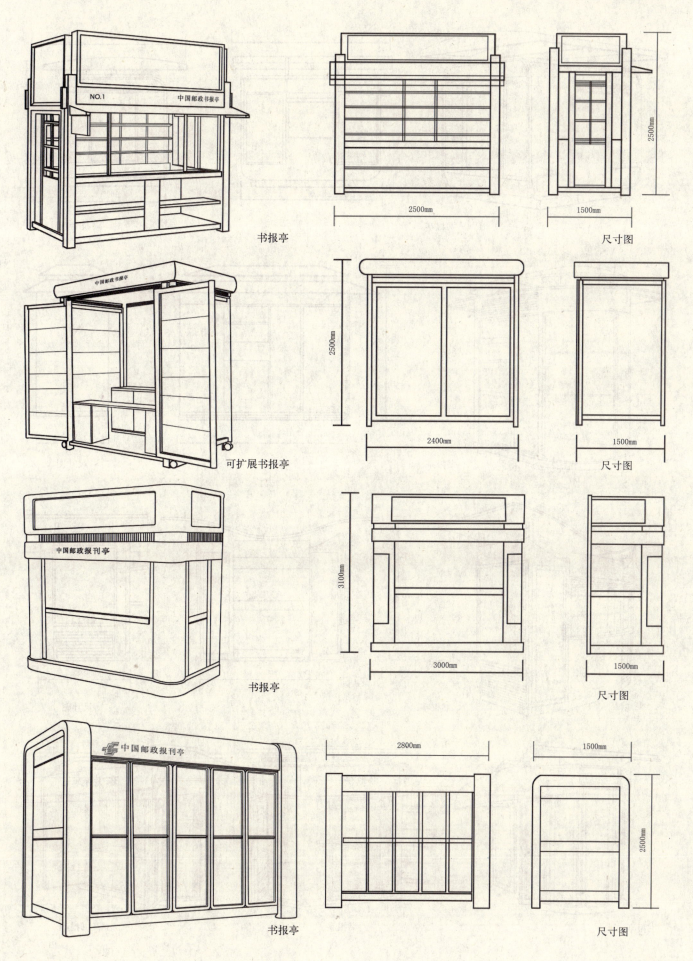

书报亭　　　　　　　　　　　　　　　尺寸图

可扩展书报亭　　　　　　　　　　　　尺寸图

书报亭　　　　　　　　　　　　　　　尺寸图

书报亭　　　　　　　　　　　　　　　尺寸图

商业设施 [35] 书报亭

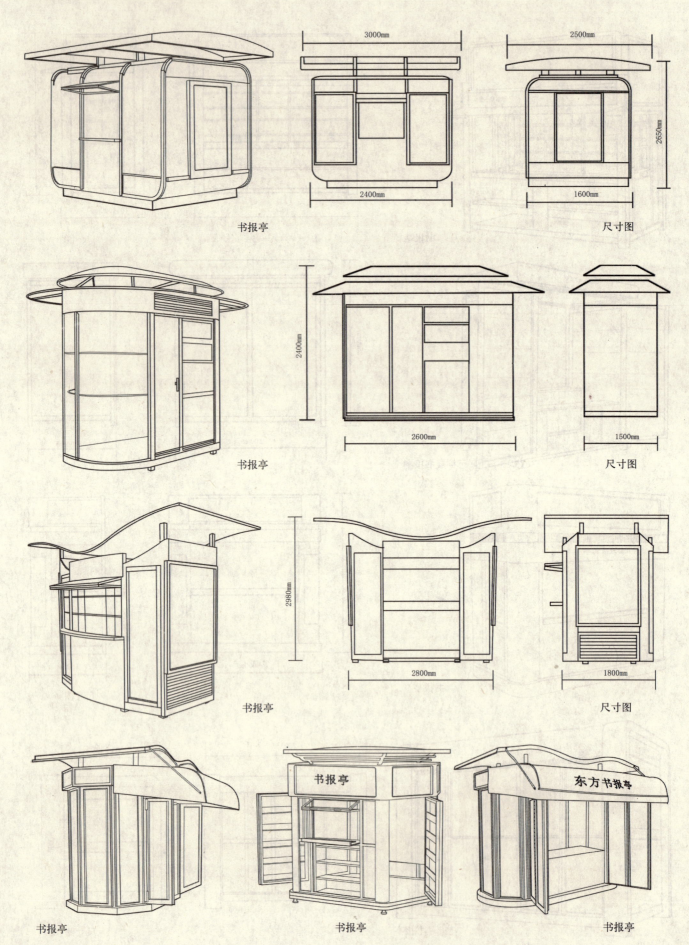

垃圾桶 [36] 环卫设施

垃圾桶

1. 垃圾桶：垃圾桶中收取垃圾的方式主要有2种：即直接将垃圾袋或容器从垃圾桶箱体的上部放入，另一种是抽拉容器或翻转容器即在箱体下部放置收取桶及垃圾袋进行收取垃圾的方式。

2. 烟灰箱（缸）：即在箱体的上部放入装有耐火材料或水的器皿进行使用，或者使用绝燃材料方便收取烟灰的烟灰箱（缸）直接使用。

3. 圾桶的分类：

①按材料分类：不锈钢垃圾桶、木制垃圾桶、塑料垃圾桶、锌板、钛金、喷塑、金属烤漆等垃圾桶、陶瓷垃圾桶、玻璃钢垃圾桶、钢与木混合垃圾桶、附加广告功能的垃圾桶、仿生垃圾桶等。

②按使用空间分类：户外垃圾桶和室内垃圾桶。

③按安装方式分类：固定式垃圾桶、可移动垃圾桶、立式垃圾桶、挂式垃圾桶。

④按分装方式分类：混装式垃圾桶、分类式垃圾桶、专用垃圾桶。

⑤按清除方式分类：旋转式、抽底式、启门式、悬挂式和连套式。

4. 果皮箱的设计要点

①普通垃圾桶的规格为，高60～80cm，宽50～60cm。放置在车站、公共广场的垃圾桶体量较大，一般高度为90～100cm。

②结构设计应坚固合理。既要保证投放、收取垃圾方便，又不致垃圾被风吹散。一般带盖垃圾桶既可防风又可防止玻璃等危险垃圾危及行人。

③上部开口的垃圾桶要设置排水孔。

④外观设计讲究的垃圾桶，可在里侧放置金属篓，既卫生又不失美观。

⑤垃圾桶通常外观要整洁与周围环境协调。

⑥在公共场所举行大型集会时，通常临时使用大型可移动式垃圾桶。

5. 烟灰箱的设计要点

①站立使用的烟灰箱，一般为70～100cm的高度；坐姿使用的，一般为50～70cm的高度。市场上通常使用的烟灰箱高度在60cm左右。

②烟灰箱的箱体与盛灰盘上都设有设计排水孔。且结构设计应坚固结实。

③采用耐火材料及方便收取烟灰的构造。

④选择美观与功能兼备，且与周围景观协调的产品。

不锈钢分类垃圾桶

钢木混合分类垃圾桶

金属烤漆垃圾桶

喷塑分类垃圾桶

广告垃圾桶

仿生垃圾桶　　钢与石材混合垃圾桶

塑料分类垃圾桶

钛金垃圾桶　　玻璃钢垃圾桶

烟灰箱垃圾桶

环卫设施 [36] 垃圾桶

设计者
De Ferrari–Jacommussi
–Germak–Laurini

制造者：ALUMIX,S.P.A.

简介：
　　这种拱形的垃圾桶具有容积大、能适应各种天气状况和耐用的特点。在其顶端有两个垃圾投放口，而在设计上则尽可能地防止了雨水的进入。

 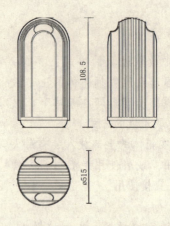 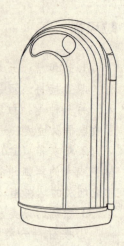

设计者
ALLIBERT Developpement Urbain
制造者
ALLIBERT Developpement Urbain
简介
　　它为城市中废物的收集，提供了一种合理、有效和快速的解决方法。它为城市创造了清洁、卫生、美观和安全的环境，减轻了有噪音污染和缺乏空间所带来的负面影响。

 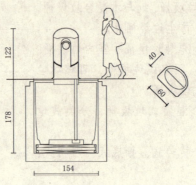 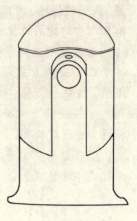

设计者
Oscar Tusquets
制造者
URBASER. Mobiliario Urbano.
简介
　　不锈钢的玻璃容器随处可见，形成了一种争奇斗妍的气氛。每个容器都有三个信息嵌板和一个用来收集玻璃的储藏器。玻璃通过重力作用的接受阀入容器中，这样就可以防止其被移走。

 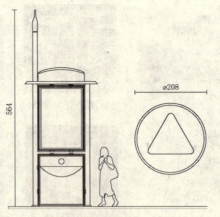 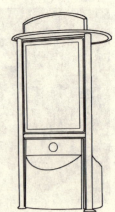

设计者
Jerry Hellstrom
制造者
NOLA Industrier AB.
简介
　　孔状金属薄板制成的垃圾桶带有一个大的盖子，此盖子可作为户外露台的自助餐厅的餐桌。这是为偶尔有公众参与活动的场面所设计的。此作品获得1993年瑞典设计大赛优秀作品奖。

 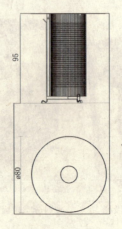 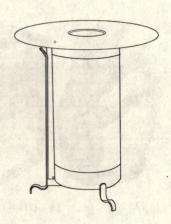

垃圾桶　[36] 环卫设施

设计者
Alfredo Tasca

制造者
METALCO,S.P.A.

简介
　　圆形部分的垃圾桶是由钢板制成的。桶盖可以移动，且在盖子的中心有孔。桶被安装在一个直径为12cm的管状钢柱上。每个钢柱都可以装一两个垃圾桶。看上去美观、简洁，且实用性很强。

 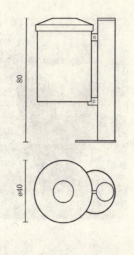 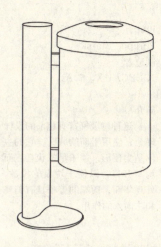

设计者
Cristian Cirici

制造者
B.D.Edicones de Diseno

简介
　　这种高容量、高强度的垃圾桶适用于室外。它是由网眼状的钢板制成的。这种钢板的表面可以电镀或喷漆。上面的盖子增加了美感并具有防雨水的作用。

 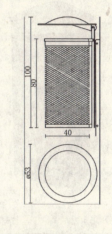 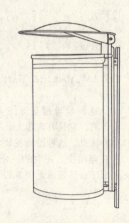

设计者
Martin Szekely

制造者
JCDECAUX, S.A.Mobilier Urbain

简介
　　铸刚构成了这种垃圾桶的主体。这种垃圾桶是六个加宽的三角形钢板的结合体。它们被附加于圆柱形的基座上。垃圾可以从顶端直径为20cm的孔中投入。

 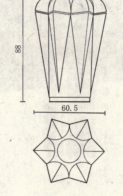 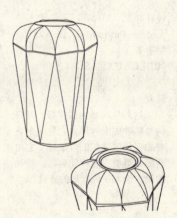

设计者
Guillermo Bertolez-Javer Ferrandiz

制造者
SANTA & COLE,S.A.

简介
　　这种垃圾桶外观简洁，可以安装在地面或墙上。桶底不易被人发现，桶体不透明，目的是为了不让人看到桶里的杂物。

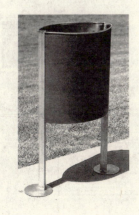 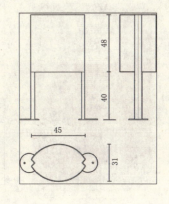 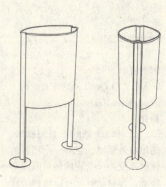

环卫设施 [36]　垃圾桶

设计者
Philippe Starck
制造者
JCDECAUX, S.A.

简介
　　这种垃圾桶富有超前的设计理念，使用于新的城区。它的主体呈尖顶形，盖子呈球状且三面均有开口，以便于垃圾的投放。外观华丽，顶端的盖子具有美观和防雨水的作用。

 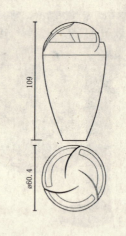 

设计者
Carlos Nicolau – Ines Rodriguez
制造者
TECAM.Martori& Garcia,S.L.

简介
　　这种垃圾桶是专门为城市而设计的。它具有容积大，主体部分小的特点。这种设计在公共通道中占有空间少。在它的三角形部分，采用了有顶盖或无顶盖的设计。

 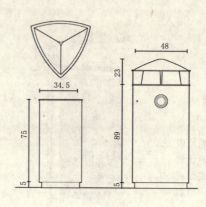 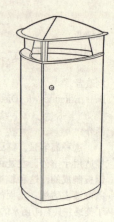

设计者
Andree Putman
制造者
JCDECAUX, S.A.

简介
　　这种垃圾桶为圆柱形，开口向外延伸成喇叭形。它是一个典型的现代巴黎式的垃圾桶。它由两部分组成：主体和容器。外观的设计给人一种舒展的感觉。

 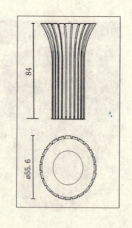 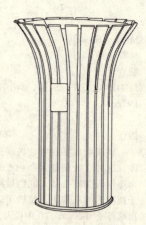

设计者
Leopoldo Mila

制造者
DAE Diseno Ahorro Energetico,S.A.

简介
　　这种垃圾桶的平面为梯形，使用室外环境。它有一个巧妙的倾倒系统：一个旋转轴可以向前移动。在移动时就可以将桶的底部打开并清除杂物。

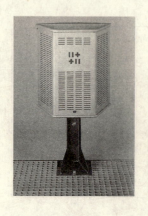 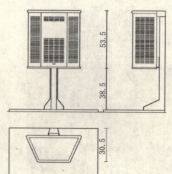 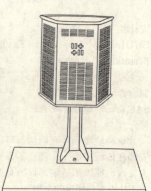

垃圾桶 [36] 环卫设施

单柱式垃圾桶

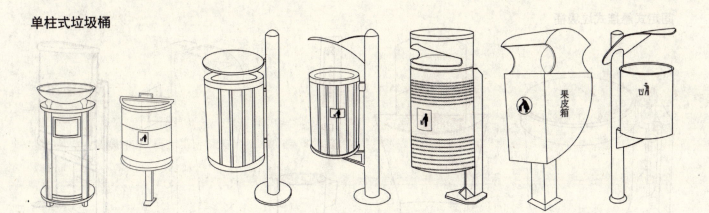

烟灰缸式垃圾桶

339

环卫设施 [36] 垃圾桶

固定式悬挂式垃圾桶

垃圾桶　[36] 环卫设施

金属材料立式垃圾桶

漆乳白色
漆黑色

341

环卫设施 [36]　垃圾桶

不锈钢敞口垃圾桶

垃圾桶 [36] 环卫设施

钢木混合材料垃圾桶

环卫设施 [36] 垃圾桶

木制材料垃圾桶

垃圾桶 [36] 环卫设施

钛金石材混合材料垃圾桶

垃圾桶 [36] 环卫设施

环卫设施 [36] 垃圾桶

玻璃钢与塑料可移动式垃圾桶

垃圾桶 [36] 环卫设施

分类垃圾桶

分类回收，利于环保便于安装，可牢固地固定在地面上，不但美化、靓化了道路环境，更主要的是进一步的提高了市民的环保意识，使垃圾通过分类收集达到减量和"变废为宝"的目的，为"创绿"营造良好的氛围。

环卫设施 [36] 垃圾桶

大型塑料垃圾桶

大型不锈钢垃圾桶

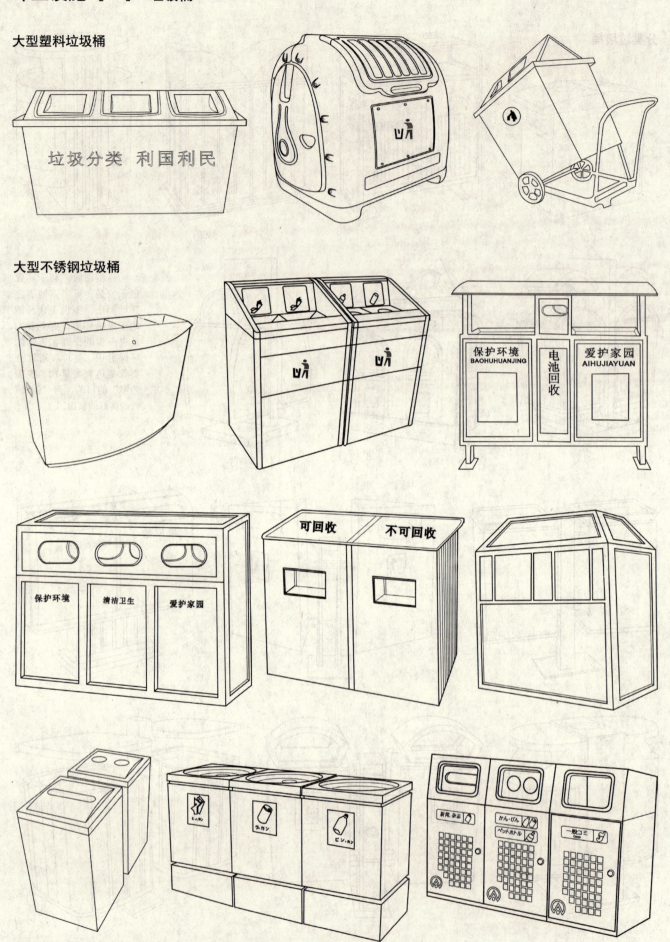

垃圾桶 [36] 环卫设施

仿生垃圾桶

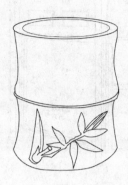

仿生垃圾桶是以生活中的动、植物为元素而设计的造型新颖独特、色彩时尚的垃圾桶。材料原本使用陶瓷为主，现在选用玻璃钢材料也较多。陶瓷材料耐热、耐干、耐湿、抗紫外线照射在大自然界中具有持久性等优点，缺点是较脆弱、怕碰撞、易破裂。玻璃钢材料是易塑造形态，在时尚美观表现方面较强，所表现的物品生动传真，缺点是防火性能较弱于陶瓷材料。

仿生垃圾桶给人一种特殊的视觉享受，也给城市的美化增加色彩。特别是给幼小孩子们一种新鲜感和吸引力，从而更好的提高他们的环保意识。它适用于公园、广场、绿地、学校、幼儿园、医院、人行道等各个公共场所。

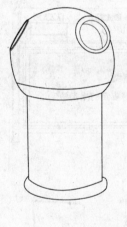
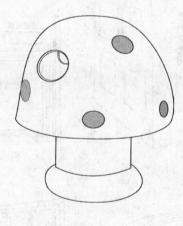

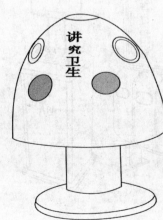
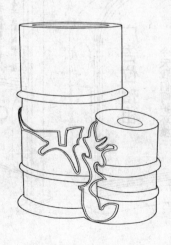

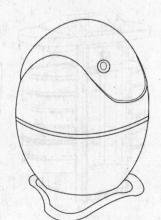

环卫设施 [36] 垃圾桶

广告垃圾桶

广告垃圾桶作为一种较为特别的广告形式,不仅美化了环境而且提升了企业的文化。它具有相当强的针对性和带视性,广告冲击力强、投入成本低、受重效果好,既能起到美化环境又能起到良好的广告效应。

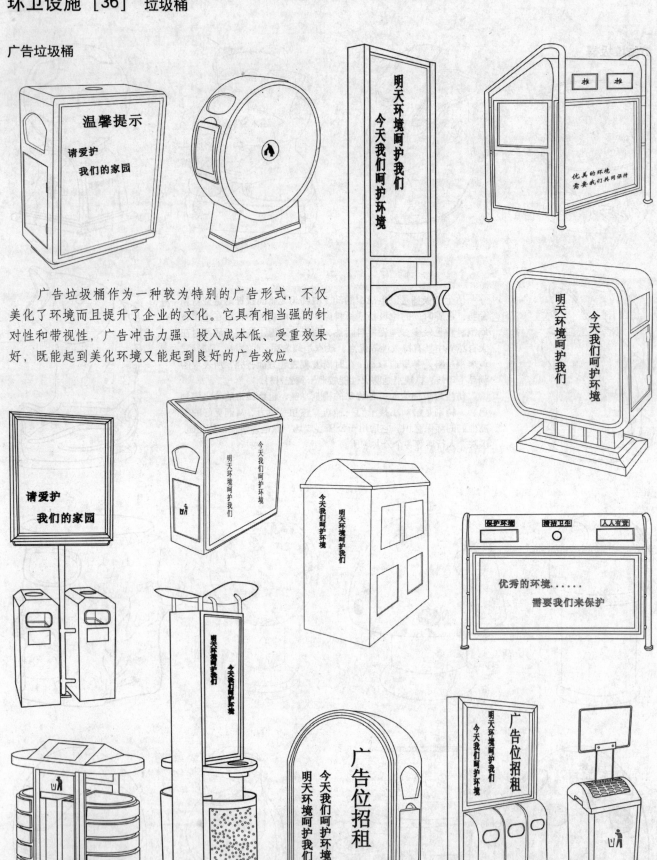

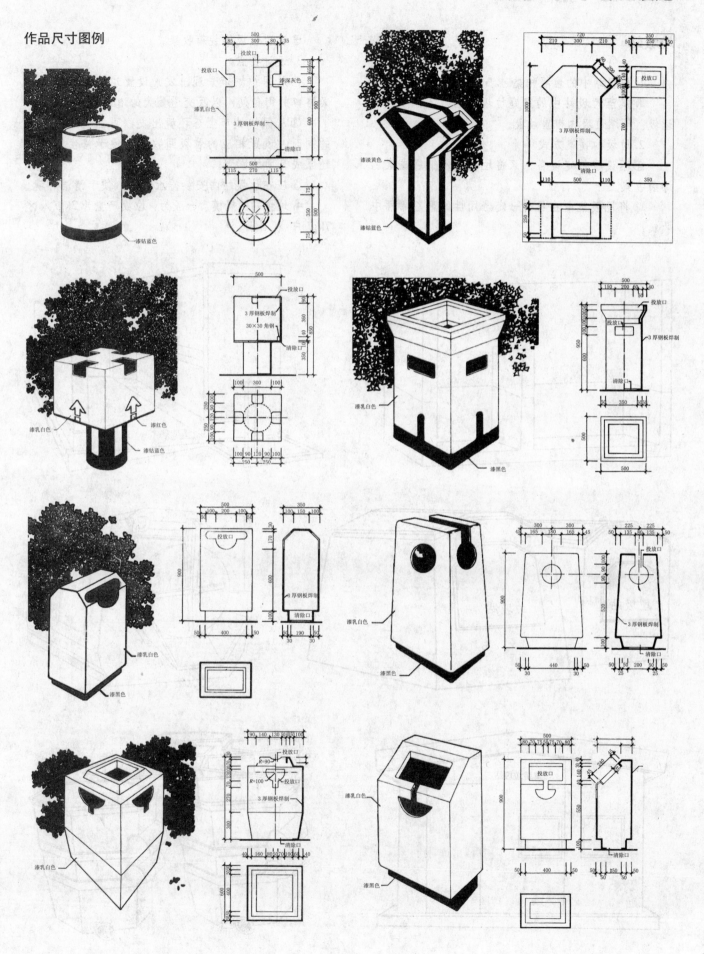

环卫设施 [36] 垃圾站

垃圾站

1. 垃圾站中的垃圾种类

收集至垃圾站中的家庭垃圾可分为3种：可燃垃圾、不燃垃圾和粗重垃圾。

2. 垃圾的收集方式

① 不设置特定设备，只将垃圾投入纸袋或聚乙烯袋收集。

② 将垃圾集中在具有一定密闭性的聚乙烯桶中收集。

③ 设置垃圾集装箱收集。

3. 设计要点

① 从保护城市景观出发，设置垃圾站应避开交叉路口的街角处，以及交通量大的道路两侧。

② 从保护城市生态环境出发，可在设置收集站的同时，设置相应的垃圾回收站，便于将生活垃圾还原成有用的堆肥。

③ 应在垃圾站内安装排水设施，便于清洁环境。

4. 垃圾站的规模，一般为：垃圾产量为 2kg/人 × 7kg/户 × 日。

公共厕所

1. 公共厕所的分类

①收费固定式厕所：采用收费和管理制度。

②露天公厕：全开放形式，设计简洁，采用地下通道来解决小便流通问题，该公厕只适合小便，不可大便。

③附带报亭、电话亭公厕：该厕所外附带报亭、电话亭，可以在任何场合使用。推门进去，音乐响起，灯光自动打开，换气扇自动运转，方便完毕后，便池自动冲水，整个入厕过程，全部由微电脑智能化控制，勿需动手，避免了因触摸而引起的交叉感染。冲洗便器的水是由设计合理的循环净化系统所提供，取之不尽，用之不竭，使需方便人士犹如身居家中如厕一般的清洁、无臭、舒适。

④流动型厕所：该公厕利用人体排除的尿液，通过除臭、上色后来冲刷厕所，不需水源，粪便排除后通过一种无臭、无味的浆状的东西，没有污染。可就地填埋，或干燥后当普通垃圾进行处理。

⑤免水型公厕：利用微生物菌剂和天然条理剂，在优化条件下将粪污高效分解，令其趋于稳定和无害化，转化成优质有机肥料融入良性生态循环的新免水冲环保厕所。

⑥水循环式公厕：采用生化处理技术，从粪便收集、分解、脱臭、净化消毒到再循环使用，在时间和空间上实现了连续的完整的系统处理，无二次循环的烦恼，从源头就解决污染。

2. 公共厕所的设计作品图例

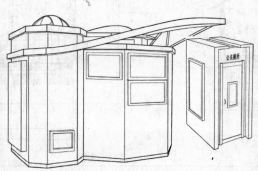

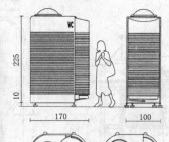

环卫设施 [36]　公共厕所

城市街道型公厕图例

a 繁华街道公厕设计图例

立体图　　　　　　　　　　　　　　　公厕立面图

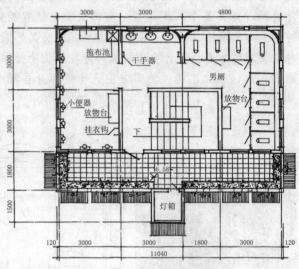

首层平面图　　　　　　　　　　　　　二层平面图

b. 城镇胡同公厕设计图例

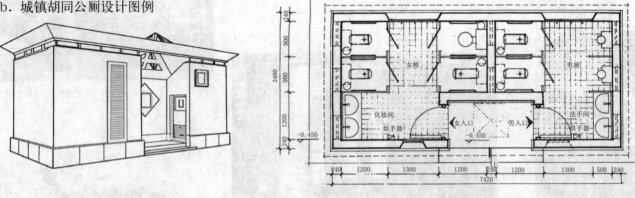

立体图　　　　　　　　　　　　　　　平面图

c. 城市小型公厕设计图例

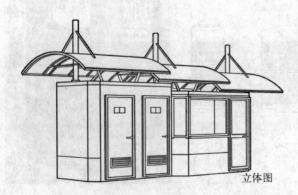
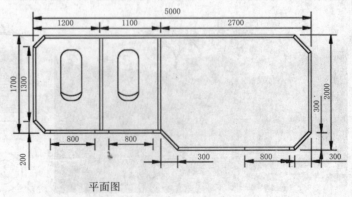

立体图　　　　　　　　　　　　　　　平面图

公共厕所 [36] 环卫设施

d. 城市车站公厕

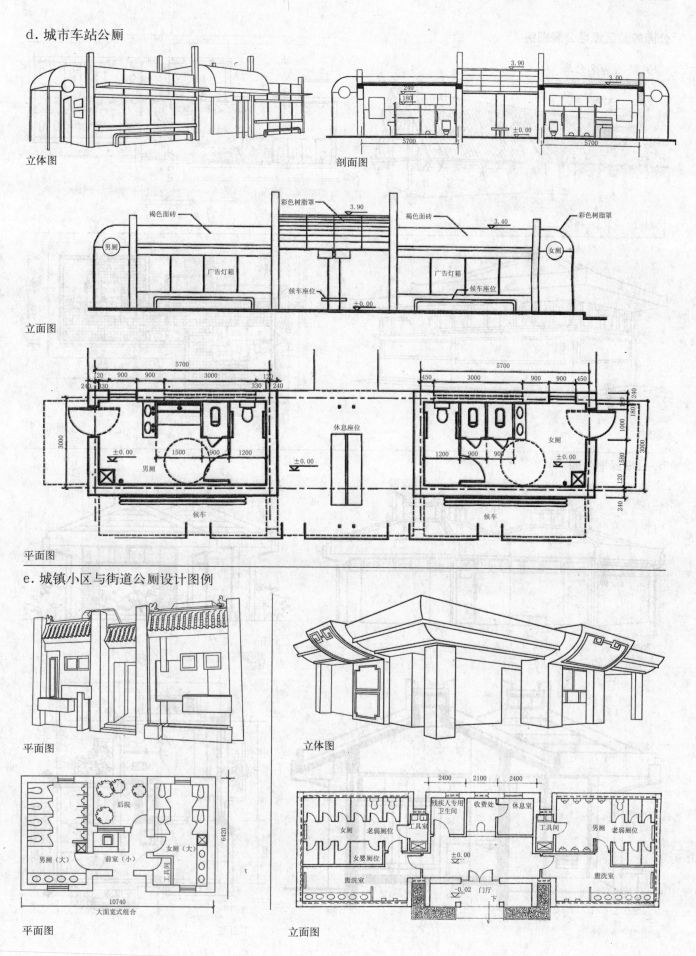

e. 城镇小区与街道公厕设计图例

环卫设施 [36] 公共厕所

公园旅游区绿地公厕图例

a. 风景旅游区公厕

b. 公园绿地公厕

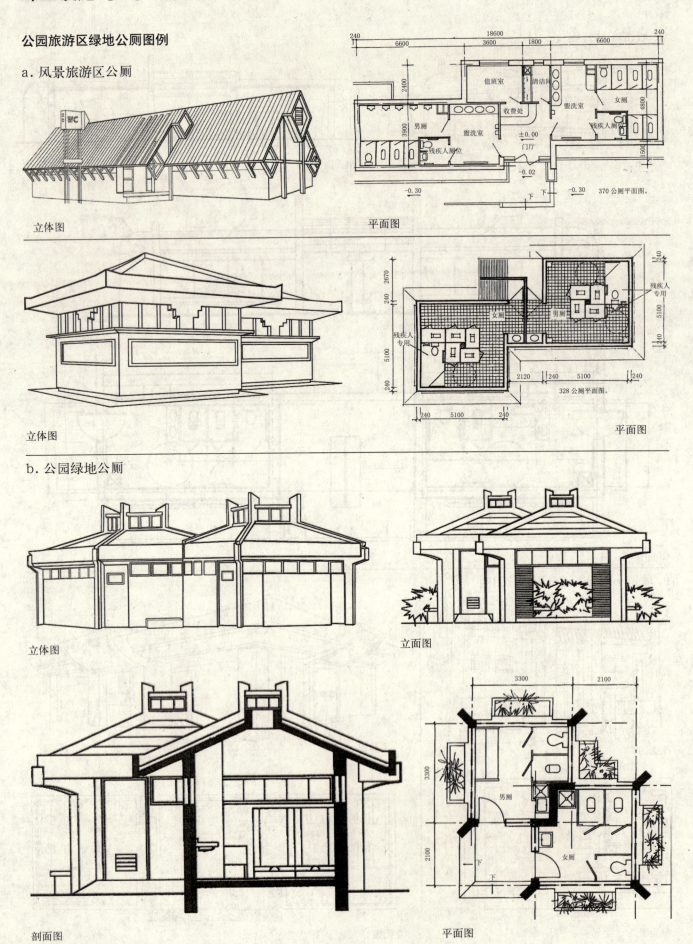

公共厕所 [36] 环卫设施

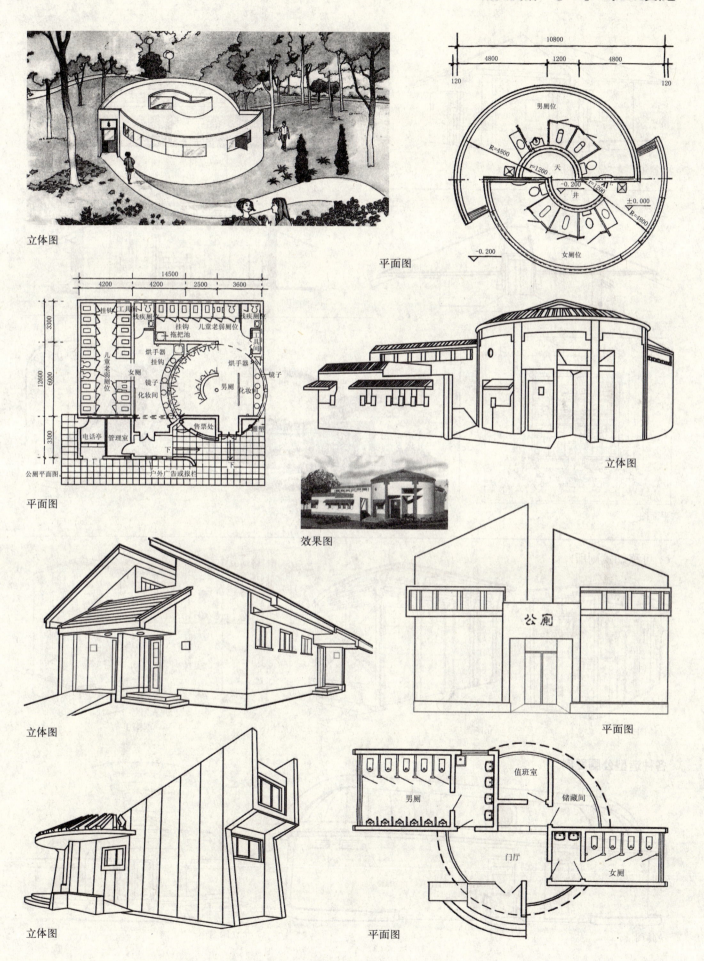

环卫设施 [36] 公共厕所

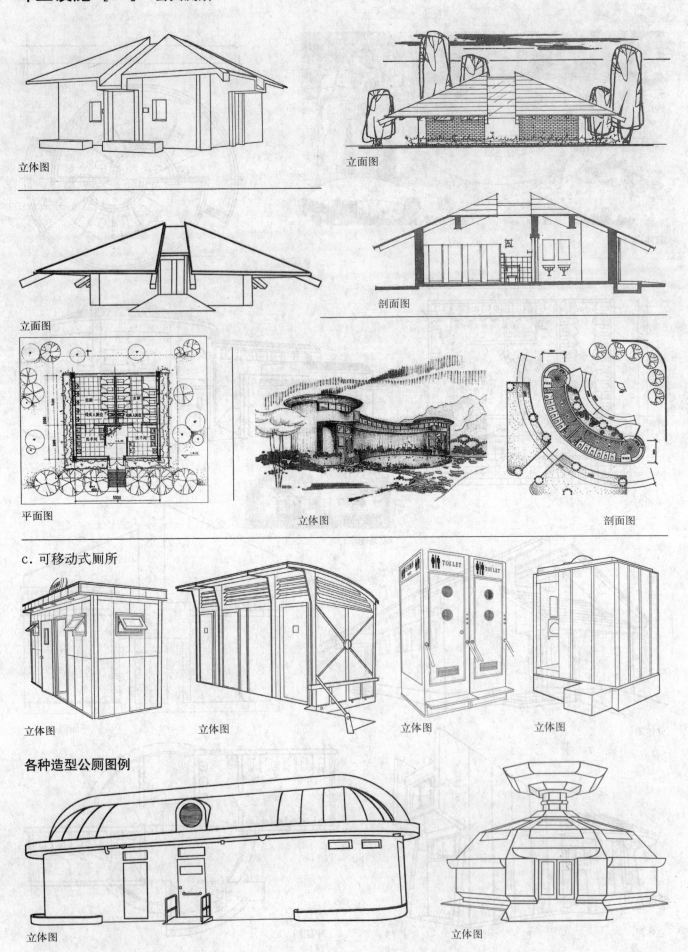

c. 可移动式厕所

各种造型公厕图例

公共厕所 [36] 环卫设施

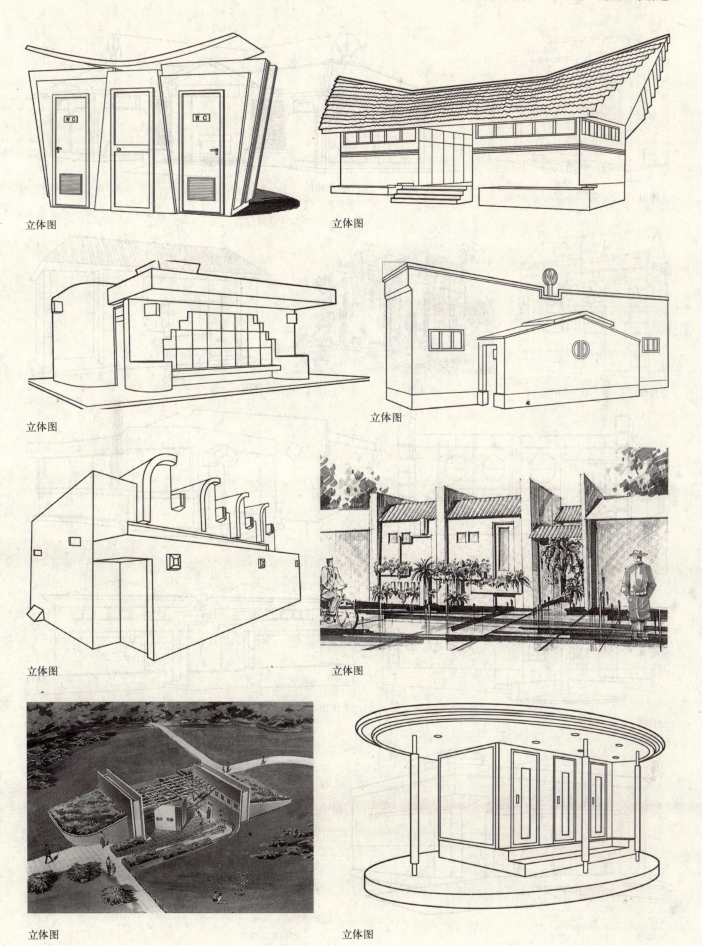

环卫设施 [36] 公共厕所

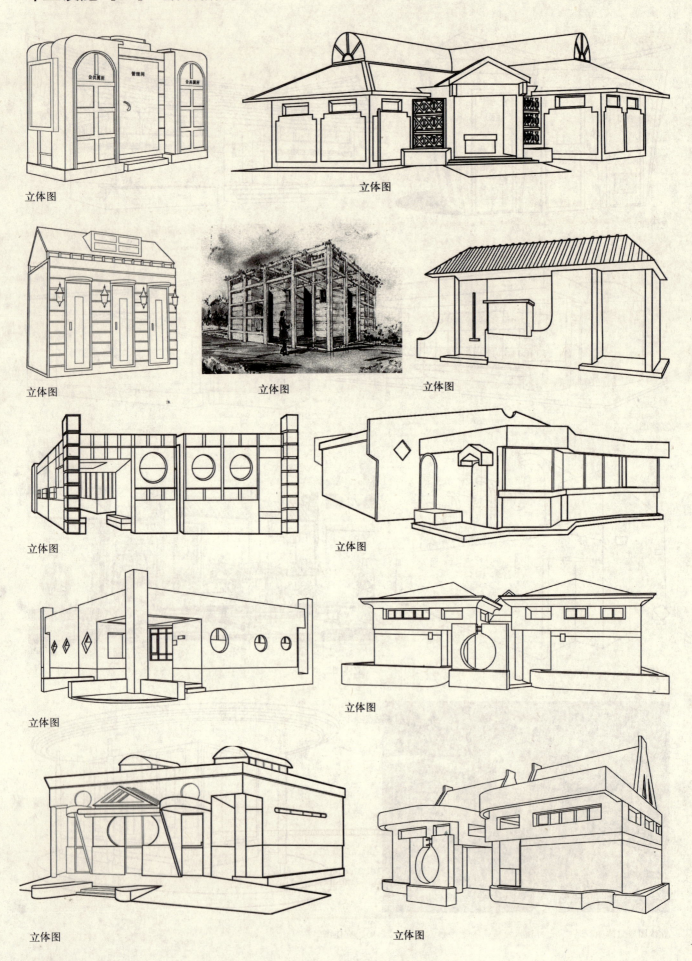

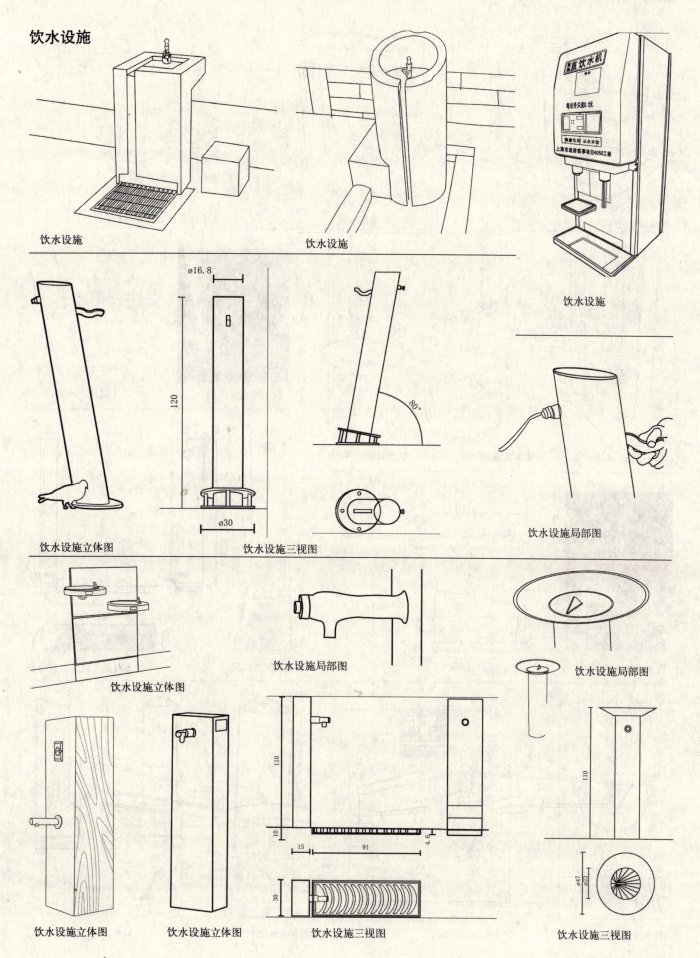

环卫设施 [36] 饮水设施

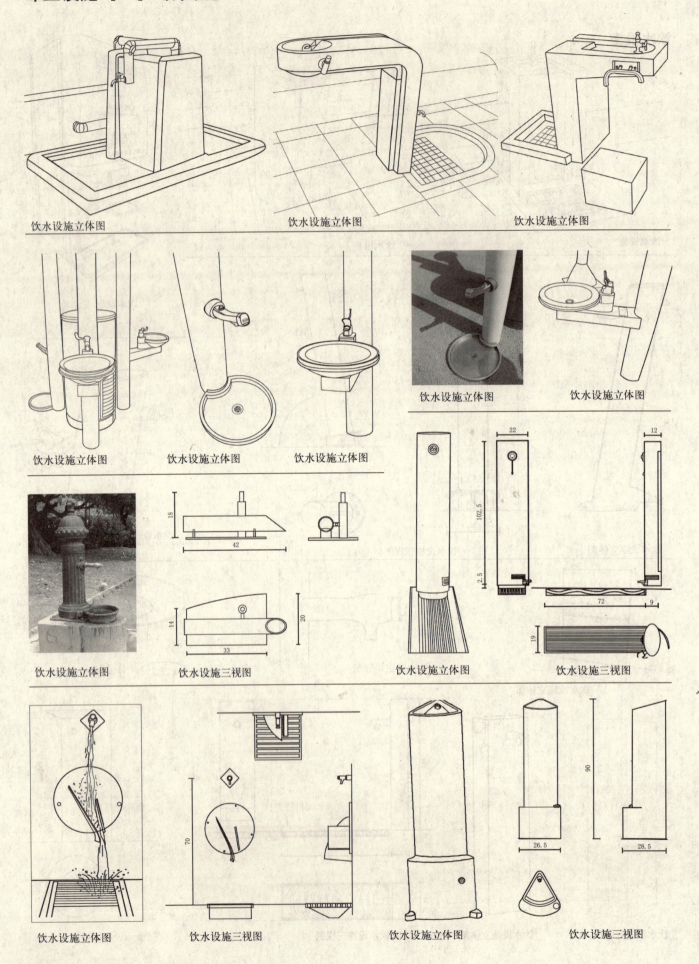

饮水设施立体图　　饮水设施立体图　　饮水设施立体图

饮水设施立体图　　饮水设施立体图　　饮水设施立体图　　饮水设施立体图　　饮水设施立体图

饮水设施立体图　　饮水设施三视图　　饮水设施立体图　　饮水设施三视图

饮水设施立体图　　饮水设施三视图　　饮水设施立体图　　饮水设施三视图

坐具 [37] 休闲娱乐设施

环境设施系统中的休闲娱乐系统是为使用者提供的一系列物质硬件设施，以此来丰富人们的生活环境。

休闲娱乐设施系统可分为两部分：一是休闲系统，包括坐具、休息亭、回廊等。二是健身娱乐系统，包括健身设施和娱乐设施。

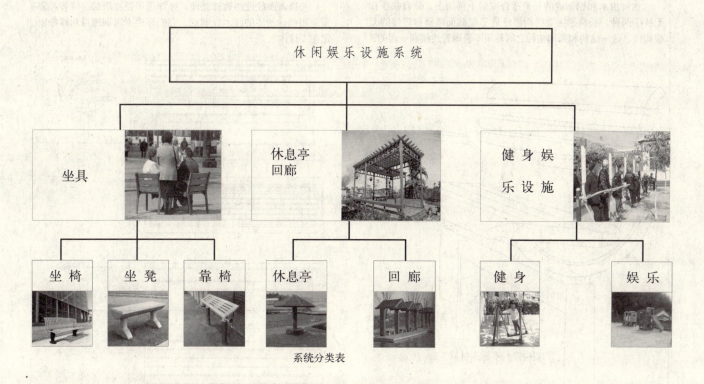

系统分类表

坐具

坐具在城市环境中是最为普遍使用的基本功能性"公共家具"。坐具多设置在休闲广场、小区或公园中，主要是为休息、闲逛的人群提供一个小憩的环境。各种环境对坐具的材料、造型有着不同的要求。

常用的材质有木材、石材、混凝土、金属、塑料等。座椅可以提供休息、读书、思考、与友人交谈等。因此，休息椅的设计应考虑综合设计因素。

坐具的分类方法很多，按材料可分为木制材料、金属材料、塑料材料、石材、复合材料等坐具；按类型可分为坐椅、坐凳、靠倚等坐具；按地点可分为中心广场、车站、码头、公园、商业中心以及学校、医院、小区等环境中使用的坐具，按环境空间可分为室内与室外等环境中使用的坐具。

坐具造型图例

木材与金属材料坐具

铁质坐凳

金属材料坐椅

金属材料靠椅

金属与木材坐椅

金属材料坐凳

金属材料坐凳

金属材料靠椅

休闲娱乐设施 [37]　坐具

坐椅

设计者：Designit Arhus

这种由木和钢制成的长椅适合安装于铺面上，分有扶手和无扶手两种。长椅的主要结构部分是T型截面路垫钢焊接的U型构件，这一结构和弧形构件之间是用不锈钢管连接在一起的。

长椅表面经过热镀锌处理，终饰选用瓷漆涂层。椅背和靠面是用经过油漆的红木板制成。它们都用不锈钢螺母和螺栓固定在支撑体上。

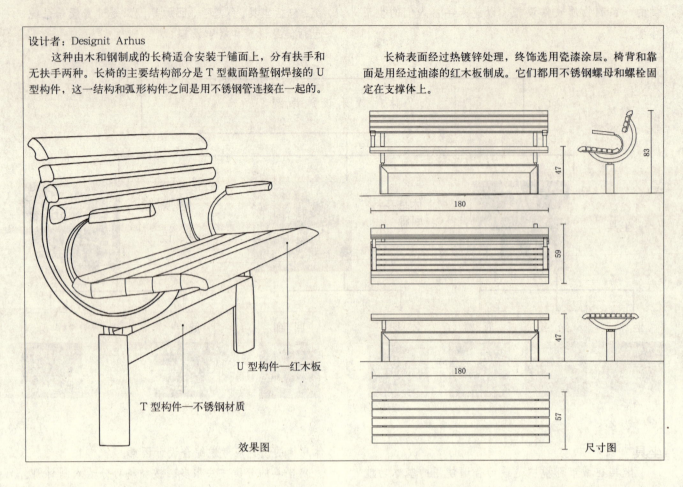

U型构件—红木板
T型构件—不锈钢材质
效果图
尺寸图

坐具 [37] 休闲娱乐设施

设计者：Jordi Henrich
　　一种用于公共场所的大型长椅，由镀锌钢结构、木板座位和金属或同样木材的靠背制成。

效果图　　　　　　　　　　尺寸图

休闲娱乐设施 [37] 坐具

设计者：Carlos Marzabal

这种优美的多用途长椅是为用于室内或室外空间而设计的，特别适用于火车站的月台。椅面和椅背用 bolondo 或相似的木板制成。铸铁支撑的椅腿表面喷涂黑色抗氧化涂料。靠背的结构部分由镀锌钢制成，并用艾伦型不锈钢螺母和螺栓与整体相连。

效果图　　　　　　　　　　　　　　　　　　　　　　　　　　　尺寸图

坐具 [37] 休闲娱乐设施

设计者：Martin Szekely

这种单排或者双排长椅只采用了两种材质：木和钢。它非常适用于公共场所，特别是放置在公园中。长椅的结构构件由两块完全相同的铸铁构成，其表面经过抗腐蚀处理，并布满铁灰色粉末状物质。椅面和椅背由Iroko木板制成，表面涂有两层清漆。长椅用M16螺栓固定在混凝土砌块上。

效果图　　　　　　　　　　　　　　　　　尺寸图

休闲娱乐设施 [37] 坐具

设计者：Jean-Michel Wilmotte

这种双排靠椅合用一个靠背，它的结构构件由有花岗岩纹理的铸铁制成，圆柱体的椅腿由煤灰色的铸铁构成，椅腿为可调试的，以确保座位完全水平，座位和靠背均为木质。长椅用暗螺栓安装在混凝土砌块上，并嵌入铺面下方。长椅的每边座位各由一块木板制成，靠背由热带木材制成，木板通过亚光不锈钢扣件安装在结构构件上。

高度　44cm
总长度　214.8cm
总宽度　98cm

效果图　　　　　　　　　　　　　　　　　尺寸图

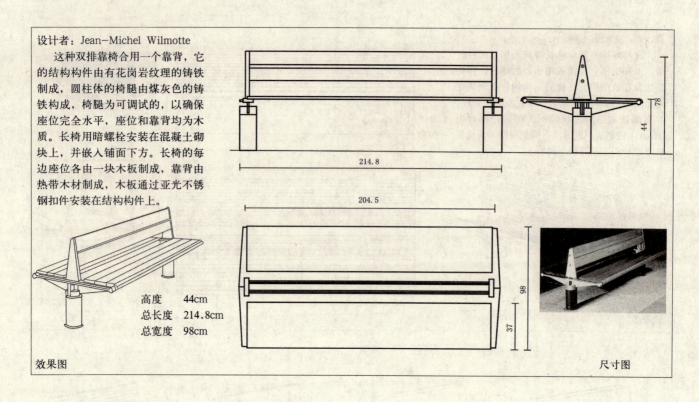

混合材质坐椅

硬质金属管
仿木材料

不锈钢　　松木板
　　　　　不锈钢螺栓

坐具 [37] 休闲娱乐设施

设计者：Leopoldo Mila

这套长椅可满足人们在公共场所中休息的需求。其所用材料——铸铁和上光的iroko木材必须能适应恶劣的气候和抵御人为的破坏。它朴素而优美的外形意味着可以被应用于任何地方。

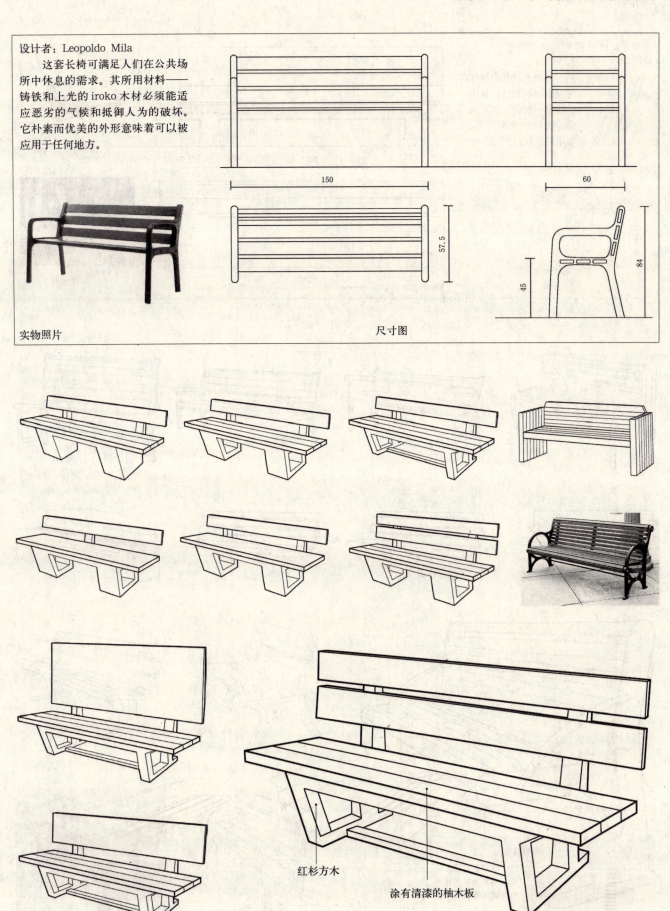

实物照片　　　　　　　　尺寸图

红杉方木

涂有清漆的柚木板

371

休闲娱乐设施 [37]　坐具

设计者：De Ferrari-Jacomussi-Germak-Laurini

这种长椅是由冲压成型的铝材制成，且由连接在一起的三部分组成。长椅的外形简单，使用舒适性。

尺寸　　　实物照片

不锈钢片材　钢材经过回火处理，具有良好的任韧性，现代感强烈。　优质钢材　螺栓固定

坐具 [37] 休闲娱乐设施

设计者：Leopoldo Mila

这种椅子是为满足公共场所的就座需要而设计的。它们由铸铁和用清漆处理过的iroko木材制成，其目的是为了抵御恶劣的气候和人为的破坏。其优美庄重的外观使其能适用于任何场所。可交替地座位可当作双人凳子或椅子使用。安置在混凝土砌块上，并用暗螺栓旋至每条椅腿的下方．此设计入选1991年ADI-FAD Delta奖

效果图　　　　尺寸图

金属不锈钢材料　机制仿木木条

373

休闲娱乐设施 [37] 坐具

设计者：Philippe Starck

它可以随意摆放成几组，使用者也可以随意改变摆放形式或将椅子搬走。直径为15cm的钢板安装时应与四个支撑点上方的铺面齐平，它不仅起到支撑的作用，还可以使椅子保持水平。这种椅子由预先安装好的单独旋转枢轴（360度）和焊接成整体的铸铝板组成。

混合材质坐椅

黑白线稿

尺寸图

聚碳酸酯仿木材料（环保、耐用）

高硬度不锈钢材

坐具 [37] 休闲娱乐设施

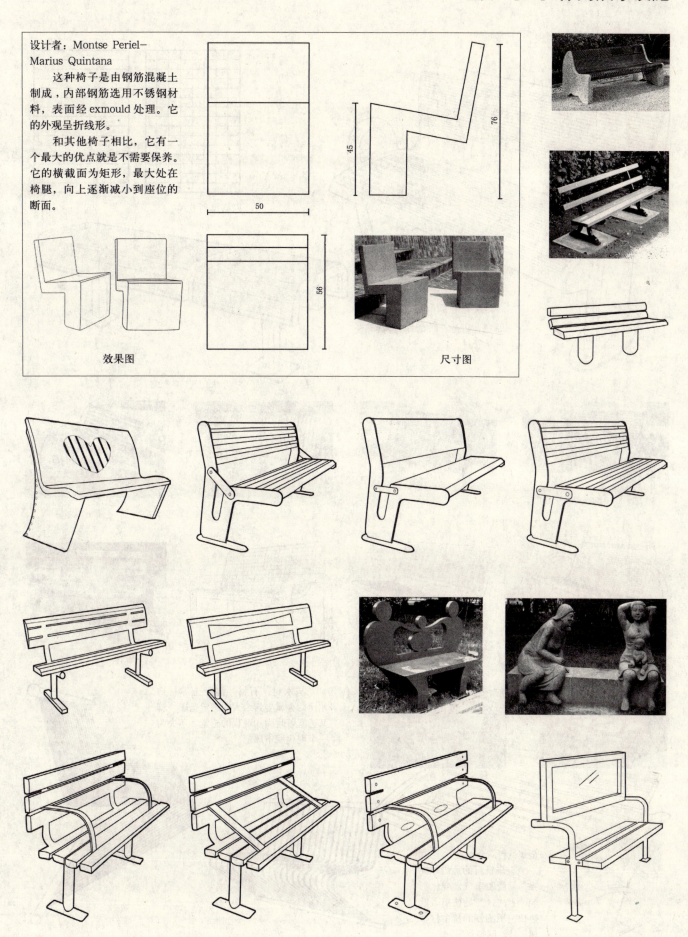

设计者：Montse Periel–Marius Quintana

这种椅子是由钢筋混凝土制成，内部钢筋选用不锈钢材料，表面经 exmould 处理。它的外观呈折线形。

和其他椅子相比，它有一个最大的优点就是不需要保养。它的横截面为矩形，最大处在椅腿，向上逐渐减小到座位的断面。

效果图　　　尺寸图

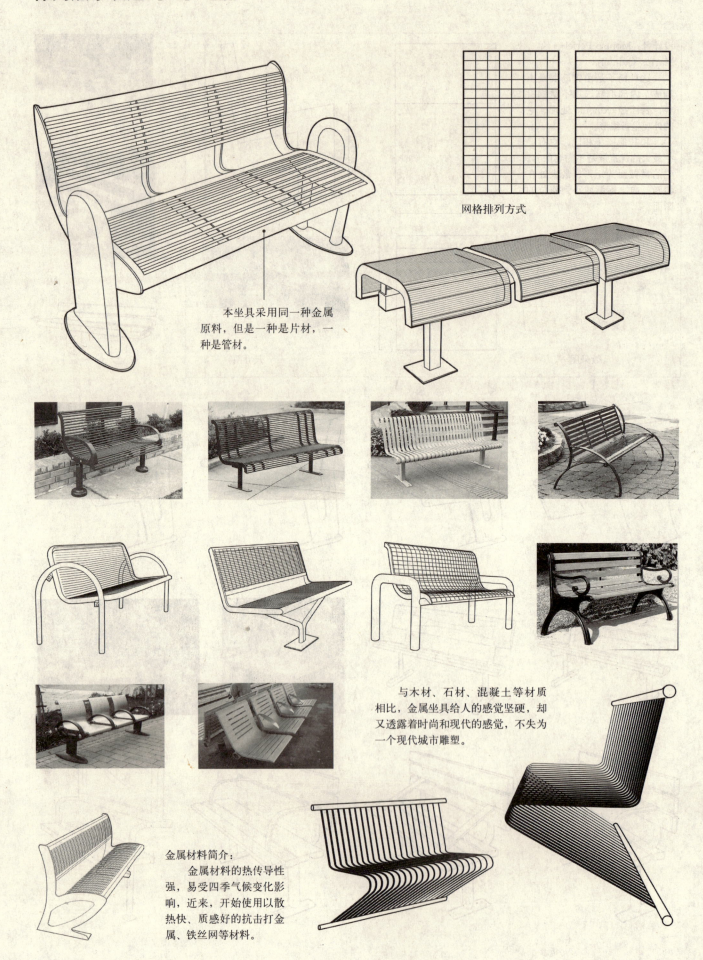

休闲娱乐设施 [37] 坐具

网格排列方式

本坐具采用同一种金属原料，但是一种是片材，一种是管材。

与木材、石材、混凝土等材质相比，金属坐具给人的感觉坚硬，却又透露着时尚和现代的感觉，不失为一个现代城市雕塑。

金属材料简介：
　　金属材料的热传导性强，易受四季气候变化影响，近来，开始使用以散热快、质感好的抗击打金属、铁丝网等材料。

休闲娱乐设施 [37] 坐具

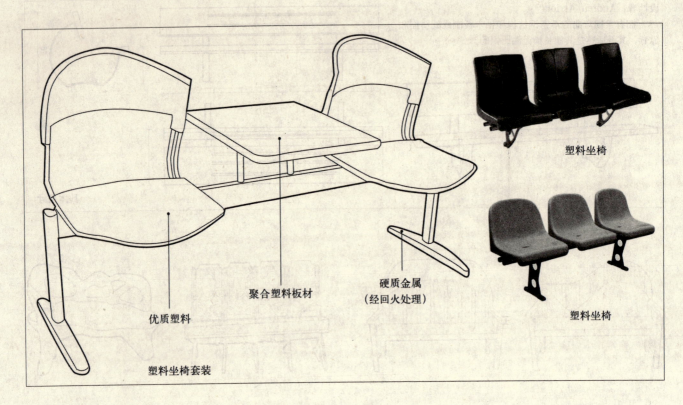

优质塑料　聚合塑料板材　硬质金属（经回火处理）

塑料坐椅套装

塑料坐椅

塑料坐椅

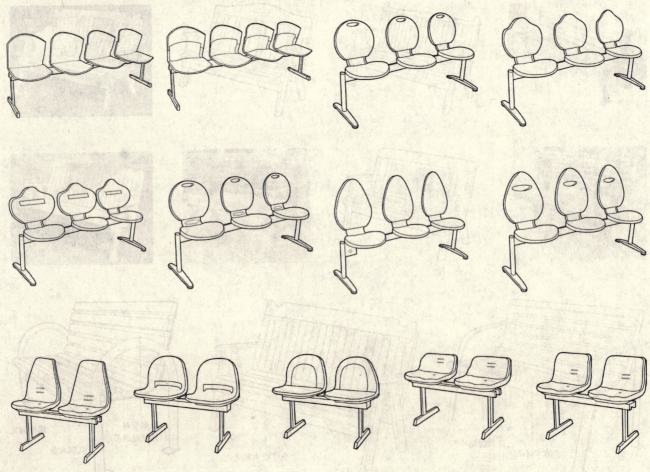

坐具 [37] 休闲娱乐设施

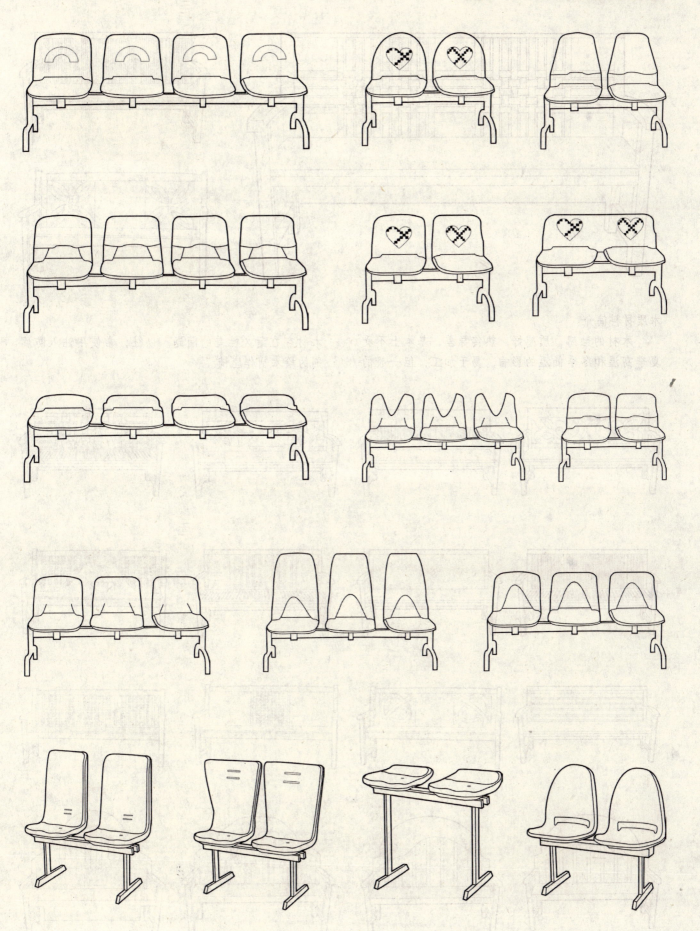

379

休闲娱乐设施 [37] 坐具

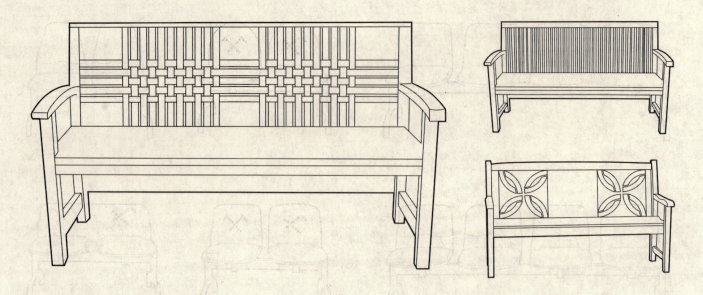

木质材料简介：

木材的触感、质感好，热传导差，基本上不受夏季高温和冬季低温的影响，易于加工，但一般的木材存在耐久性差的问题。以往，常使用注入防腐剂的桧木制作座椅。

坐具 [37] 休闲娱乐设施

381

休闲娱乐设施 [37] 坐具

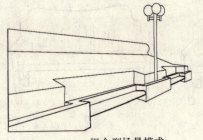
组合型场景模式

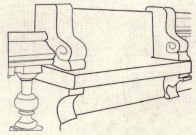
组合型场景模式

多人混合材质坐凳

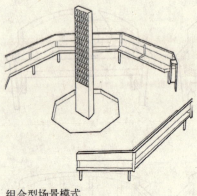
组合型场景模式

套装型2人木质桌椅

多人石质坐椅

从设置方式上划分，除普通平置式、嵌砌式外，还有固定在花坛绿地挡土墙上的坐椅、以绿地挡土墙兼用的坐椅，以及设置在树木周围兼作树木保护设施的围树椅等形式。

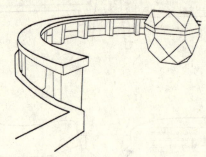
组合型场景模式

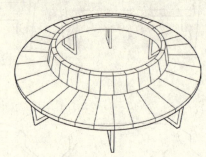
木质坐椅

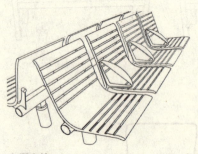
金属坐椅

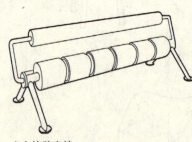
多人橡胶坐椅

多人木质坐椅

多人混合材质坐凳

仿布式坐倚

组合型场景模式

坐具 [37] 休闲娱乐设施

2. 坐凳
设计师介绍

设计者：Albert Blanch

该坐凳有两种支撑形式：自由式和固定式。按标准尺寸制成的室外长凳可以设计成两条腿，并可以放置在地面上或者嵌入地下。凳子在制造方面采用1.25m 为标准，它们可以连接起来形成几倍于标准长度的长凳。

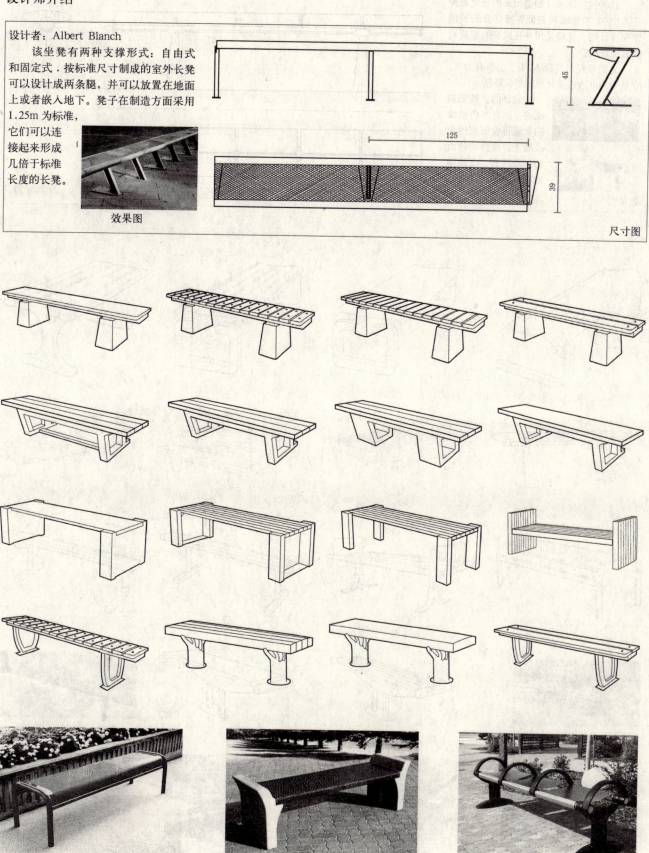

效果图

尺寸图

383

休闲娱乐设施 [37] 坐具

设计者：Rodney Kinsman

  这种按标准尺寸制造出来的坐凳最初是为1992年塞维利亚世界博览会的英国馆而设计的。凳腿是用冲压成型的铝质构件装配成的。

  它的外观极其简洁，看上去很有力度。它是专为室内或室外短时等候场所设计的。铸铝制成的并涂有灰色清漆的凳腿可安装到地面或墙上。座位的断面为抛物线形，支撑体断面为圆形。

效果图

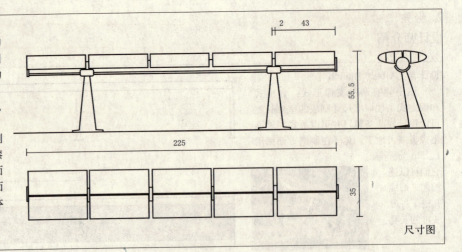

尺寸图

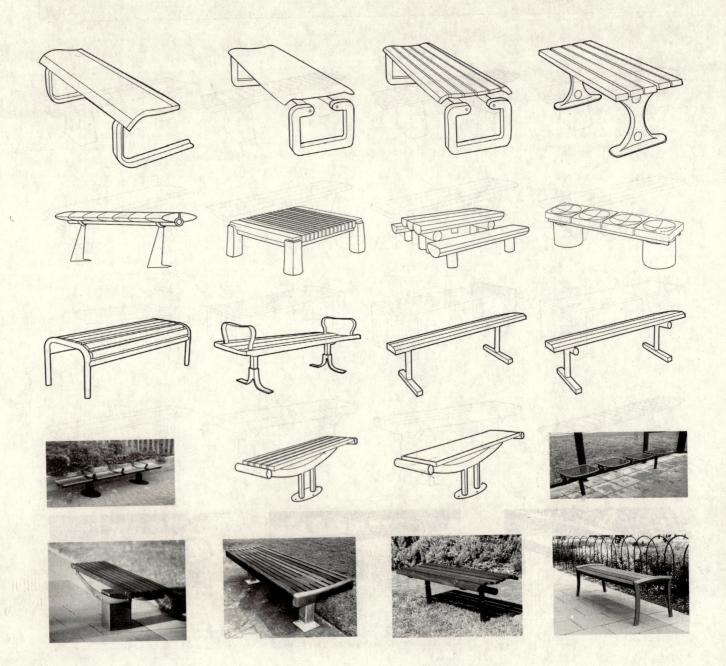

坐具 [37] 休闲娱乐设施

设计者：Jaume Artigues

这种坐凳采用了几何形的元素叠加，造型简单大气，而且给人一种敦厚的心理感觉。

效果图　　　　　　　　　　　　　　　　　　　尺寸图

休闲娱乐设施 [37]　坐具

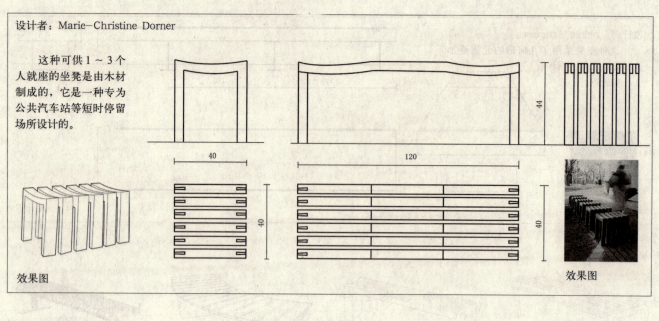

设计者：Marie-Christine Dorner

这种可供1～3个人就座的坐凳是由木材制成的，它是一种专为公共汽车站等短时停留场所设计的。

效果图

效果图

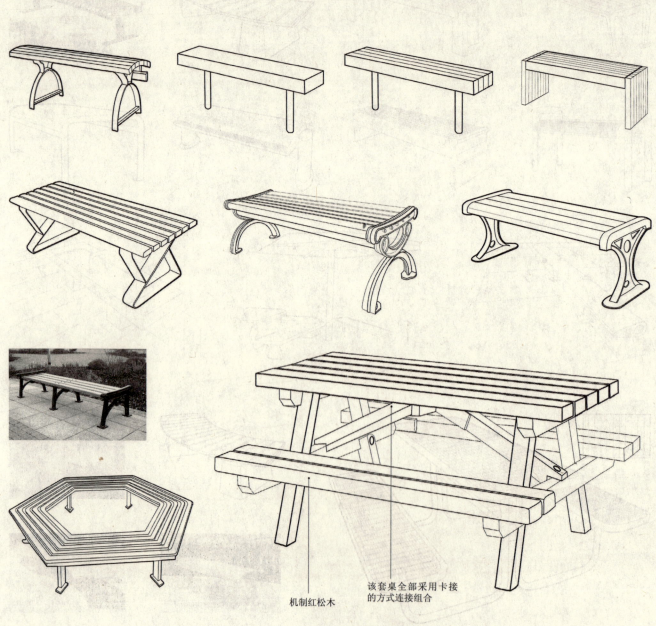

机制红松木

该套桌全部采用卡接的方式连接组合

坐具 [37] 休闲娱乐设施

3. 靠椅

靠椅图例

坐具设计的主要方面：
① 椅面
② 深度和宽度
③ 座位面倾角
④ 靠背

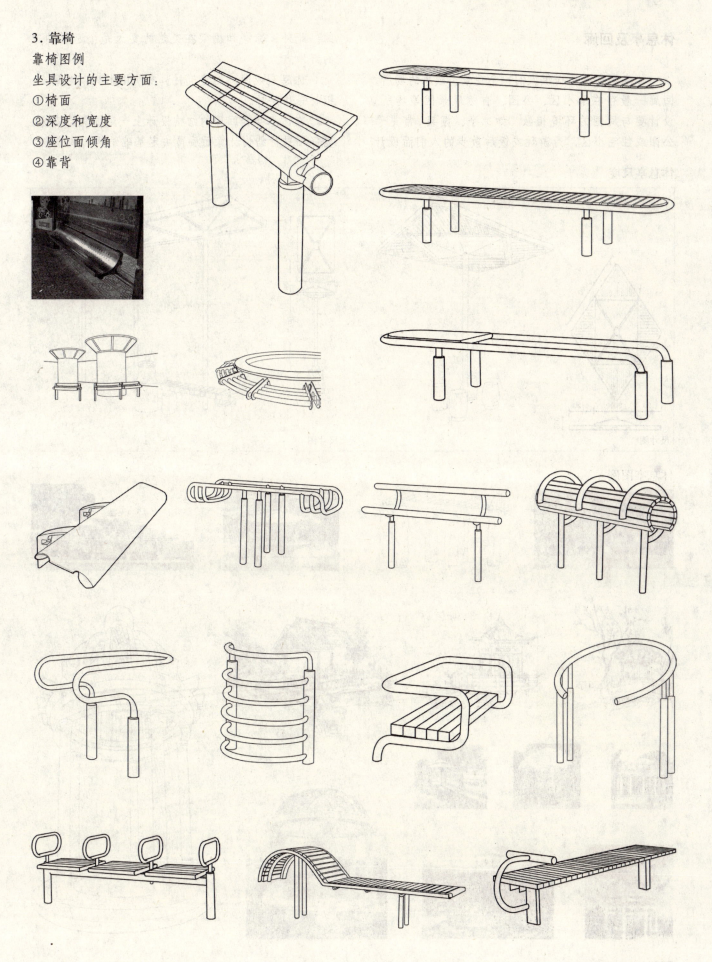

387

休闲娱乐设施 [37] 休息亭及回廊

休息亭及回廊

休息亭和回廊提供人们一个观景、歇息的场所。回廊一般存在于小区、公园、自然风景区等场所，设计要与周围的环境相融。如凉亭、棚架，常见于公园或住宅小区，为游玩或饭后散步的人们而设计的。此外，凉亭和棚架在炎热的夏天是个避暑纳凉的好地方。

休息亭或回廊的建筑材料多使用木材、混凝土、钢材等作梁柱。

在休息亭和回廊的结构设计上一定要保证安全，要仔细进行结构计算而后再决定基础结构的规模。

休息亭尺度

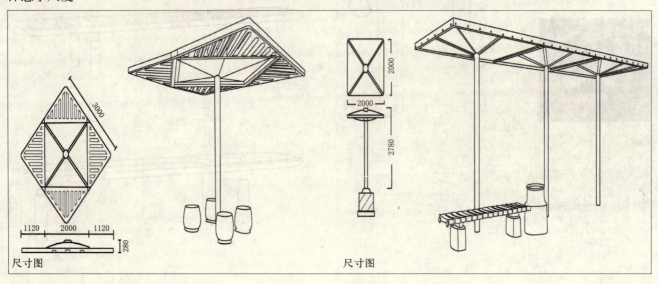

尺寸图　　　　　　　　　　　　　　尺寸图

休息亭图例

休息亭及回廊　[37] 休闲娱乐设施

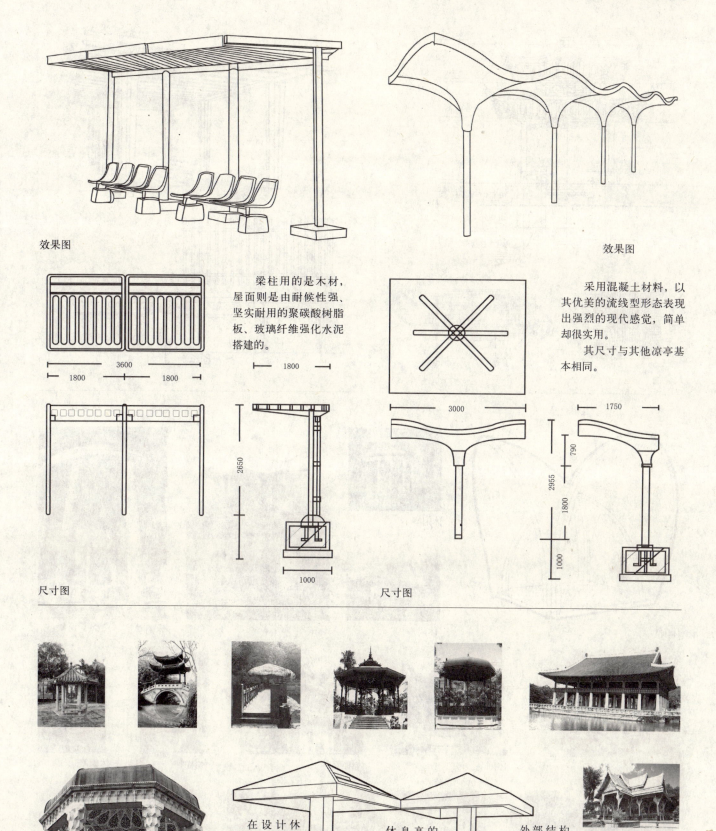

效果图

效果图

梁柱用的是木材，屋面则是由耐候性强、坚实耐用的聚碳酸树脂板、玻璃纤维强化水泥搭建的。

采用混凝土材料，以其优美的流线型形态表现出强烈的现代感觉，简单却很实用。
其尺寸与其他凉亭基本相同。

尺寸图

尺寸图

在设计休息亭时，应注意添加适当的座椅，保证使用者的休息质量。

休息亭的结构设计应安全可靠，应充分考虑风吹、雪压等环境因素。

外部结构采用中粗立柱，可增添安全、沉稳的感觉。

休闲亭

休闲亭

389

休闲娱乐设施 [37]　休息亭及回廊

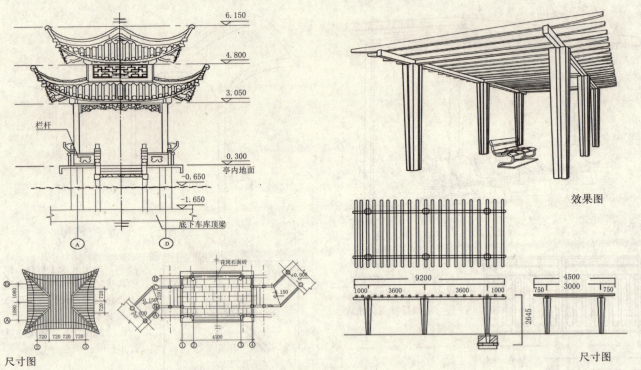

尺寸图　　　　　　　　　　　　　　　　　　　　　效果图

　　　　　　　　　　　　　　　　　　　　　　　　尺寸图

休闲亭　　休闲亭　　休闲亭　　休闲亭

休闲亭　　休闲亭　　休闲亭　　休闲亭　　休闲亭

休闲亭　　休闲亭　　休闲亭　　休闲亭

休息亭及回廊　[37] 休闲娱乐设施

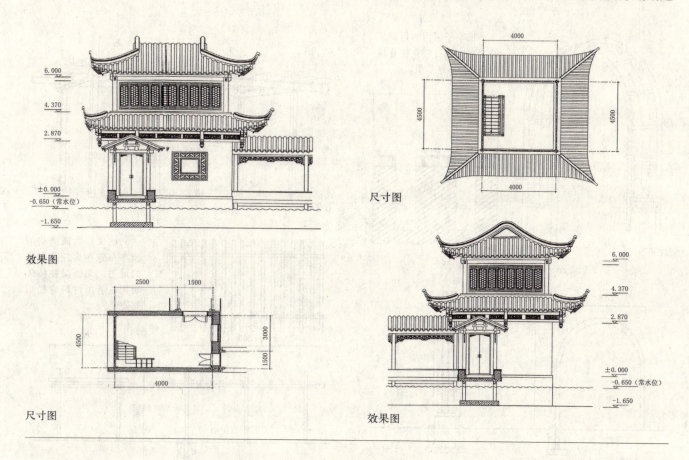

效果图　尺寸图　尺寸图　效果图

休闲娱乐设施 [37]　休息亭及回廊

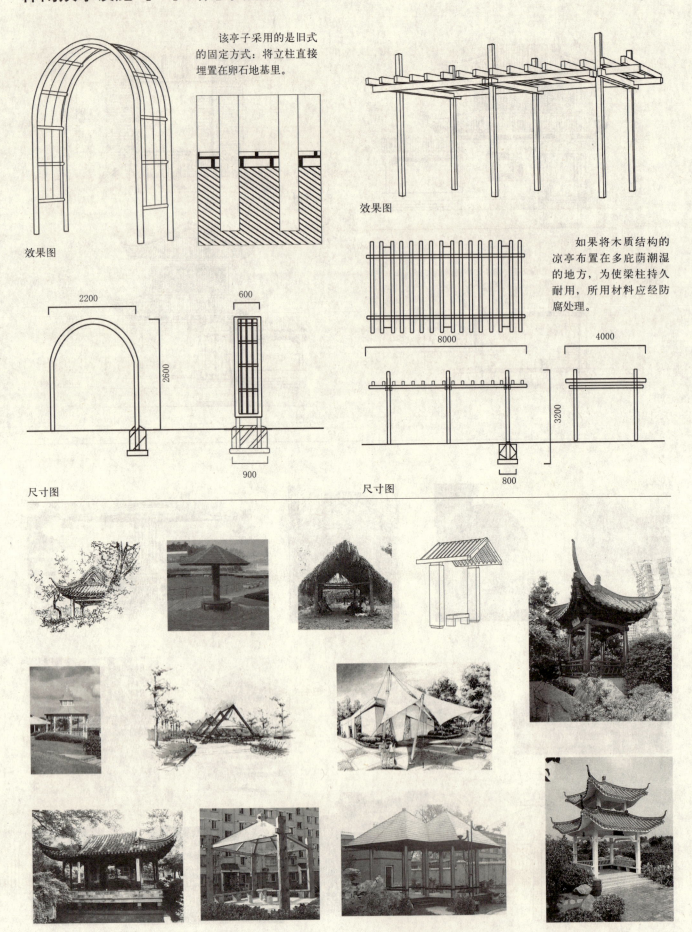

休息亭及回廊 [37] 休闲娱乐设施

效果图　尺寸图

休闲娱乐设施 [37]　休息亭及回廊

回廊尺度

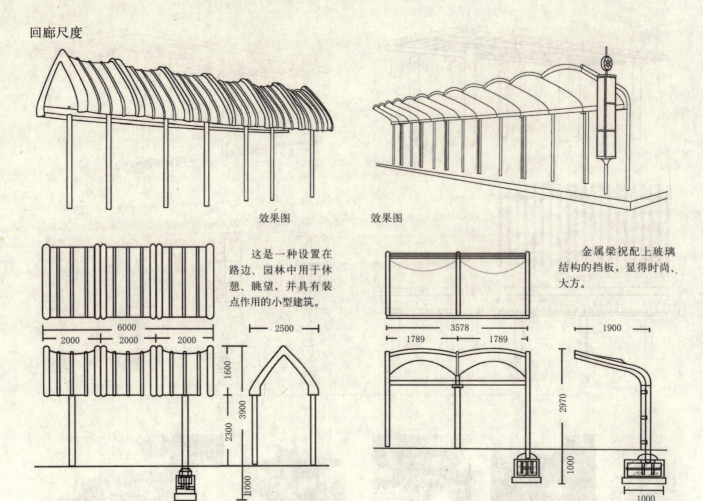

效果图　　效果图

这是一种设置在路边、园林中用于休憩、眺望，并具有装点作用的小型建筑。

金属梁柱配上玻璃结构的挡板，显得时尚、大方。

回廊造型图例

休息亭及回廊　[37] 休闲娱乐设施

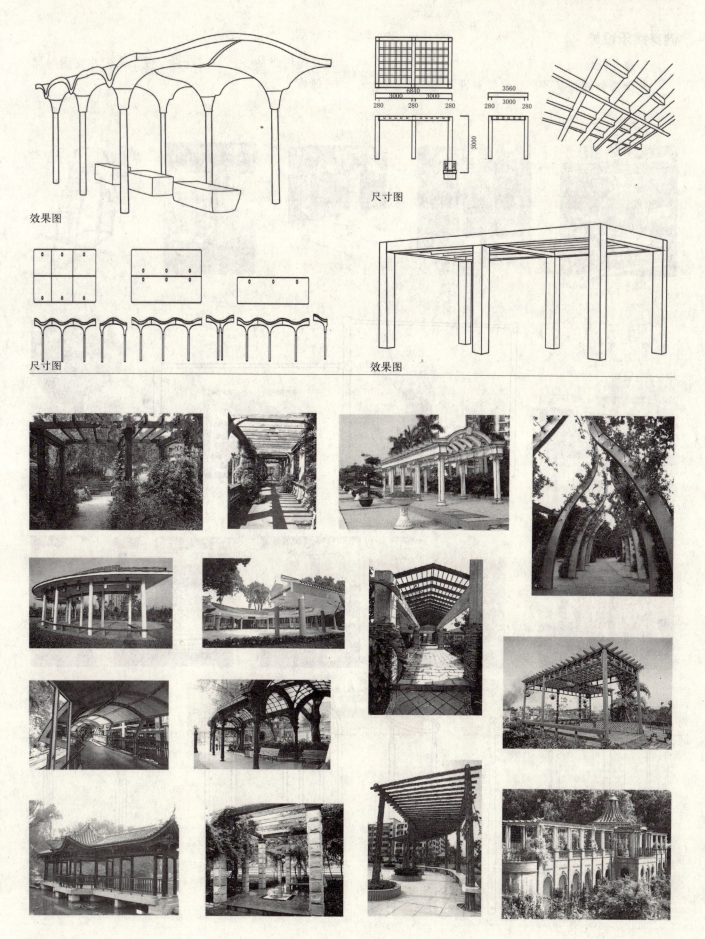

效果图　尺寸图　尺寸图　效果图

395

休闲娱乐设施 [37] 健身娱乐设施

健身娱乐设施

1. 健身设施

健身设施种类繁多，一般健身设施都设在小区内或是附近的公园、广场内，便于人们在空闲时间来锻炼。

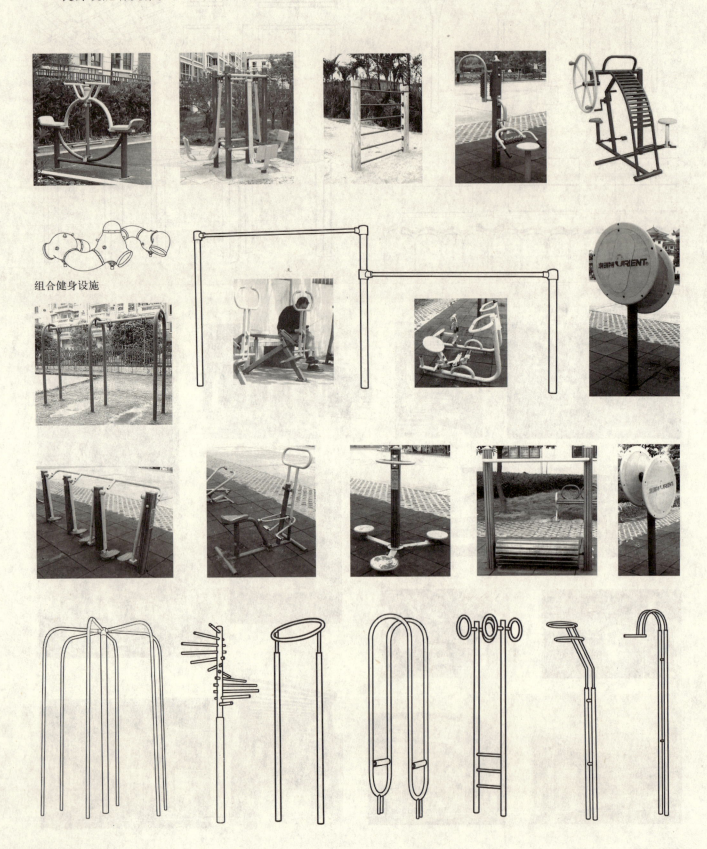

组合健身设施

健身娱乐设施　[37] 休闲娱乐设施

2.娱乐设施主要设置在小区内或附近，还可能设在公园、游乐园、幼儿园里。娱乐设施主要是为儿童而设计的。因此，在设计方面要多注意开发儿童的智力因素，激发儿童的潜在智力，同时要考虑儿童玩耍的安全性。

设计者介绍

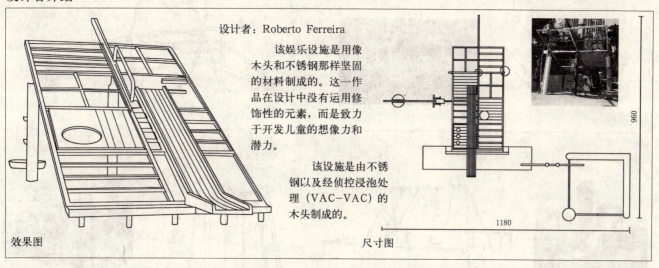

设计者：Roberto Ferreira

该娱乐设施是用像木头和不锈钢那样坚固的材料制成的。这一作品在设计中没有运用修饰性的元素，而是致力于开发儿童的想像力和潜力。

该设施是由不锈钢以及经侦控浸泡处理（VAC-VAC）的木头制成的。

效果图　　尺寸图

休闲娱乐设施 [37]　健身娱乐设施

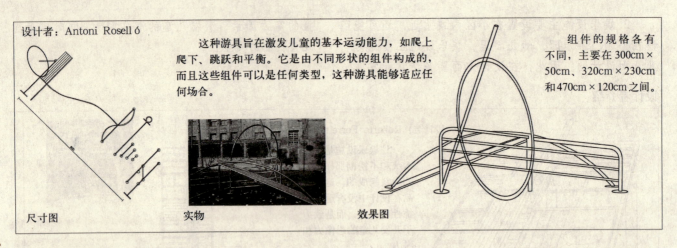

设计者：Antoni Roselló

这种游具旨在激发儿童的基本运动能力，如爬上爬下、跳跃和平衡。它是由不同形状的组件构成的，而且这些组件可以是任何类型，这种游具能够适应任何场合。

组件的规格各有不同，主要在300cm×50cm、320cm×230cm和470cm×120cm之间。

尺寸图　　实物　　效果图

健身娱乐设施　　[37] 休闲娱乐设施

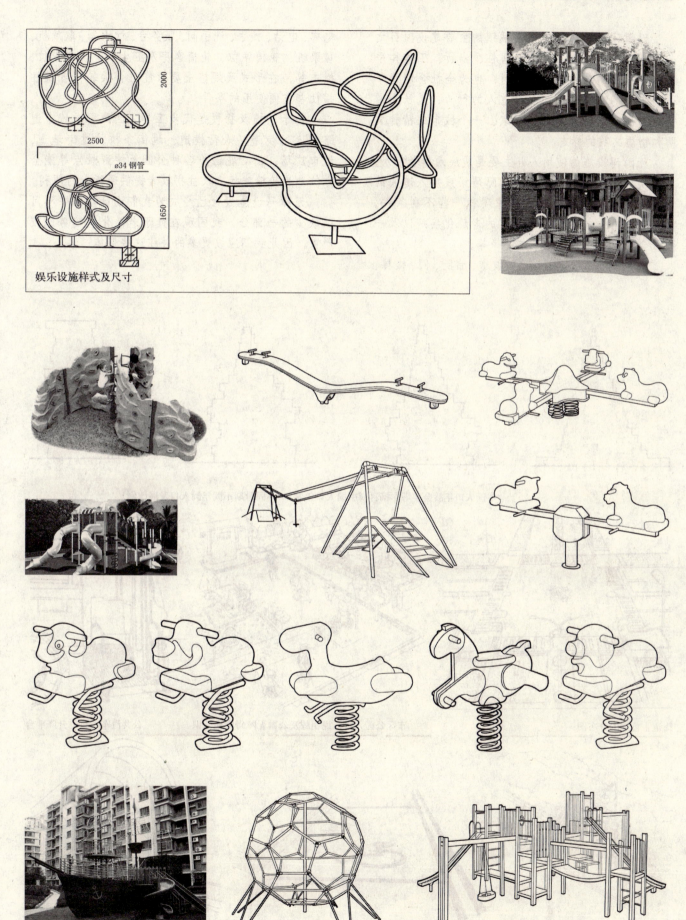

娱乐设施样式及尺寸

无障碍设施 [38]

无障碍环境建设是当今城镇的主要建设项目之一，是为残疾人提供必需的居住、出行、工作和平等参与社会的基本保障。同时，也为全社会创造了一个方便的良好环境。是尊重人的行为，是社会道德的体现，同时也是一个国家、一个城市的精神文明和物质文明的标志。

无障碍设施的使用人群主要是残疾人和老年人。对残疾人自身的障碍和环境的障碍给残疾人造成的影响主要是功能障碍、能力障碍和一些不利条件。对老年人群影响的主要是人口的老龄化疾病以及一些社会现象造成的行动不方便等等。

对建筑物的公共设施，如坡道、台阶、门、楼梯、电梯、电话、扶手、洗手间、服务台、饮水器、取款机、售票机、轮椅席位、轮椅客房及卫生间、停车车位、标志等，在形式及规格上要求能符合乘轮椅者及拄拐杖者方便使用的条件。

由于轮椅及拐杖是代步工具，因此要求城市道路的人行步道、人行横道、过街天桥、过街地道、城市广场、街心花园、各种公园及旅游景点等能全方位地为轮椅残疾人及拄拐杖者提供通行上的便利。

无障碍设施设计已经成为我们设计生活中不可以缺少的一部分，我国现在处于老龄化的趋势比较严重，因此我们应该更多的关注这些群体。

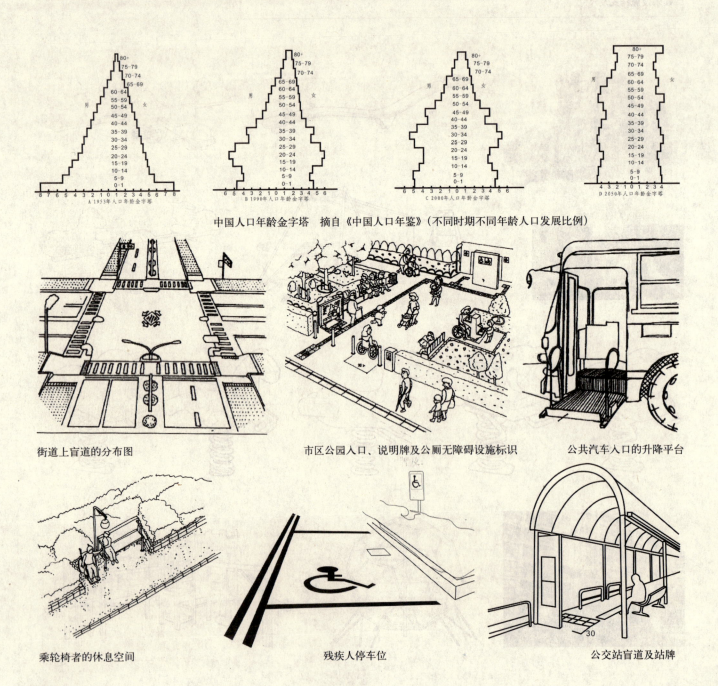

中国人口年龄金字塔　摘自《中国人口年鉴》（不同时期不同年龄人口发展比例）

街道上盲道的分布图　　市区公园入口、说明牌及公厕无障碍设施标识　　公共汽车入口的升降平台

乘轮椅者的休息空间　　残疾人停车位　　公交站盲道及站牌

坡道 [38] 无障碍设施

坡道

坡道的坡面可设计成单面坡形、三面坡形及扇面坡形等多种形式。通常坡道设在人行道的范围内。道路交叉口是坡道重点设置的地方，特别是要与人行横道和安全岛结合好，将乘轮椅残疾人安全、方便地输送到马路对面的人行道上去。

坡道的设计包括坡道的类型、坡度和宽度，以及三面坡道的规格。通常缘石坡道设在人行横道的范围内。

坡度和高度及水平的最大容许值

坡度（高/长）	1/20	1/16	1/12	1/10
最大高度（m）	1.50	1.00	0.75	0.60
水平长度（m）	30.00	16.00	9.00	6.00
坡度（高/长）	1/8	1/6	1/4	1/12
最大高度（m）	0.35	0.20	0.08	0.04
水平长度（m）	2.80	1.20	0.32	0.08

1. 缘石坡道类型、坡度和宽度

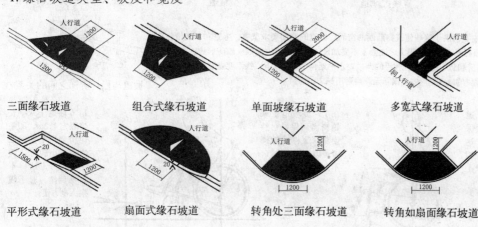

三面缘石坡道　　组合式缘石坡道　　单面坡缘石坡道　　多宽式缘石坡道

平形式缘石坡道　　扇面式缘石坡道　　转角处三面缘石坡道　　转角如扇面缘石坡道

坡道宽度的制定，可依据坡道的长短和通行量而定。当坡道比较短和人流较少时，市内的坡道宽度不应小于100cm，以保障一辆轮椅通行；室外坡道宽度不应小于120cm，以保障一辆轮椅和一个侧身人体通行的宽度。当坡道比较长又有一定的流量时，室内坡道的宽度不应小于120cm。室外坡道的宽度应达到150cm，以保障一辆轮椅和一个人正面相对通过。

缘石坡道的坡度是1/10～1/12，有条件的地方将与人行道等宽的单面坡缘石坡跑的坡度可做到1/16～1/20。缘石坡道的宽度不应小于100cm，坡道下口的平缘石不得超过车行道地面20mm，以便轮椅通行。人行道上的盲道可与缘石坡道衔接，但彼此应相距20～30cm。

2. 三面坡缘石坡道规格

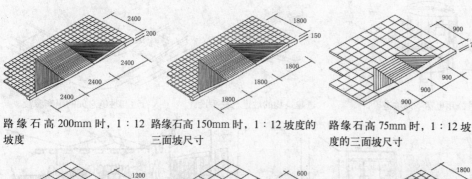

路缘石高200mm时，1:12坡度　　路缘石高150mm时，1:12坡度的三面坡尺寸　　路缘石高75mm时，1:12坡度的三面坡尺寸

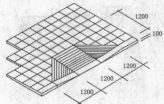 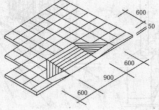 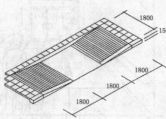

路缘石高100mm时，1:12坡度的三面坡尺寸　　路缘石高50mm时，1:12坡度的三面坡尺寸　　双向平行式缘石坡道

在城市道路交叉路口的人行横道两端，缘石坡道多为三面坡形，其宽度可与人行横道相等，也可小于人行横道，但位置要相互对正。在十字路口需设4对共8座、丁字路口需设3对共6座缘石坡道。在非主要道路交叉路口的对角线上设缘石坡道，可采用三面坡形或扇面形，但坡道入口仍在人行横道范围内，坡道两侧与过街横道的方向要分别保持平行，坡道底部的入口呈弧形，其中心点距人行横道至少应有120cm的距离。因此在十字路口只需设2对共4座缘石坡道。在小型路口和住宅区内如采用单面坡或与人行道等宽的缘石坡道效果较好。

道路交叉口是缘石坡道重点设置的地方，特别是要与人行横道和安全岛结合好，将乘轮椅残疾人安全、方便地输送到马路对面的人行道上去。缘石坡道的广泛应用，不仅解决了乘轮椅者的通行困难，同时对老人、妇女、幼儿及携带行李者也带来了方便。

无障碍设施 [38] 坡道

3. 人行横道缘石坡道

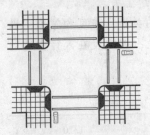
同人行横道等宽的三面缘石坡道

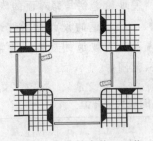
不同人行横道等宽的三面缘石坡道

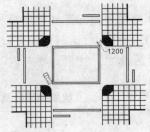
设在人行道转角处的三面缘石坡道

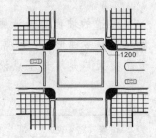
设在人行道转角处的扇面缘石坡道

4. 坡道的实际应用

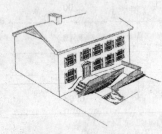
折返式坡道

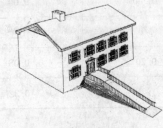
直线式坡道

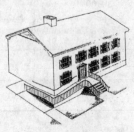
L型坡道

人行道两旁过街坡道

注：不同的建筑物采用不同的坡道样式，主要取决于这些建筑物前面的空间。坡道的坡面要求坚实、平整和不光滑。室外坡道宽度应达到150cm。为了轮椅的通行畅通和减少阻力，坡面上不要加设防滑条或将坡面做成碴碰形式。在坡道两侧应设85cm的扶手，扶手的形式要连贯和易于把握，在扶手的两端要水平延伸30cm以上。扶手要安装坚固，要承受健全成人的重量。在坡道的入口或者醒目的地段处应安装国际无障碍通用标志。

坡道与栏杆阶梯之间的关系

在1:12坡道上乘轮椅者要保持行进姿态，这样乘轮椅者不用费力气就可以上坡。

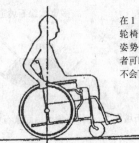
在1:50坡道上乘轮椅者可保持自然姿势，这样乘轮椅者可以使用上力气，不会下滑。

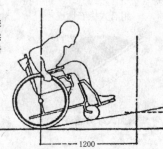
1:6坡道上水平长度限定1.2m，即乘轮椅者用手推动二次后，小轮可达到水平部分，这样不容易倒滑。对于残疾人也方便。

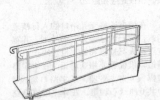
折线式坡道的实际应用

进公用电话亭的坡道设计

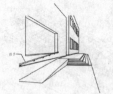
进建筑物的坡道与扶手设计

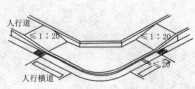
人行道与坡道之间的距离参数

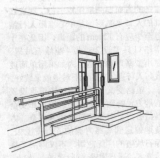
公共厕所门外的坡道设计

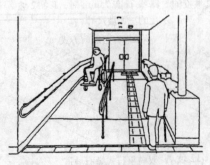
进出公共建筑物的坡道与手扶设

进出公共建筑物电梯与服务台之间的无障碍设施设计

盲道 [38] 无障碍设施

盲道

为指引视觉残疾者向前行走和告知前方路线的空间环境将出现变化或已到达的位置，将盲道分为行进盲道（导向砖）和提示盲道（位置砖）两种。

供残疾人使用的出入口、服务台、电梯、电话、楼梯、客房、洗手间等位置，应铺设提示盲道，告知视觉残疾者需要到达的地点和位置，以方便残疾人继续行进或就地等候或进入使用。

在人行道、过街天桥、过街地道、室外通道、建筑入口等处往往设有台阶或坡道。在距台阶和坡道25～40cm处要铺设提示盲道，铺设的宽度为40～60cm，铺设的长度要大于台阶或坡道宽度的1/2，告知视觉残疾者前方地面将出现高差。

在人行道中，盲道一般设在距绿化带或水池25～30cm处。盲道要躲开不能拆迁的柱杆和树木及拉线等地上障碍物。地下管线井盖可以在盲道范围内，但必须与盲道齐平。

人行盲道的宽度

类别	大城市		中\小城市	
	人行道最小宽度（m）	盲道宽度（cm）	人行道最小宽度（m）	盲道宽度（cm）
各级道路	3	30～50	2	30～50
政府机关\商业建筑\文化建筑\医疗建筑\老年建筑\广场公园等路段	6	50～60	5	40～60
火车站\码头路段	5	50～60	4	40～60
公交车站\长途汽车站路段	4	40～50	3	40～50
居住区	3	30～50	2	30～50

1. 盲道与人行道

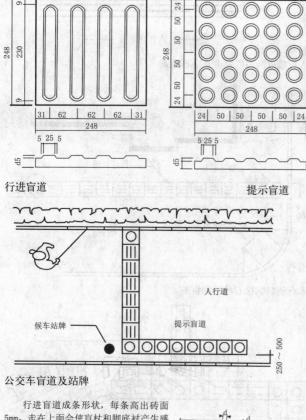

行进盲道　　　　　提示盲道　　　　　行进盲道　　　　　提示盲道

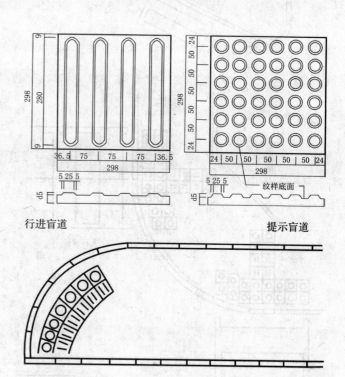

公交车盲道及站牌

行进盲道成条形状，每条高出砖面5mm，走在上面会使盲杖和脚底衬产生感觉，是指引视觉残疾者安全的向前行走。提示盲道成圆点形，每个圆点高出地面5毫米。同样会使盲杖和脚底产生感觉，告知视觉残疾者前方路线的空间环境将出现变化，提前做好心理准备。

弧形盲道走向方式

弧形盲道走向方式

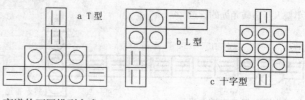

盲道的不同排列方式

无障碍设施 [38] 盲道

2. 盲道对照

材料名称	室内厚度（mm）	室外厚度（mm）
水泥砖		50
水泥花砖	20	40～50
陶瓷铺地砖	8～10	13～20
再生胶板	8～10	
橡胶铺地砖	7～8	
软聚氯乙烯板	7～8	

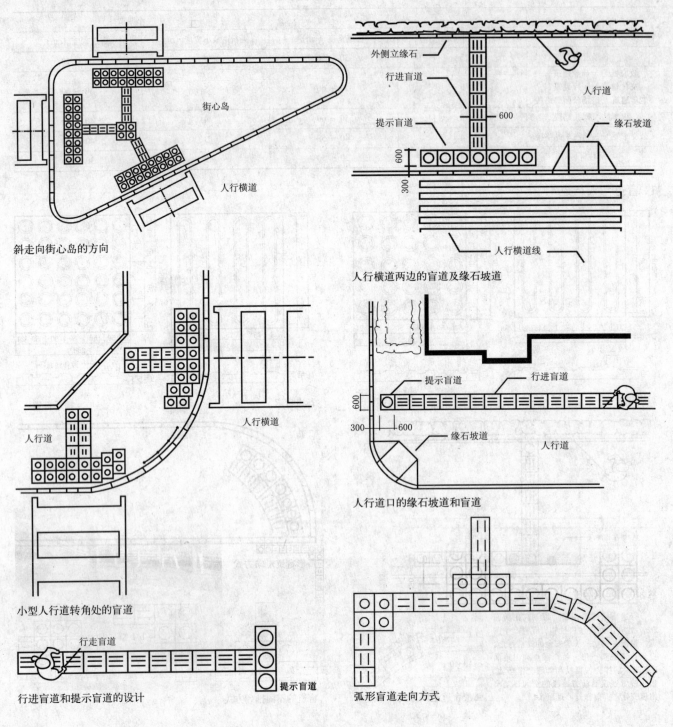

盲道 [38] 无障碍设施

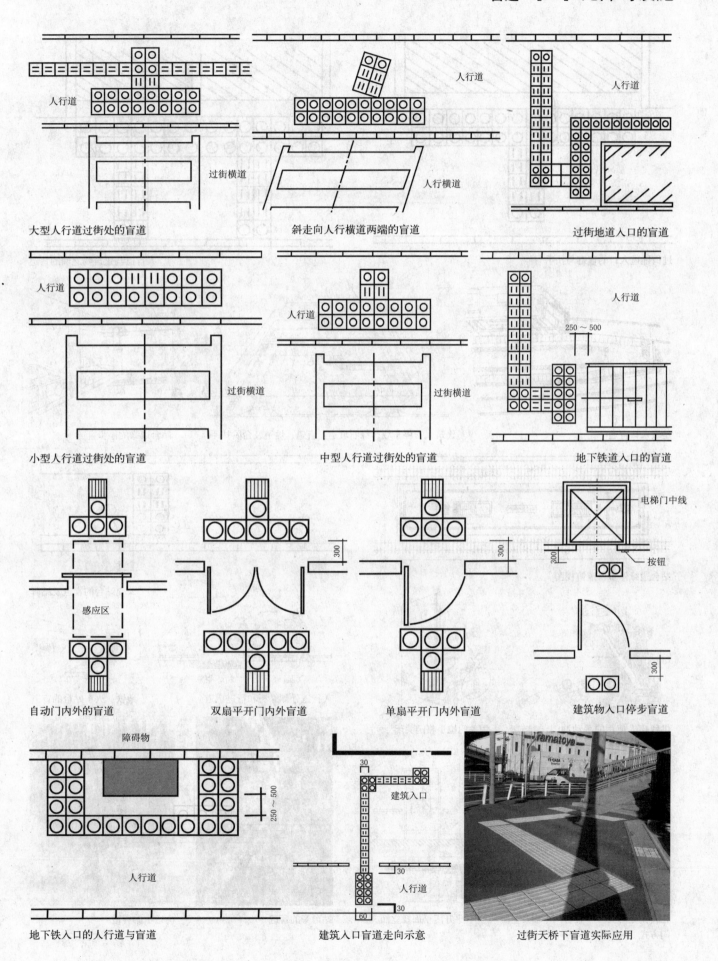

无障碍设施 [38] 盲道

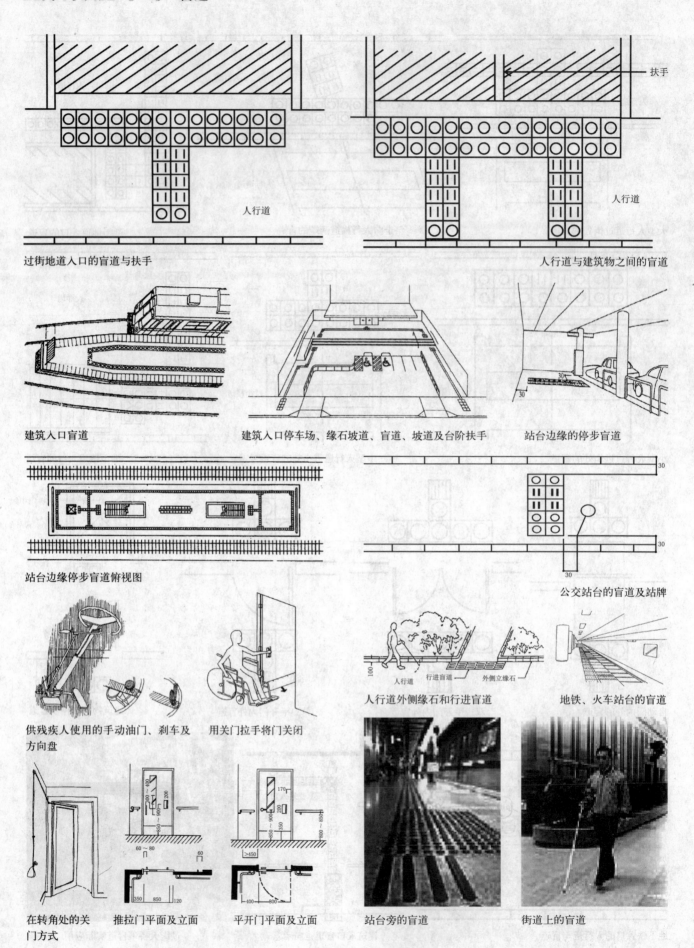

过街地道入口的盲道与扶手　　人行道与建筑物之间的盲道

建筑入口盲道　　建筑入口停车场、缘石坡道、盲道、坡道及台阶扶手　　站台边缘的停步盲道

站台边缘停步盲道俯视图　　公交站台的盲道及站牌

供残疾人使用的手动油门、刹车及方向盘　　用关门拉手将门关闭　　人行道外侧缘石和行进盲道　　地铁、火车站台的盲道

在转角处的关门方式　　推拉门平面及立面　　平开门平面及立面　　站台旁的盲道　　街道上的盲道

城市道路的无障碍设施

项目	主要内容
城市广场	人行横道＼盲道＼坡道＼饮水处＼公共厕所＼标志＼缘石坡道
城市公园	人行横道＼盲道＼坡道＼饮水处＼休息服务＼公用电话＼公共厕所＼标志＼缘石坡道＼扶手
街心公园	人行横道＼盲道＼坡道＼公用电话＼公共厕所＼标志＼缘石坡道
人行步道	盲道＼缘石坡道＼外立缘石
人行横道	缘石坡道＼盲道＼安全岛
过街音响	位置＼高度＼盲道
安全岛	高度＼坡度＼宽度＼颜色
过街天桥	台阶和坡道＼盲道＼扶手＼颜色＼标志
过街地道	台阶和坡道＼盲道＼扶手＼颜色＼标志
公交站台	位置＼盲道＼标志
公交站牌	位置＼盲道＼盲文站牌
地下铁道	电梯＼盲道＼台阶和坡道＼扶手＼售票＼标志
标志	位置＼形式＼高度＼颜色＼规格（国际通用无障碍标志）
停车车位	位置＼面积＼标志＼人行横道
公共汽车	升降平台＼轮椅位置＼扶手
旅游景点	人行横道＼盲道＼坡道＼扶手＼休息服务＼饮水处＼公共电话＼公共厕所＼标志＼缘石坡道

乘轮椅者使用低位壁挂式电话

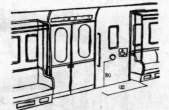
地铁车厢的轮椅席位长度及拉环高度

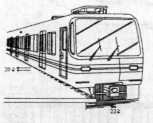
地铁站台与车厢地面高差与间距

人行横道两边的盲道

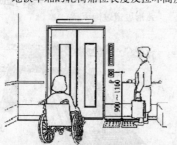
公共汽车车厢内轮椅席位

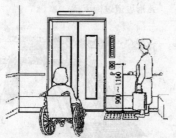
电梯入口的盲道

盲人使用拐杖来行进

地铁、车站走廊的盲道、坡道及台阶扶手

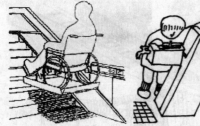
建筑入口斜走向升降平台

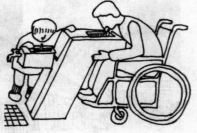
供不同人群使用的饮水机

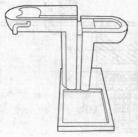
供不同人群使用的室外饮水机

供不同人群使用的室外饮水机

无障碍设施 [38] 过街天桥与过街地道

过街天桥与过街地道

1. 阶梯式
   ①直线型上下的阶梯；
   ②折返型上下的阶梯；
   ③螺旋型上下的阶梯；
   ④带休息平台的阶梯。
2. 坡道式
   ①直线型上下的坡道；
   ②折返型上下的坡道；
   ③弧线型升降的坡道；
   ④带休息平台的坡道。

类别	宽度（m）	
	下限宽度	最小宽度
阶梯式	1.50	1.20
坡道式	2.00	1.70
阶梯加斜坡	2.10	1.80

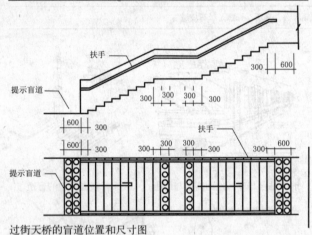

过街天桥的盲道位置和尺寸图

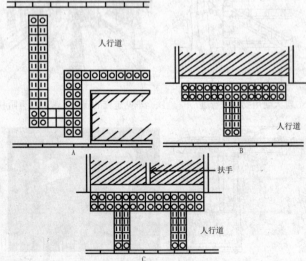

地下铁道及过街地道入口的盲道

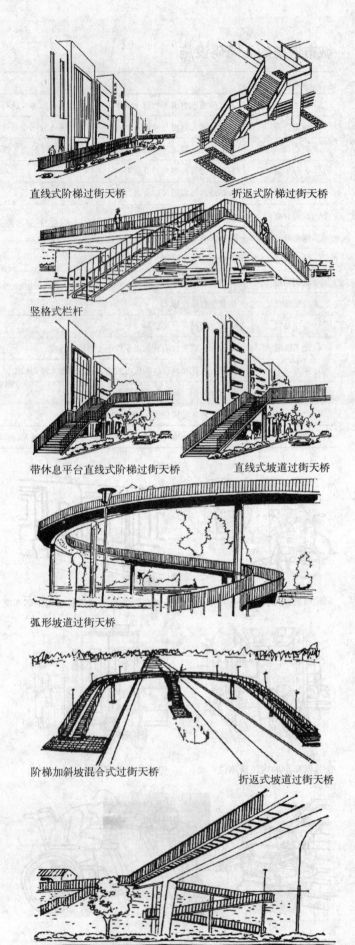

直线式阶梯过街天桥　　折返式阶梯过街天桥

竖格式栏杆

带休息平台直线式阶梯过街天桥　　直线式坡道过街天桥

弧形坡道过街天桥

阶梯加斜坡混合式过街天桥　　折返式坡道过街天桥

楼梯、电梯 [38] 无障碍设施

楼梯

楼梯是垂直通行空间的重要设施。楼梯的设计不仅要考虑健全人的使用需要，同时更应考虑残疾人、老年人的使用要求。楼梯的形式每层按二跑或三跑直线形梯段为好。

公共建筑主要楼梯的位置易于发现，楼梯间的光线要明亮，梯段的净宽度和休息平台深度不应小于150cm。踏步起点前和终点30cm处应设置宽40～60cm宽的提示盲道。

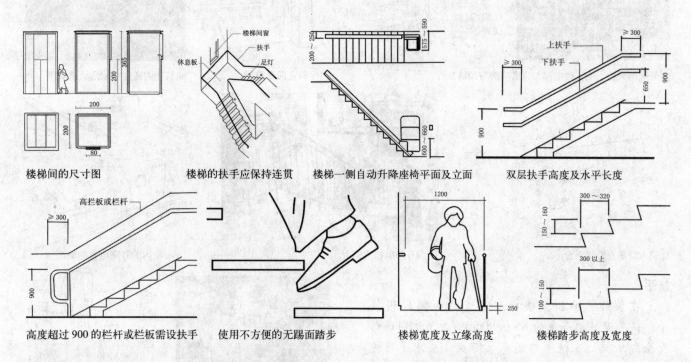

楼梯间的尺寸图　　楼梯的扶手应保持连贯　　楼梯一侧自动升降座椅平面及立面　　双层扶手高度及水平长度

高度超过900的栏杆或栏板需设扶手　　使用不方便的无踢面踏步　　楼梯宽度及立缘高度　　楼梯踏步高度及宽度

电梯

供残疾人使用的电梯，在规格和设施配备上均有所要求，公共建筑的电梯厅的深度不应小于180cm。电梯厅的呼叫按钮的高度为90～100cm。在电梯厅显示电梯运行中的层数标志的规格不应小于50mm×50mm。为了方便轮椅进入电梯厢，电梯门开启后的净宽度不应小于80cm。轮椅进入电梯厢的深度不应小于140cm。电梯厢内三面需设高85cm的扶手，选层按钮高度为90～110cm。

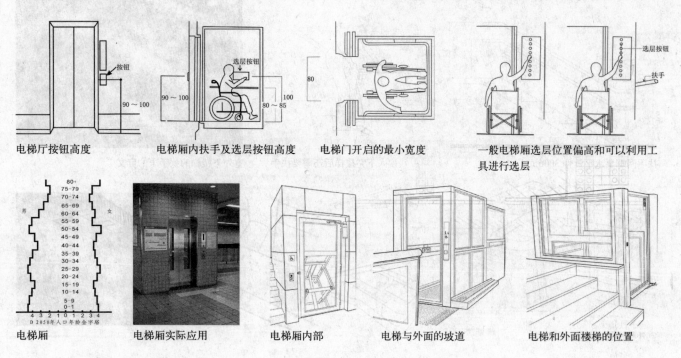

电梯厅按钮高度　　电梯厢内扶手及选层按钮高度　　电梯门开启的最小宽度　　一般电梯厢选层位置偏高和可以利用工具进行选层

电梯厢　　电梯厢实际应用　　电梯厢内部　　电梯与外面的坡道　　电梯和外面楼梯的位置

无障碍设施 [38] 电梯、扶手

电梯

室外过街天桥上的下楼电梯与盲道实例与局部分析

门厅斜走向升降平台

建筑物内通向电梯的坡道实例

建筑入口垂直升降平台

室内升降电梯实例

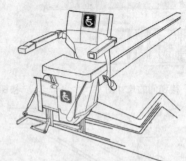
室内的升降电梯的侧面

扶手

在坡道、台阶、楼梯、走道的两侧应设扶手。扶手安装的高度为 85~90cm。为了达到通行安全和平稳，在扶手的起点及终点处要水平延伸 30~40cm。在公众集中的场所和游乐场所及幼儿园托儿所等处，应安装上下两层扶手，下一层扶手的高度为 65~70cm。

扶手的颜色要明快而显著。

地下铁里面的垂直升降平台

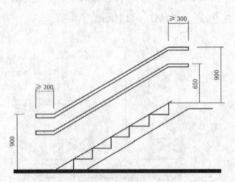
扶手两端要水平延伸 300mm 以上

残疾人下完楼梯后还需要扶手

室外下楼梯的扶手上的盲文

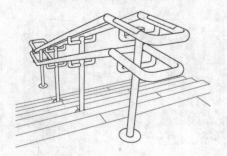
室外楼梯扶手及上面的盲文

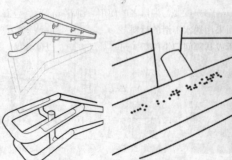

扶手上的盲文

公共厕所 [38] 无障碍设施

公共厕所

供残疾人使用的公共厕所及浴室要易于寻找和接近，并应有无障碍标志作为引导，入口的坡道设计应便于轮椅出入，坡度不应大于1/12，坡道宽度为120cm，入口平台和门的净宽度应不小于120cm和90cm。室内要有直径不小于150cm的轮椅回转空间，且地面防滑和不积水。

1. 残疾人对公共厕所的使用要求

行动不便者类别			使用要求
肢体残疾	上肢残疾者		1. 尽量简化操作，避免精巧、费力、耗时、多程序操作 2. 尽可能要腰、肘、肩、膝动作代替或双上肢的动作
	下肢残疾者	乘轮椅者	1. 可以独自进入或退出 2. 可以靠近使用相应设备 3. 避免滑到、烫伤、刺破皮肤等意外伤害 4. 独自入厕时遇有困难可得到救助 5. 必要时有护理者照料
		挂杖者	1. 防止出现滑到现象 2. 独自入厕时，遇有困难可得到救助
	偏瘫者		1. 起坐卫生洁具时，要发挥健全侧肢体的作用，使用非对称布置的安全抓杆有方向性选择的要求 2. 防止出现滑到事故 3. 独自入厕时，遇有困难可得到救助
视力残疾	全盲者		1. 进入各空间前，可识别的内容和位置 2. 可找到相应设备 3. 避免烫伤、滑到、碰破皮肤等意外伤害
	低视力者		各种设备的色彩要明快和有明显区别

2. 公共厕所设计对策

行动不便者类别			设计对策
肢体残疾	上肢残疾者		1. 使用操作简单的五金配件 2. 注意操作半径的范围（适度，方便）
	下肢残疾者	乘轮椅者	1. 门的位置适宜，净宽度不小于80cm，内部有轮椅活动空间 2. 上下轮椅或转换位置应有安全可靠的抓杆或其他支持物 3. 身高范围内热水管道应有隔热保护层；出水温度不超过49度 4. 地面采用遇水不滑材料，所有可触主无尖锐棱角 5. 建筑及设备配件应与轮椅空间尺寸配套考虑
		挂杖者	1. 脱离仗类支持或转换位置时，应有抓杆或其他支持物 2. 地面采用遇水不滑材料
	偏瘫者		1. 各洁具的布置要与偏瘫者的使用习惯方向一致，应有安全可靠的抓杆或支撑物 2. 地面采用遇水不滑的材料 3. 厕所或其隔间门上闩后，可自外部开启，以便救援
视力残疾	全盲者		1. 门外设置盲文室名牌及地面触感提示设施 2. 主要卫生洁具前应有地面触感提示设施 3. 小便器宜为落地式或小便槽
	低视力者		1. 门外设大字室名牌 2. 卫生洁具及其周围墙面、地面应有较强的明暗色彩反差 3. 小便器宜为落地式或小便槽

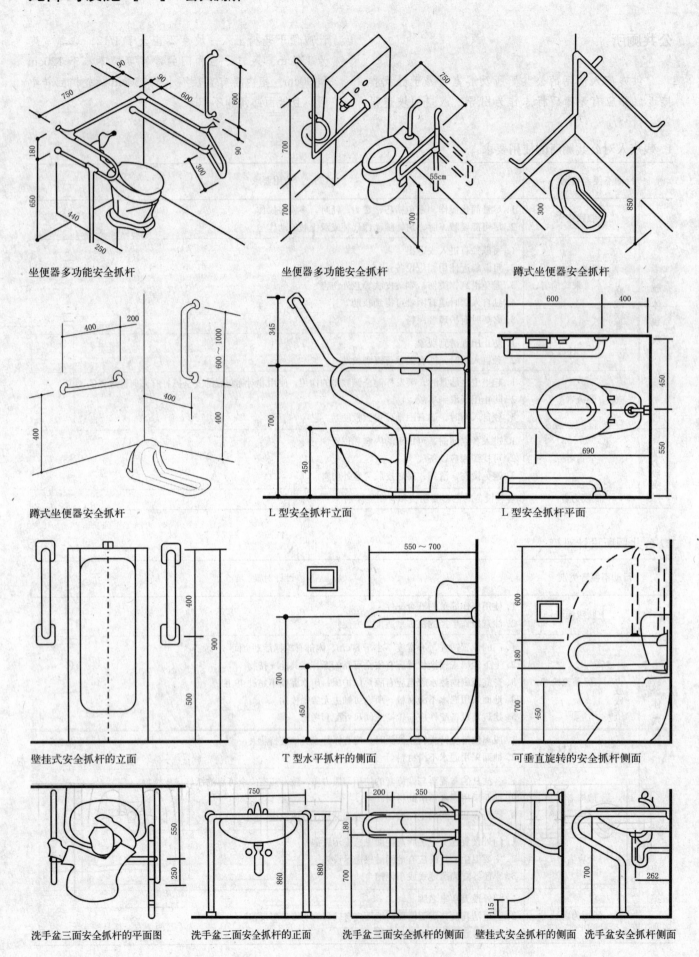

公共厕所 [38] 无障碍设施

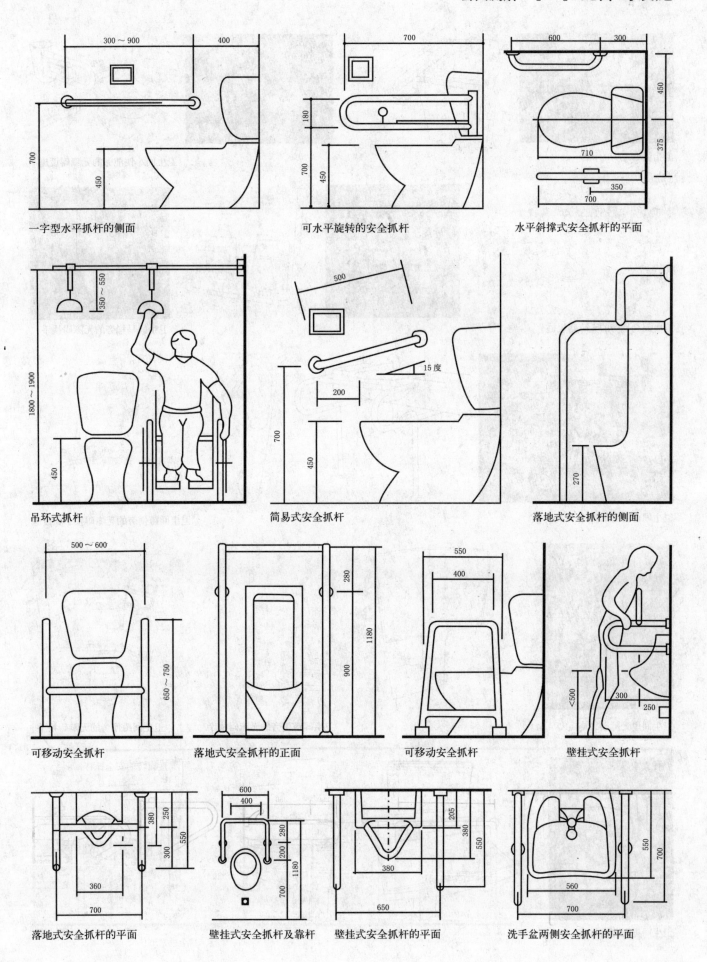

无障碍设施 [38]　公共厕所

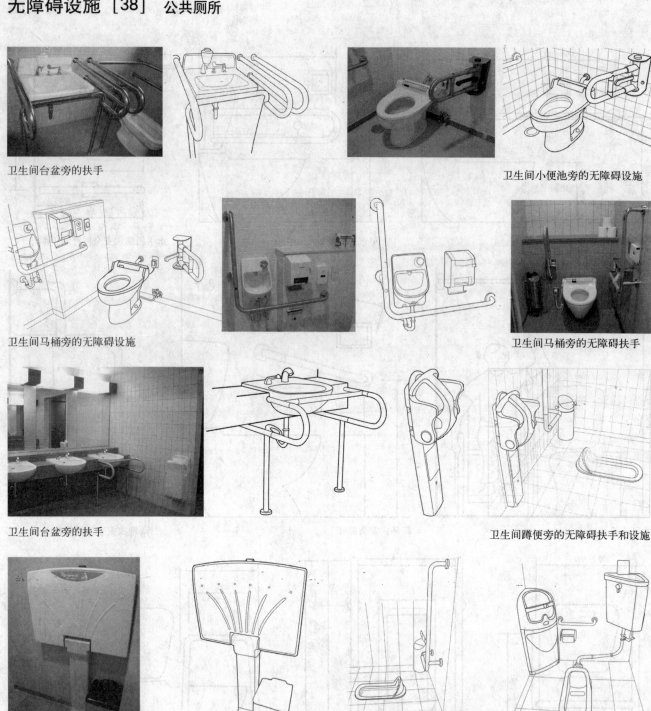

卫生间台盆旁的扶手　　　　　　　　　　　　　　　　　　　　　　　卫生间小便池旁的无障碍设施

卫生间马桶旁的无障碍设施　　　　　　　　　　　　　　　　　　　　卫生间马桶旁的无障碍扶手

卫生间台盆旁的扶手　　　　　　　　　　　　　　　　　　　　　　　卫生间蹲便旁的无障碍扶手和设施

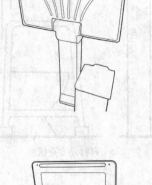

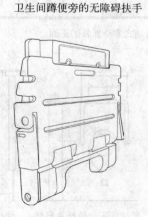
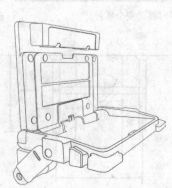

卫生间里无障碍设施　　　　　　卫生间蹲便旁的无障碍扶手　　　卫生间蹲便旁的无障碍扶手

卫生间里无障碍设施　　　　　　　　　　　　　　　　　　　　　　　卫生间里无障碍设施

后 记

历时四年，终于挨到了完稿之日。虽然付出了多个寒暑假期，但此时成就感油然而生。参编者可能都会有一种历险的感觉，因为此间我们在许多未知的领域拔涉；正是通过编辑《工业设计资料集》的契机，让大家在收集和阅读的过程中触及到了不少有用知识，扩展了视野。但愿我们的劳动也能让读者有所收获。

无论是环境设施还是医疗仪器设备，其产品家族庞大而复杂：从横向上看，一个产品系列跨越了不同领域，产品身份模糊，给分类定性造成极大困难；从纵向上看，有的产品系列种类规格繁多，有的则稀有，所以造成分类编入的内容多寡不均。鉴于产品发展与更新速度极快，就在即将完稿前的一刻还不断有新的内容编入。今后如有机会修订，一定会有更多的内容补充进去。

由于我们暂时无法获得所编入的每一件产品的详尽资料信息和相关参数等，所以资料性作用可能会受到一定的影响。参编本册的绘图人员众多，绘图风格相差很大，而且部分原始图片质量不好，也影响到绘图质量。有一些产品比较冷僻少见，在分类过程中难免会张冠李戴。部分医疗设备仪器产品形态近似而功能却完全不同，所以会有重复编入之感，这一切敬请谅解。鉴于水平和能力，对于编辑过程中的错误敬请指正。

感谢出版社编辑们的鞭策，使编委会成员得以在压力之下产生效率。

吴翔

2009年10月

图书在版编目（CIP）数据

工业设计资料集9　医疗·健身·环境设施/吴翔分册主编.
北京：中国建筑工业出版社，2009
ISBN 978-7-112-11323-1

Ⅰ.工...　Ⅱ.吴...　Ⅲ.①工业设计－资料－汇编－世界②医疗器械－设计－资料－汇编－世界③环境设施－设计－资料－汇编－世界④环境保护－工业产品－设计－资料－汇编－世界　Ⅳ.TB47

中国版本图书馆CIP数据核字（2009）第169226号

责任编辑：唐　旭　李东禧
责任设计：郑秋菊
责任校对：王雪竹　兰曼利

工业设计资料集 9
医疗·健身·环境设施
分册主编　吴　翔
总　主　编　刘观庆
*
中国建筑工业出版社出版、发行（北京西郊百万庄）
各地新华书店、建筑书店经销
北京嘉泰利德公司制版
北京中科印刷有限公司印刷
*
开本：880×1230毫米　1/16　印张：26½　字数：848千字
2010年1月第一版　2010年1月第一次印刷
定价：78.00元
ISBN 978-7-112-11323-1
（18578）

版权所有　翻印必究
如有印装质量问题，可寄本社退换
（邮政编码100037）